舗装工学ライブラリー 19

持続可能な社会と舗装の役割

―環境保全を目指した舗装技術―

JSCE 土木学会

Pavement Engineering Library 19

The Role of Pavement in Sustainable Society

- Pavement Technologies towards Environmental Conservation -

January, 2025

Japan Society of Civil Engineers

はじめに

我が国では，これまで循環型社会や低炭素型社会の実現に向けた取り組みが熱心に行われてきたが，今日では世界銀行で提唱されたSDGs(Sustainable Development Goals)が社会の中で広く認識され，舗装分野においても持続可能性が着目されるとともに様々な取り組みが求められている．

そこで当小委員会では，これまでの舗装分野における環境保全の取り組みを振り返るとともに，持続可能性の実現のための国内外の動向を調査し，取りまとめを行うこととした．

持続可能性の実現のためには，環境面，社会面，および経済面のバランスをとることが重要であることから，これまで検討の中心であった環境面のみならず社会面および経済面にも着目し，評価項目や指標についての検討や，個別技術にとどまらず持続可能性の実現に向けた包括的な取り組みについての調査を行った．

本書の前半では，舗装分野におけるこれまでの環境保全に対する取り組みや持続可能性実現のための新たな発想などの紹介とともに，国内の代表的な環境性能についての評価方法や海外の総合的な環境性能評価手法の内容，舗装に関する環境基準や安全性の規制についての現状，および舗装材料のリサイクルを安全に行うためのトレーサビリティの考え方などを紹介している．後半では，海外におけるアセットマネジメント計画時に持続可能性を考慮した事例，持続可能性に関する評価指標，舗装のライフサイクルの各段階における持続可能性実現のための検討事例など，舗装分野における持続可能性を包括的に追及するための内容を幅広く紹介している．

本書は，過去における舗装分野の環境保全の内容を概観できるとともに，持続可能性の実現に向けての取り組みを理解するための参考図書として活用することができ，特にこれから舗装分野の持続可能性についての係わりが多くなると思われる若い技術者や学生に一読していただきたい書物である．

なお，本書はコロナ禍の影響などもあり完成が当初構想より大分遅れてしまったが，舗装分野での持続可能性の実現に向けて様々な取り組みが進められていく中で，多くの方々に関心を持っていただくことを期待したい．

2024 年 12 月

（公社）土木学会舗装工学委員会

舗装と環境に関する小委員会

委員長　七五三野　茂

土木学会　舗装工学委員会

委員長　佐藤　研一

舗装と環境に関する小委員会

委員会名簿

委員長	七五三野 茂	（株）ネクスコ東日本エンジニアリング
幹事長	岩間 将彦	（株）NIPPO 総合技術部技術研究所
委員	青木 政樹	（株）大成ロテック（株）生産技術本部 技術研究所
委員	井 真宏	（株）Fe 石灰　技術研究所
委員	岡部 俊幸	鹿島道路（株）生産技術本部技術研究所
委員	加納 陽輔	日本大学 生産工学部 土木工学科土質・道路研究室
委員	鎌田 修	鹿島道路（株）生産技術本部技術研究所
委員	川上 篤史	（国研）土木研究所 道路技術研究グループ舗装チーム
委員	黒木 幹	（株）福山コンサルタント　リスクマネジメント事業部
委員	高馬 克治	ニチレキ（株）道路エンジニアリング部
委員	小嶋 匠	大林道路（株）技術研究所
委員	齊藤 一之	（株）ガイアートＴ・Ｋ 技術研究所
委員	佐藤 研一	福岡大学工学部社会デザイン工学科
委員	鍋島 美奈子	大阪市立大学 工学研究科都市系専攻（都市学） 地域環境計画研究室
委員	新田 弘之	（国研）土木研究所 先端材料資源研究センター 材料資源研究グループ
委員	姫野 賢治	中央大学 理工学部 都市環境学科
委員	藤野 毅	埼玉大学 理工学研究科 環境科学・社会基盤部門
委員	峰岸 順一	（公財）東京都道路保全整備公社
委員	安田 雅一	東京舗装工業(株)製品管理部
委員	弓木 宏之	日本道路(株) 生産技術本部 技術部

（平成 27 年 4 月～令和 6 年 6 月）

執筆者一覧

担当	氏名	所属
第 1 章、第 5 章、第 6 章	岩間 将彦	（株）NIPPO 総合技術部技術研究所
	加納 陽輔	日本大学 生産工学部 土木工学科土質・道路研究室
	川上 篤史	（国研）土木研究所 道路技術研究グループ舗装チーム
	七五三野 茂	（株）ネクスコ東日本エンジニアリング
	姫野 賢治	中央大学 理工学部 都市環境学科
	藤野 毅	埼玉大学 理工学研究科 環境科学・社会基盤部門
第 2 章、第 3 章	鎌田 修	鹿島道路（株）生産技術本部技術研究所
	黒木 幹	（株）福山コンサルタント　リスクマネジメント事業部
	高馬 克治	ニチレキ（株）道路エンジニアリング部
	鍋島 美奈子	大阪市立大学 工学研究科都市系専攻（都市学） 地域環境計画研究室
	峰岸 順一	（公財）東京都道路保全整備公社
	安田 雅一	東京鋪装工業(株)製品管理部
	弓木 宏之	日本道路(株) 生産技術本部 技術部
第 4 章	齊藤 一之	（株）ガイアートＴ・Ｋ技術研究所
	青木 政樹	（株）大成ロテック（株）生産技術本部 技術研究所
	井 真宏	（株）Fe 石灰　技術研究所
	岡部 俊幸	鹿島道路（株）生産技術本部技術研究所
	小嶋 匠	大林道路（株）技術研究所
	佐藤 研一	福岡大学工学部社会デザイン工学科
	新田 弘之	（国研）土木研究所 先端材料資源研究センター 材料資源研究グループ

舗装工学ライブラリー19

持続可能な社会と舗装の役割

－環境保全を目指した舗装技術－

目　次

第1章　環境保全に関する現状と課題

第2章　舗装に関する環境性能評価の現状

第3章　国内外における環境評価の総合的評価手法

第 4 章　材料および工法の安全性とトレーサビリティ

第 5 章　持続可能性を目指した舗装マネジメント

第 6 章　持続可能な社会を支える舗装の実現に向けて

第１章　環境保全に関する現状と課題

第１章　環境保全に関する現状と課題

1.1　総論

本節では，1. 環境問題の対応の道筋，2. 生物多様性をめぐる歩みとグリーンインフラ・eco-DRR，3. 建設事業に係る環境関連の法律，4. ミレニアム開発目標(MDGs)および持続可能な開発のための教育(ESD)から持続可能な開発目標(SDGs)への流れ，5.「フォアキャスティング」から「バックキャスティング」へアプローチの転換とコレクティブアクションについて記す.

1.1.1　環境問題の対応の道筋

現在の「地球環境問題」以前のわが国の環境問題の対応は，1945 年（昭和 20 年）から 1970 年（昭和 45 年）の戦後復興期と高度経済成長期の産業公害（水俣病，イタイイタイ病などの四大公害)，1971 年（昭和 46 年）から 1976 年（昭和 51 年）の都市生活型公害（騒音、振動、悪臭)，および 1977 年（昭和 52 年）から 1987 年（昭和 62 年）のアメニティ政策および脱公害化推進という 3 つの時期に大別される[1]. 1977 年の経済協力開発機構（OECD）の報告によれば，第 1 期の産業公害に関して「日本の環境は危機を脱した」と結論づけられた. わが国の政策としては 1967 年（昭和 42 年）に「公害対策基本法」が制定され，1971 年（昭和 46 年）の「水質汚濁防止法」によって河川・湖沼の水質保全に向けた「環境基準および排水基準」が設けられた. 全国一級河川を対象とした有機汚濁の指標である生物化学的酸素要求量（BOD）の環境基準達成率は 1977 年には 60%まで上昇し、2020 年（令和 2 年）は 94.1%にまで達している[2]. 他方で水俣病認定を棄却されていた複数の患者の遺族が熊本県に対して認定することを義務づけるように求めた訴訟の上告審に関しては，2013 年（平成 25 年）4 月に水俣病と認定する判決が下されるなど責任の所在の明確化は長期に及んでいる.

「持続可能な開発（Sustainable Development: SD)」という概念が前面に押し出されたのは 1992 年（平成 4 年）のことであるが，1982 年（昭和 57 年）にナイロビで開催された特別会合においてわが国が提唱した後、1987 年（昭和 62 年）にノルウェーで開催された「環境と開発に関する世界委員会（ブルントラント委員会)」ではスウェーデンを中核とした北欧諸国が主導となり報告書「Our Common Future（邦題:我ら共有の未来)」の中で発表された[3]. 当時から地球の未来を守るため「持続可能な開発（Sustainable Development: SD)」に向けて世界が早急に具体的行動をとることを求めている.「環境」とは「私たちの住むところ」であり「開発」は「環境の中で私たちの生活をよくしようとする努力」で，両者は不可分の関係にあるという考え方に立っている.

1988 年（昭和 63 年）以降，途上国でも開発による環境破壊が顕著となり進行する環境汚染を「地球環境問題」として捉えるようになった. この頃から「環境」とは自然浄化や気候緩和等の機能を有するだけではなく，経済面，生命・健康面，快適面等の様々な価値を持つ「有限な資源」であり，現世代だけでなく将来の世代にわたる貴重な資源であるとの認識に立つようになった. 人々に恵みをもたらす環境を「環境資源」として捉え，これを将来にわたって享受できるように適切に管理しようとする考えに至った[4].

1.1.2　生物多様性をめぐる歩みとグリーンインフラ・eco-DRR

近年様々な分野で「多様性」という言葉をよく耳にするようになった．元々は生物の生活の法則とその環境との関係を解き明かす科学である「生態学」の用語であり，あらゆる環境下において様々な生物種が共存し，種の多様性が高くなるほど相互の関係はより複雑になるが頑健性も増すために健全な生態系が維持される．ダーウィンの種の起源(1859 年)を出発点に置けば生態学は 160 年以上の歴史を持つ[5]．他方で人間社会においても「エコロジー（ecology)」の頭をとり「エコ」という言葉が聞こえる．これは“環境にやさしい”というニュアンスを持ったライフスタイルが 2000 年以降台頭したためだ．なおこの発想は 1960 年代に欧米諸国から発せられており，自然回帰の価値観に基づく化石燃料消費削減の生活スタイル, 資源ごみのリサイクル運動, 自然食品と有機農業の推進など人間社会の運動のことを「エコロジー運動」と呼んだ[6]．両者は環境中心と人間中心で視点は異なるものの目指す方向性は一致しており，いずれも自然界における生物と環境との関係を理解することが重要である．

表-1.1 はわが国の過去 50 年間の生物多様性をめぐる歩みである．「生態系」および「エコロジー」という用語は 1970 年代から使用され，当時は環境の“質的な改善”が求められた．1990 年代に入ると「生物多様性」の用語が普及し“量的な改善”が求められるようになった[7]．その背景には，絶滅する種の絶滅速度が 1900 年以前では約 4 年に 1 種、1975 年までに 1 年に 1 種と言われていたものが 1975 年から 2000 年の間には 1 年で 1,000 種が絶滅し, 今世紀中には 1 年で平均 40,000 種が絶滅すると見積もられている[8]．

わが国の環境政策に関する企画調整機能を有する行政機関として環境庁（現環境省）が誕生したのは 1971 年（昭和 46 年）である．環境庁はそれまで厚生省や通商産業省など各省庁に分散していた公害に係る規制行政を一元的に所掌することに加えて自然保護に係る行政を行っている．1992 年（平成 5 年）の「地球サミット」の開催時に「生物多様性条約」が採択され，1995 年（平成 7 年）に最初の「生物多様性国家戦略」を策定した．2010 年（平成 22 年）に愛知県名古屋市で開催された「生物多様性条約第 10 回締約国会議（COP10)」では世界目標となる「愛知目標（20 の個別目標)」が採択された．政府は 2012 年（平成 24 年）9 月に生物多様性の保全と持続可能な利用を目的とする「生物多様性国家戦略 2012-2020」を閣議決定した．生物多様性の保全には 4 つの危機（生育環境の悪化）があると警鐘する[9]．

第 1 の危機 開発など人間活動による危機
第 2 の危機 自然に対する働きかけの縮小による危機
第 3 の危機 人間により持ち込まれたものによる危機
第 4 の危機 地球環境の変化による危機

第 1 の危機は，都市化，土地および森林開発，道路・鉄道建設，沿岸・湿地の埋め立て，直線的な河川改修，および経済性や効率性を優先した農地や水路の整備に由来している．第 2 の危機は，里地・里山に代表されるように人間の活動が関わることで保たれた生態系が，その働きかけの低下・縮小したことに由来する．第 3 の危機は，外来種の侵入や化学物質による汚染など人間の活動によって持ち込まれたものに由来する．農薬や化学肥料が代表例であるがマイクロプラスチックやナノマテリアルによる生態系への影響についても不明な点が多く懸念材料となっている．第 4 の危機は，地球温暖化や海洋酸性化など，主として化石燃料による二酸化炭素に由来する．

表–1.1.1 生物多様性に関する過去 50 年の歩み(出典元 7)を改変)

年代	用語	政策・イベント
1971	生態系、エコロジー	環境庁発足
1992	生物多様性	環境と開発に関する国際連合会議（地球サミット）開催 生物の多様性に関する条約（生物多様性条約）採択
2005	外来種	外来種法の制定
2008	生態系サービス	愛知目標（20の個別目標）
2010	都市の生物多様性	都市の生物多様性とデザイン
2012		生物多様性国家戦略 2012-2020
2015	グリーンインフラ、eco-DRR	国土形成計画（全国計画）

次に，私たちの暮らしに必要な食料や水の供給，気候の安定などは，地球上の生物多様性を基盤とする生態系から得られる恵みであるとの考えに基づき，いわゆる「生態系サービス」についてである．国連の主導で2001年から2005年に行われた地球規模の生態系に関する環境アセスメント「ミレニアム生態系評価（Millennium Ecosystem Assessment: MA）」では，生態系サービスを「供給サービス」，「調整サービス」，「基盤サービス」，「文化的サービス」の4つに分類し，その役割を次のようにまとめている[10]．「供給サービス」とは農業生態系や海洋生態系によって食料の供給，地球規模の水循環による水の供給，燃料・木材・綿・ジュートなどの原材料の供給に加えて，品種改良により農作物の生産性を高めるなど気候変動への適応力を向上させるサービス，高価値の化学薬品を提供するサービス，観賞用の植物・魚・鳥類等を提供するサービスをも含む．「調整サービス」は都市域における大気質の調整（浄化），都市環境の品質（景観）の調整，地球の表面温度の維持，生命・健康・財産に大きな脅威を及ぼし得る自然災害などの緩和，土壌浸食や地滑りの防止，地力（土壌肥沃度）と栄養循環の維持，昆虫や鳥による植物の受粉の媒介，有害生物や病気を生態系内で抑制することを含む．「基盤サービス」は移動性の高い生物に生息・生育環境を提供してライフサイクルを維持するもので「生息・生育地サービス」ともいう．「文化的サービス」は人間が自然に触れることで得られるサービスで自然の景観，レクリエーションや観光の場と機会，文化のインスピレーション，芸術とデザイン，神秘体験，科学や教育に関する知識の提供を含む．

「グリーンインフラ」は，持続可能で魅力ある国土づくりや地域づくりを進めるにあたり社会資本整備や土地利用等のハード・ソフト両面において自然環境が有する多様な機能を活用するもので，2015年（平成27年）の第2次国土形成計画（全国計画）にも取り込まれており，生態系サービスの「調整サービス」による機能を積極的に活用しようとするものである[11]．「グリーンインフラ」の定義は広く従来の公園緑化も含まれるが，Eco-DRR (Ecosystem-based disaster risk reduction)は「調整サービス」において生態系が有する防災・減災機能を指し，自然の攪乱を許容し、本来の自然の変動性を回復させ，「生物多様性国家戦略 2012-2020」が掲げる「100 年計画」の実現につなげる取り組みである[12]．

1.1.3　建設事業に係わる環境関連の法規

わが国の建設事業に係る環境関連の法律は 1993 年（平成 5 年）11 月に施行された「環境基本法」に基づいて「生活環境保全に係る法律」と「自然環境保全等に係る法律」に体系化されている（**表-1.2**）.「生活環境保全」では，建設事業によって排出される汚染・汚濁物質・騒音・振動・地盤沈下・悪臭の抑制，および廃棄物の抑制、土地利用の規制などが扱われる.「自然環境等の保全」では，各自然環境保全地域，公園の保全，野生動物種の保護，都市緑地の指定と保全，農林業や河川域の保全区域の指定と保全，文化財の保護や歴史的風土の保全等が扱われる [13]. 道路舗装事業の多くは公共工事であり発注者は国および地方自治体である．国および各地方自治体は「環境基本計画」を制定し,「環境基本条例」に基づいて環境の保全および創造に関する施策を総合的・計画的に推進する．一定規模の事業実施前には「環境影響評価（環境アセスメント)」が行われる．その評価項目は「生活環境の保全」と「自然環境の保全」の 2 つの側面の中から結びつきが強いとされるものが選ばれる．

表-1.1.2　我が国の建設事業に係る環境関連の法規

分野	対象	法律の名称	関連サイト	所管
生活環境	大気保全	大気汚染防止法	https://www.env.go.jp/air/osen/law/law.html	環境省
	水質保全	水質汚濁防止法	https://www.env.go.jp/water/impure/law_chosa.html	環境省
		湖沼水質保全特別措置法	https://www.env.go.jp/content/900542753.pdf	環境省
	土壌・農業	農用地土壌汚染防止法	https://www.env.go.jp/water/nouyo-dojo/index.html	環境省
	騒音	騒音規制法	https://www.env.go.jp/air/noise/low-gaiyo.html	環境省
	振動	振動規制法	https://www.env.go.jp/air/sindo/low-gaiyo.html	環境省
	地下水	工場用水法	https://www.env.go.jp/hourei/09/000008.html	環境省
		建築用地下水の採取に関する法律	https://www.env.go.jp/hourei/09/000004.html	環境省
	悪臭	悪臭防止法	https://www.env.go.jp/air/akushu/low-gaiyo.html	環境省
	廃棄物・リサイクル	廃棄物処理法	https://www.env.go.jp/recycle/waste/laws.html	環境省
	土地利用	建築基準法	https://www.mlit.go.jp/common/001205298.pdf	国土交通省
		国土利用計画法	https://www.mlit.go.jp/common/001184913.pdf	国土交通省
		都市計画法	https://www.mlit.go.jp/toshi/city_plan/index.html	国土交通省
自然環境等	自然環境保全地域	自然環境保全法	https://www.env.go.jp/nature/hozen/law.html	環境省
	国立公園・国定公園・都道府県立公園	自然公園法	https://www.env.go.jp/content/000062513.pdf	環境省
	農地	農地法	https://www.maff.go.jp/j/keiei/koukai/	農林水産省
	森林	森林法	https://www.rinya.maff.go.jp/j/kouhou/hourei.html	林野庁
	海岸	海岸法	https://www.mlit.go.jp/river/kaigan/main/coastact/index.html	国土交通省
	河川	河川法	https://www.mlit.go.jp/river/hourei_tsutatsu/index.html	国土交通省
	都市地域の緑地	都市緑地法	https://www.mlit.go.jp/toshi/park/index.html	国土交通省
	都市地域の公園	都市公園法	同上	国土交通省
	史跡・名勝・天然記念物	文化財保護法	https://www.bunka.go.jp/seisaku/bunkazai/	文化庁

1.1.4　ミレニアム開発目標(MDGs)および持続可能な開発のための教育(ESD)から持続可能な開発目標(SDGs)への流れ

2000年（平成12年）9月にニューヨークで開催された国連ミレニアムサミットで採択された「国連ミレニアム宣言」では開発分野における国際社会共通の「ミレニアム開発目標（Millennium Development Goals: MDGs）」として8つの目標とそれを支える21のターゲットが掲げられた。8つの目標は，極度の貧困と飢餓の撲滅（目標1），初等教育の完全普及の達成（目標2），ジェンダー平等推進と女性の地位向上（目標3），乳幼児死亡率の削減（目標4），妊産婦の健康の改善（目標5），HIV/エイズ・マラリア・その他の疾病の蔓延の防止（目標6）という“人間の安全保障”と，環境の持続可能性確保（目標7），開発のためのグローバルなパートナーシップの推進（目標 8）という“環境と開発のバランスの保障”の 2つに大きく分けられ，アフリカ地域を中心とした開発途上国のために国際社会（国連の専門家）が団結して取り組むという内容になっている．わが国は途上国の問題＝先進国の問題と捉えて活動することが国際社会の発展につながるとしてアジア，アフリカ，中東諸国に対し政府開発援助（Official Development Assistance: ODA）を通じてその達成に積極的に貢献した．MDGsは達成期限となる2015年（平成27年）までに一定の成果を挙げてきた．

2002年（平成14年）8月にはヨハネスブルグで持続可能な開発に関する世界首脳会議（環境開発サミット）が開催され，日本政府と NGO が「持続可能な開発のための教育（Education for Sustainable Development: ESD）」を提唱した．第57回国連総会本会議で2005年から2014年までの10年間を「国連持続可能な開発のための教育の10年（UNDESD、国連ESDの10年）」とすることが採択され，ユネスコ（国際連合教育科学文化機関，United Nations Educational, Scientific and Cultural Organization U.N.E.S.C.O.）がESDの主導機関に指名された． 2012年（平成24年）にリオデジャネイロで開催された持続可能な開発に関する会議（リオ＋20）の宣言文でESDは2014年以降も引き続き推進することが盛り込まれた．ESDの目標は大きく3つある[14]．

1. 全ての人が質の高い教育の恩恵を享受すること．
2. 持続可能な開発のために求められる原則，価値観及び行動が，あらゆる教育や学びの場に取り込まれること．
3. 環境，経済，社会の面において持続可能な将来が実現できるような価値観と行動の変革をもたらすこと．

MDGs後の2015年（平成27年），国連総会で「我々の世界を変革する：持続可能な開発のための2030アジェンダ（原題名：Transforming Our World: The 2030 Agenda for Sustainable Development）」が合意され「**持続可能な開発目標**（Sustainable Development Goals: SDGs）」が採択された．MDGsとの違いはアフリカ地域に限らず，現時点で地球上に存在する人間社会の構造，すなわちあらゆる人間活動を考え直さなければ人類は持続的に存在することが不可能である，という認識に基づく．ここで，人間社会の構造を5Ps（People（人），Planet（地球），Prosperity（繁栄），Peace（平和），Partnership（協調））と称してこれらの形態を変えることで世界を変えていこうとするものである．地球全体の環境の限界を配慮して全人類が抱える多くの問題を調和的に解決する手法を見出すことが目的である．同年 12 月に「パリ協定」

が採択され，2016 年から 2030 年までに達成すべき持続可能な開発のための 17 項目の目標とそれを支える 169 のターゲットが設定された．これは全ての国が対象であり，国連の全加盟国の主導による取り組みである．「パリ協定」は翌 2016 年（平成 28 年）11 月に発効した．ここで，17 項目の目標は MDGs と ESD が基となって構成されており，近年の解決すべき課題としてエネルギーの効率的な利用を可能としたまちづくりや微小粒子物質（PM2.5）の抑制，増加した野生鳥獣への対応なども新たなターゲットになっている．

1.1.5　「フォアキャスティング」から「バックキャスティング」へアプローチの転換とコレクティブアクション

石油などの天然資源は私達の生活に欠かせないものであるが，有限であり現世代で大量に消費してしまえば次世代では思い通りに使用できなくなる．近年は「水・大気・森林」などもその健全性の持続が危ぶまれている．「持続可能な開発」の考えは 1.1.1 で記したように環境破壊を回避して将来までを考えることに他ならないが，SDGs はこれまでの取り組みのままでは結果的に持続が困難であることが明らかになったために導入された．持続可能な開発のためには，現在使われている汎用技術の性能が向上すれば一定程度の課題は解決される．この効果の進展を現在から予測し実行していく考え方を**「フォアキャスティング（Forecasting）」**と呼ぶ．この考え方は各要素技術の改善が主であり，現在の社会システムを大きく変えることはあまり想定していない．しかしながら，温暖化ガスの削減を例にとれば，現在の方法の延長だけでは 2030 年（もしくは 2050 年）までに目標を達成することが困難であると予測されている．SDGs は 2030 年（もしくは 2050 年）までに解決すべき社会課題を設定しただけであり，その過程を模索していかなければならない．人類が引き起こした地球温暖化やそれ以外の環境問題も社会システムを変えていかなければ目標の時期までの解決には至らない．

そこで，未来の目標を起点に振り返り，具体的な解決策を探し当てる思考のことを**「バックキャスティング（Backcasting）」**と呼ぶ[15]．この考え方は目指す社会の姿とそこに辿りつくまでの道筋について，複数のシナリオや可能性を視野に入れ，その状況に応じて取り組みの方法を改善し，社会にもたらす持続的なインパクトを最大化できるように検討する．この考えを最初に取り入れたのは電力の需要計画の立案であり 1976 年に“Backward-looking analysis”の名称で提唱された[16]．以降，“Backcasting”という学術用語は政策面でも広がり，1980 年代以降に“未来学”としてエネルギー政策を中心に方法論の研究が盛んに行われるようになった[17-19]．1990 年代に入ると工業化社会から自然環境と調和した社会への転換が求められるようになり問題はより複雑化し，併せて持続可能な社会のあるべき姿や社会システムの変革が日常生活にどのような影響を与えるのかが議論され始めた．現在，未来を考えるにあたって必要とする知識は何かが問われ，持続可能性の達成にはいくつかの異なる分野を統合的に扱う工夫が必要であるとの認識が持たれている[20]．例えば，輸送部門に関連してより環境に優しい自動車製造を推進するには排出量の規制や価格設定を工夫するだけではなく，より環境負荷が少ない輸送を可能にするためのインフラの転換，土地利用計画，世論への影響などを統合化してゴールをイメージし，到達のためにはどういう手段が必要となるのかを考える．1.1.1 に記したブルントラント委員会を先導したスウェーデンが発表したバックキャスティングの意義を要約すると次のようになる[21]．

1. 誰のためのものか（For whom）：研究は政府当局，自治体，民間企業，一般市民など多くを対象とし単一の意思決定者を対象としていない．政策形成プロセスへのインプットを提供することを目的とする．
2. 何のためか（For what）：未来のイメージであり様々な関係者間で可能な解決策の認識を広げることを目的として持続可能性がどのようなものであるかをよく練り上げられた例として役立つことを意図し，社会における戦略的選択の結果を強調することが目的である．

近年，わが国でも SDGs という用語を頻繁に見聞きするようになった．SDGs の達成に貢献することが企業の社会的価値に繋がることは認識されていても，社会課題（環境面・社会面）の解決にどれほど実質的な効果を及ぼしているのかは不明であることが多く，新たな「社会の価値」の創出が現在の課題とされている[22]．例えば，顧客のニーズと社会課題が近く，企業とサプライチェーン，ステークホルダーの関係が複雑ではなかった時代，企業は製品やサービスの提供ができれば十分であった．しかし，様々な社会課題の解決に繋げるためには企業単体の活動だけでなく政府・自治体・国際機関，NGO・市民，および投資家・金融機関が相互に影響し合うことで社会的インパクトが創出され，それが新しい「社会の価値」の創出に結びつくものと考えられている．こうした共同による取り組みのことをコレクティブアクションという．

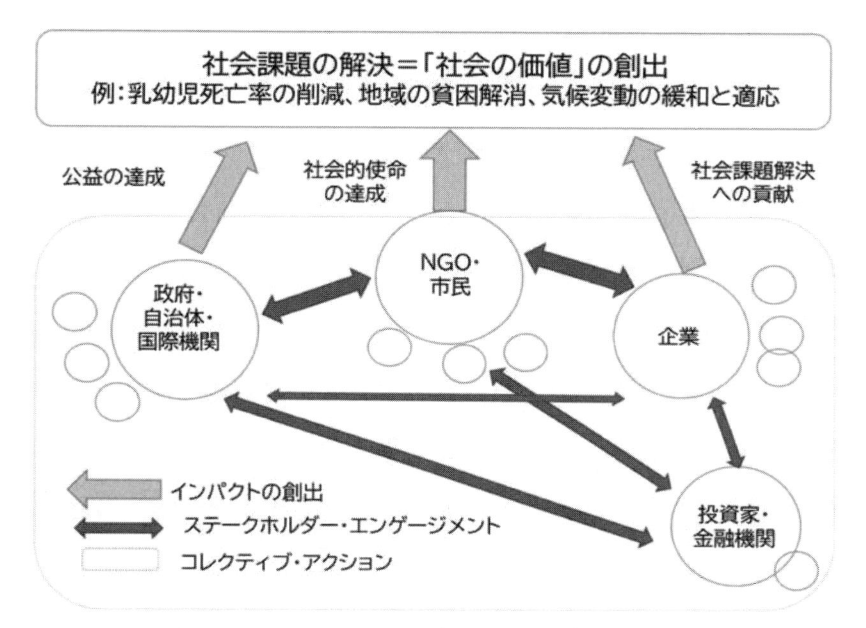

コレクティブ・アクションとは社会課題の解決に取り組むための一つの枠組みで、様々なプレイヤーが共同し効果を最大化する。プレイヤーは自治体、企業、NPO、財団など多数存在する。コレクティブ（集合的）に社会インパクトを起こす。またプレーヤー同士のコミュニケーション（ステークホルダー・エンゲージメント）が存在している。

図-1.1.1 新たな「社会の価値」を創出するコレクティブアクション
（出典元22）を改変）

1．2　舗装の観点から見た持続可能性の構成要素

持続可能性（Sustainability）は，1987 年に環境と開発に関する世界委員会で公表された「Our Common Future」で提唱された概念であり，環境と開発は共存するべきとの考えのもと，環境保全に重点を置いた開発のあり方を示している．1992 年には，リオデジャネイロで開催された「国連環境開発会議」で「持続可能な開発」という理念が示され，環境と開発の両立した上で地球を良好な状況にすることが求められた．このような理念のもと，舗装についても将来の環境変化を見据えた上で持続可能性に関して考えていく余地がある．

ここでは，舗装の観点から見た持続可能性の構成要素について検討することを目的に，国内での展開の方向性について解説する．

1.2.1　持続可能性の構成要素

持続可能性は，上述したように 1987 年に環境と開発に関する世界委員会で公表された概念であり，Brundtland の報告書「Our Common Future」により提案された．ここでは，持続可能性の確保に向けて，①「開発に当たって貧困の克服と環境の保全を克服すること」，②「将来世代の必要に応えるべく，成長と開発を管理すること」が求められている．国連でも，社会が複雑化するなか，**図-1.2.1** に示すように「経済」，「社会」，「環境」の諸問題を統合的に解決することを求めており，舗装の観点においてもこれら三要素について考えていく必要がある．

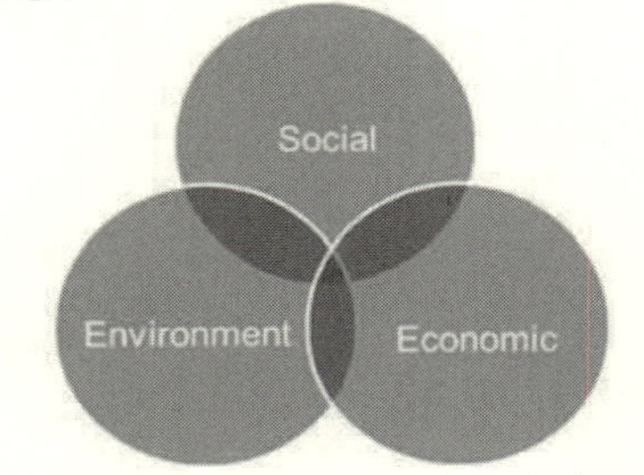

図-1.2.1　持続可能性の構成要素

1.2.2　舗装における経済的要素

経済的要素として，環境や資源を保護しつつコスト低減が可能な技術が挙げられる．例えば，**図-1.2.2** に示すようにアスファルト舗装の表・基層のリサイクルを促進することにより，骨材資源の有効利用を図りつつ，新規骨材の輸送コストを抑制することが可能となる．舗装のリサイクルは、ライフサイクルコスト（LCA）の低減も期待できることから，今後は供用性と耐久性とをあわせて検討していくことが求められる．

図-1.2.2　アスファルト舗装のリサイクル [23)]

(出典：国立研究開発法人土木研究所ホームページ；
https://www.pwri.go.jp/jpn/about/pr/mail-mag/webmag/wm017/seika.html)(最終アクセス日 2023 年 5 月 31 日)

1.2.3　舗装における社会的要素

社会的要素については，明確な定義や事例などは示されていないが，舗装工事が与える社会的影響や周辺環境への影響などが挙げられている．例えば，**図−1.2.3** に示すように舗装工事に伴う交通規制が，渋滞や道路利用者の移動時間に及ぼす影響や渋滞に伴い物流が滞ることによるサプライチェーンへの影響も課題として挙げられている．これらについては，まだ議論の最中であり長期的な視点で考えていく必要がある．

図−1.2.3　舗装工事における交通規制 [24)]
（出典：中日本高速道路株式会社ホームページ；https://www.c-nexco.co.jp/construction/）
（最終閲覧日：2023 年 5 月 31 日）

1.2.4　舗装における環境的要素

環境的要素としては，一般的には環境負荷を軽減する技術などが挙げられる．例えば，中温化アスファルト混合物に代表される，舗装材料によってエネルギー消費量や地球温暖化ガス（GHG）を抑制する技術やポーラスアスファルトにより騒音などを低減できる技術などが該当する．近年では，施工や供用過程で発生する NOx や SOx など，沿道環境の大気汚染にも注意を払う必要もでてきている．これらの技術を活用していくことにより，舗装の観点から環境負荷を軽減していくことが期待されている．

1.2.5　まとめ

ここでは，舗装の観点から見た持続可能性の構成要素について述べた．舗装における持続可能性については明確な定義はまだなく，議論の余地が残されている．しかし，昨今の社会動向を鑑みれば，「経済」，「社会」，「環境」に分けて，舗装技術を展開していくことが社会的要請となっている．今後は，どの技術がこれら三つの要素に該当するかを考えて，事業を進めていくことが求められる．

1.3 舗装と社会環境の係わり

1.3.1 循環型社会

わが国では，1954 年から 1973 年まで続いた高度経済成長期において多くのがれきが発生した．しかし，最終処分場の逼迫が社会問題化してきたため，1970 年に「廃棄物の処理および清掃に関する法律」が制定された．その際，舗装工事で発生したがれき類は「産業廃棄物」に指定され，適切に処分することが義務化された．また，1973 年の第一次石油ショックにより，アスファルト舗装発生材の有効活用がさらに望まれるようになった．これらを背景として，舗装廃材のリサイクルに関する研究が 1970 年代には始まり，様々な技術が開発され発展してきた．

アスファルト混合物プラントにおける舗装廃材の再生利用に関する技術図書は，1984 年に日本で初めての技術指針となった「舗装廃材再生利用技術指針」[25]が日本道路協会より発刊された．さらに，1986 年には「路上表層再生工法技術指針（案）」[26]，1987 年に「路上再生路盤工法技術指針（案）」[27]が発刊され，現位置での再生についても技術図書が充実された．また，1991 年に「資源の有効な利用の促進に関する法律（リサイクル法）」が制定され，翌 1992 年には「舗装廃材再生利用技術指針」が「プラント再生技術指針」[28]として改訂された．ここで，「舗装廃材」は「舗装発生材」とその名称が変更されている．2000 年には「資源の有効な利用の促進に関する法律（リサイクル法）」が「建設工事に係る資材の再生資源化等に関する法律（建設リサイクル法）」に改訂され，特定の建設資材についてその分別解体や再資源化等がさらに促進されている，アスファルト・コンクリート塊も特定の建設資材として指定されている．

一方，2001 年 7 月「舗装の構造に関する技術基準」では，舗装の構造の原則として「舗装発生材及び他産業再生資材の使用等リサイクルの推進に努める」とされている．2004 年には，「プラント再生技術指針」，「路上表層再生工法技術指針（案）」，「路上再生路盤工法技術指針（案）」をとりまとめ，「舗装再生便覧」[29]が発刊した．

国土交通省総合政策局による「平成 30 年度建設副産物実態調査結果」[30]によれば、アスファルト・コンクリート塊再資源化率は**図-1.4.1** のとおり 99.5%に達している．また，再生アスファルト混合物の出荷割合は**図-1.4.2** のとおり加熱アスファルト混合物の全出荷量に対して 75%，再生骨材配合率は全国平均で 50%に達した[31]．

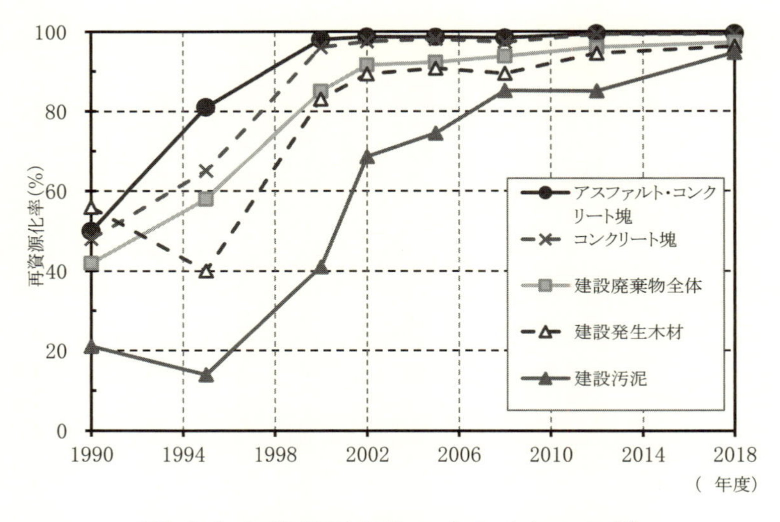

図-1.3.1 建設副産物のリサイクル率[30]

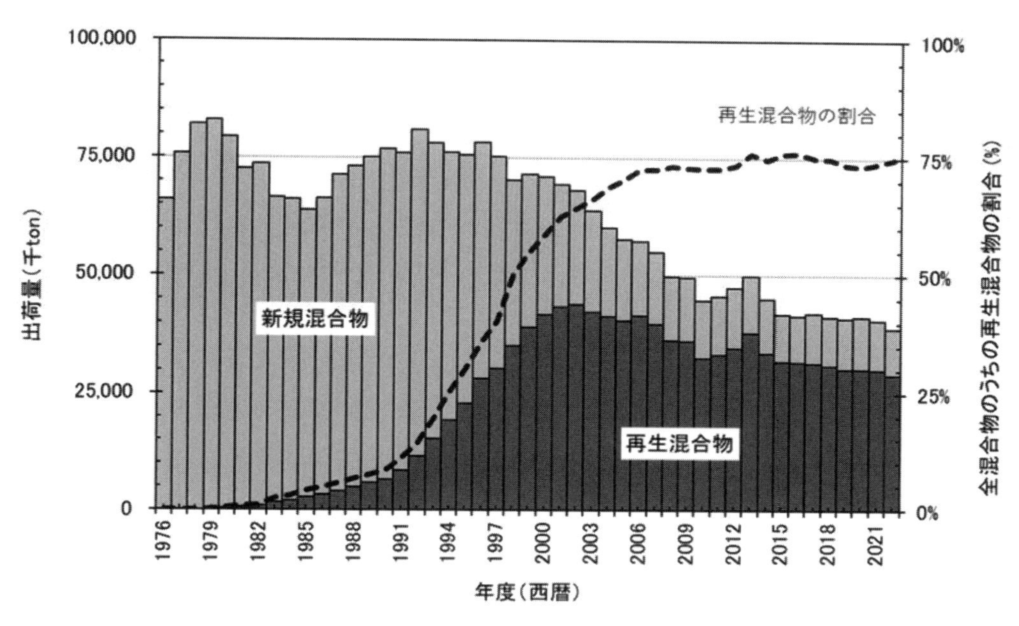

図−1. 3. 2 新規混合物と再生混合物の出荷量および出荷割合 31)

表−1. 3. 1 舗装リサイクルに関する法律の制定と技術図書の関連

年	舗装リサイクルに関する法律の制定と技術図書の関連
1950 代	《高度経済成長期で、産業廃棄物の量が増加》
1970	●廃棄物の処理及び清掃に関する法律（廃棄物処理法）
1970 代	《舗装廃材（発生材）の再生利用を開始》
1984	○舗装廃材再生利用技術指針
1986	○路上表層再生工法技術指針（案）
1987	○路上再生路盤工法技術指針（案）
1991	●資源の有効な利用の促進に関する法律（リサイクル法）
1992	○プラント再生技術指針
2000	●建設工事に係る資材の再生資源化等に関する法律（建設リサイクル法）
2004	○舗装再生便覧
2012	○舗装再生便覧（平成 22 年版）
2024	○舗装再生便覧（令和 6 年版）

1. 3. 2 低炭素社会

地球温暖化は世界規模の環境問題であり，1985 年に国連環境計画（UNEP）主催の「気候変動に関する科学的知見整理のための国際会議」（フィラハ会議）において，地球温暖化に関する初めての国際会議が議論された．我が国においても，1990 年に「地球温暖化防止行動計画」が地球環境保全に関する関係閣僚会議において定められた．本行動計画では，二酸化炭素排出総量が 2000 年以降概ね 1990 年レベルで安定化するよう努めること等が目標として挙げられた．また，1992 年には，国連環境開発会議（地球サミット，リオデジャネイロ）において，「気候変動枠組条約」が締結され，1990 年代末までに温室効果ガス排出量を 1990 年の水準に戻すことを目指していくことが決められた．その後も，1997 年「気候変動に関する国際連合枠組条約（気候変動枠組条約）」の第 3 回締約国会議（COP3）において京都議定書が採択され，日本は 2008～2012 年の第一約束期間における温室効果ガスの排出を 1990 年比で，6% 削減することが義務付けられた．また，1998 年に「地球温暖化対策の推進に関する法律（地球温暖化対策推進法）」が制定，2005 年には「京都議定書目標達成計画」が閣議決定された．

舗装分野では，1990 年の「地球温暖化防止行動計画」策定以降，日本国内でも地球温暖化対策に関する関心が高まったことから，1990 年代の中頃から CO2 削減に資する舗装技術として中温化混合物に関する研究が始まった．2008 年に日本道路協会から発刊された「舗装性能評価法別冊-必要に応じて定める性能指標の評価法編-」[32]では，CO2 排出量低減値の性能指標および評価法が示されたことから，各舗装材料や舗装工法による CO2 削減量の定量化が可能となった．さらに，2010 年には「国等による環境物品等の調達の推進等に関する法律（グリーン購入法）」の基本方針に定める特定調達品目 [33]に「中温化アスファルト混合物」が追加され，公共事業において重点的に調達を推進される環境物品等の一つになったことから，今後の採用数の増加が見込まれる．

表-1. 3. 2 温室効果ガス削減に関する流れと舗装の関連

年	温室効果ガス削減に関する流れと舗装の関連
1985	国連環境計画（UNEP）主催のフィラハ会議
1990	●地球温暖化防止行動計画　策定
1992	国連環境開発会議（地球サミット、リオデジャネイロ）において、気候変動枠組条約締結
1990 代	《日本における中温化混合物に関する研究が始まる》
1997	COP3 において京都議定書が採択
1998	●地球温暖化対策の推進に関する法律（地球温暖化対策推進法）を制定
2005	京都議定書目標達成計画を策定（閣議決定）
2008	○舗装性能評価法別冊-必要に応じて定める性能指標の評価法編-」
2010	●グリーン購入法の特定調達品目に「中温化アスファルト混合物」が追加
2015	国連気候変動枠組み条約締結国会議」（COP21）

1.3.3 社会に対する安全確保

①道路交通騒音・振動

わが国の市民生活の安全確保に向けた法規制としては，1967年に施行された公害対策基本法が挙げられる．制定の背景となったのは日本の4大公害病（水俣病、新潟水俣病、四日市ぜんそく，イタイイタイ病）であるが，本法律では大気汚染，水質汚濁，土壌汚染，騒音，振動，地盤沈下，悪臭を対象としている．このうち，道路および自動車交通が主に関係する公害は大気汚染，騒音，振動となり，道路舗装が特に関連しているのは道路交通騒音および道路交通振動となる．

道路交通騒音および振動に対する定量データに基づいた規制としては，1968年の「騒音規制法」および1976年の「振動規制法」が挙げられる．指定地域内等における交通騒音や交通振動が許容限度を超えたときに市町村長が対策措置を要請できることとした．なお，公害対策基本法は1993年「環境基本法」の制定に伴い統合・廃止され，1998年には「騒音に係る環境基準について（環境庁告示）」が告示された．

一方，舗装による道路交通騒音対策技術として，排水性舗装が挙げられる．排水性舗装の調査・研究が始められたのは1980年代後半であった．1987年にはわが国初の排水性舗装の施工が東京都環状7号で行われるとともに，同年には国道（近畿・171号）でも施工が行われた．その後，バインダの性能向上や骨材粒度等の改良により耐久性および排水性能が向上した．1992年に日本道路協会から発刊された「アスファルト舗装要綱」[34)]には排水性舗装の項目が記載され，広く普及されていった．

1995年に国道43号・阪神高速道路騒音排気ガス規制等訴訟において国および阪神高速道路公団（当時）に対して賠償判決（最高裁）が決定されたことから，排水性舗装が騒音低減対策の取り組みとしてさらに重要となった．1996年には道路協会で「排水性舗装技術指針(案)」[35)]が刊行されるとともに，2001年7月の通達「舗装の構造に関する技術基準」[36)]では，舗装の構造の原則として「必要がある場合においては雨水を道路の路面下に円滑に浸透させせることができる構造とする」と明記された．

排水性舗装は，排水性舗装指針等の発刊以来，国道や高速道路等を中心に普及が進み，2005年時点で，約50平方キロメートル以上が施工されている．また，排水性舗装に用いる改質アスファルトH型を用いた加熱アスファルト混合物の出荷量[31)]は，2017年度時点で全加熱アスファルト混合物出荷量に対して2.5%程度であり，全アスファルト混合物出荷量が減少する中で横ばいである．

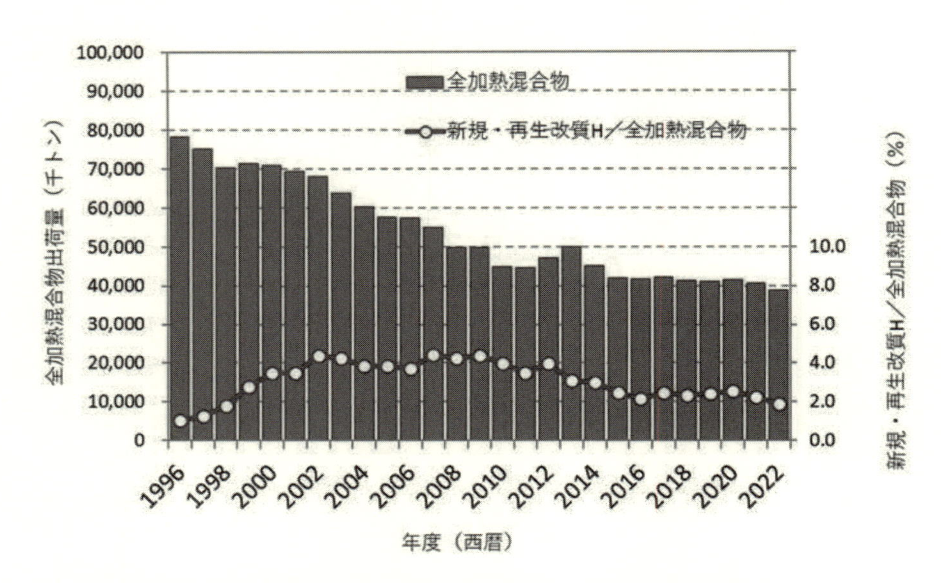

図-1.3.3 新規混合物と再生混合物の出荷量および出荷割合[31)]

表-1.3.3 道路交通騒音・振動に関する法律の制定と技術図書の関連

年	道路交通騒音・振動に関する法律の制定と技術図書の関連
1967	●公害対策基本法
1968	●騒音規制法
1976	●振動規制法
1980 代	日本において排水性舗装の調査・研究が始められる
1987	わが国初の排水性舗装は東京都環状 7 号で施工。同年、直轄国道での初施工は近畿の国道 171 号
1987	《その後バインダの性能向上や骨材粒度等の改良により耐久性および透水性能が向上》
1992	○アスファルト舗装要綱（排水性舗装の項目を記載）
1993	●環境基本法
1996	○排水性舗装技術指針(案)
1998	●騒音に係る環境基準について（環境庁告示）
	《排水性舗装は国道や高速道路を中心に採用され、全加熱アスファルト混合物の約 2.5%を維持》

②ヒートアイランド

ヒートアインランド現象は，東京などの大都市部が周辺の郊外部に比べて気温が島状に高くなる状態である．地球温暖化により過去 100 年間で地球全体の年平均気温が 0.7°C上昇しているのに対し，大都市では年平均気温が約 2～3°C上昇している[37)]．我が国では 1980 年代にヒートアイランドの現象解明に関する研究が活発に行われ，平成 6 年版環境白書においては，ヒートアイランドが典型 7 公害以外の大気環境に係る現象として取り上げられている．

舗装分野においても，1990 年代より，ヒートアイランド現象と舗装の関連に関する研究が開始されている[38)]．また，2001 年 7 月の通達「舗装の構造に関する技術基準」[36)]においても，舗装の構造の原則として「当該舗装の構造に起因する環境への負荷を軽減するよう努めるものとする」としている．

2004 年 3 月には「ヒートアイランド対策大綱」[39]が閣議決定され，ヒートアイランド対策に関して，国や地方自治体，事業者，住民等の取り組みの基本方針や具体的な方法を体系的にとりまとめた．原因として，エアコンや自動車単体による人口廃熱，公園や緑地，水面等の減少や人口構造物の増加による地表被覆面の人工化，建築物の密集による風の道の阻害が挙げられているが，舗装もその原因の一つとして挙げられている．さらに，路面温度を低下させる等の可能性のある舗装に関する調査研究の推進が挙げられた．路面温度を低下させる舗装技術として，遮熱性舗装や保水性舗装等があげられる．路面温度上昇抑制舗装研究会によると，現在，遮熱性舗装・舗装性舗装は大都市圏を中心に普及し，2019 年度末時点でそれぞれ約 280 万 m^2，110 万 m^2 の合計 305 万 m^2 の施工実績[40]がある．

表-1.3.4 舗装の遮熱環境削減に関する法律の制定と技術図書の関連

年	舗装の遮熱環境削減に関する法律の制定と技術図書の関連
1990 代	ヒートアイランド現象と舗装の関連に関する研究が始まる
2001	「舗装の構造に関する技術基準」
2004	「ヒートアイランド対策大綱」閣議決定
2005	愛知万博（愛・地球博）において保水性舗装技術が「地球環境問題の解決と人類・地球の持続可能性に貢献する 100 の地球環境技術（愛・地球賞）」を受賞
2011	世界道路協会(PIARC) で日本の遮熱性舗装技術が最優秀革新賞を受賞
2013	「ヒートアイランド対策大綱」改訂
	《2019 年時点で、大都市圏を中心に、350 万平方メートル以上が施工》

1.4　舗装における気候変動に対する取組み

昨今の地球温暖化に伴う気候変動を背景に，環境問題への取り組みは全産業で喫緊の課題となっている．舗装分野でも，製造温度の低減を目的とした中温化アスファルト技術や循環型社会の形成に向けた再生利用技術，都市のヒートアイランド問題の解決に向けた遮熱性舗装などが開発されており，環境負荷軽減に向けた技術開発は社会的要請となっている．

一方，2015 年 9 月には，国連持続可能な開発サミットで，2030 年までに達成すべき持続可能な開発目標（Sustainable Development Goals: SDGs）を含む「持続可能な開発のための 2030 アジェンダ」が採択された．SDGs では，経済・社会・環境をめぐる広域的な課題解決に向けた取り組みを，国や企業・NGO などのすべての関係者に求めている．今後は，社会的課題を解決しつつ，戦略的に気候変動に対する取り組みを実施していくことが，持続可能な社会形成に向けて重要となってくる．

ここでは，舗装における気候変動に対する取り組みについて紹介することを目的に，国内外で展開されている環境施策ついても解説する．

1.4.1　国連における持続可能な開発目標

国連では，2000 年に採択された「国連ミレニアム宣言」と 1990 年代に採択された開発目標を統合した，ミレニアム開発目標（Millennium Development Goals: MDGs）を 2001 年に採択した．これは，主に発展途上国に向けた開発目標として設定され，2015 年を期限として貧困・教育問題など，8 つの目標を掲げた．MDGs は一定の成果を達成したが，2015 年までに，環境問題や気候変動が深刻化しただけでなく国際的な格差拡大が顕在化され，企業や NGO を含み新たな目標の設定が必要となった．

このような背景に基づき，2015 年 9 月に国連サミットで持続可能な開発目標（Sustainable Development Goals: SDGs）が採択された．ここでは，先進国を含む国際社会全体の開発目標として，2030 年を期限とする包括的な 17 の目標を設定している（**図-1.4.1**）.「誰一人取り残さない」社会の実現を目指して，経済・社会・環境をめぐる広範な課題に，統合的に取り組むことを目的としており，今後の社会活動にも影響を及ぼすものと予想する．

SDGs に関連した活動は，行政や企業などの実施主体に委ねられている．よって，ここでは SDGs の課題に関する社会活動について最小限の解説にとどめ，課題に関連する舗装技術の活用例について紹介する．

図-1.4.1　持続可能な開発目標（SDGs）[41)]

1.4.2　第五次環境基本計画と重点戦略

環境基本計画は，わが国の環境保全に関する総合的かつ長期的な施策を定めたものである．約６年ごとに見直しが図られており，環境大臣からの諮問を受けた後に，中央環境審議会での審議と答申をへて，閣議決定される．

平成 30 年 4 月 17 日に定めた第五次環境基本計画では，2015 年に採択された国連 持続可能な開発目標（SDGs）で掲げた「持続可能な開発のための 2030 アジェンダ」や「パリ協定」など，環境に係る国際的な機運を反映した内容となっている．具体的には，**図-1.4.2** に示すように環境・経済・社会の課題に対する統合的向上を目的に，経済社会システム，ライフスタイル，技術など，様々な観点からイノベーションを創出することを目標とし，以下の６つの重点戦略を掲げている．

① 持続可能な生産と消費を実現するグリーンな経済システムの構築
② 国土のストックとしての価値の向上
③ 地域資源を活用した持続可能な地域づくり
④ 健康で心豊かな暮らしの実現
⑤ 持続可能性を支える技術の開発・普及
⑥ 国際貢献による我が国のリーダーシップの発揮と戦略的パートナーシップの構築

このように，今後は舗装の観点からも，6 つの重点戦略に沿った環境技術が求められてくる．具体的には，低炭素社会への取組み，廃棄物の再生利用，ヒートアイランド対策などの問題に対して，如何にして課題解決に資する環境舗装技術を開発・普及していくかが重要となってくる．

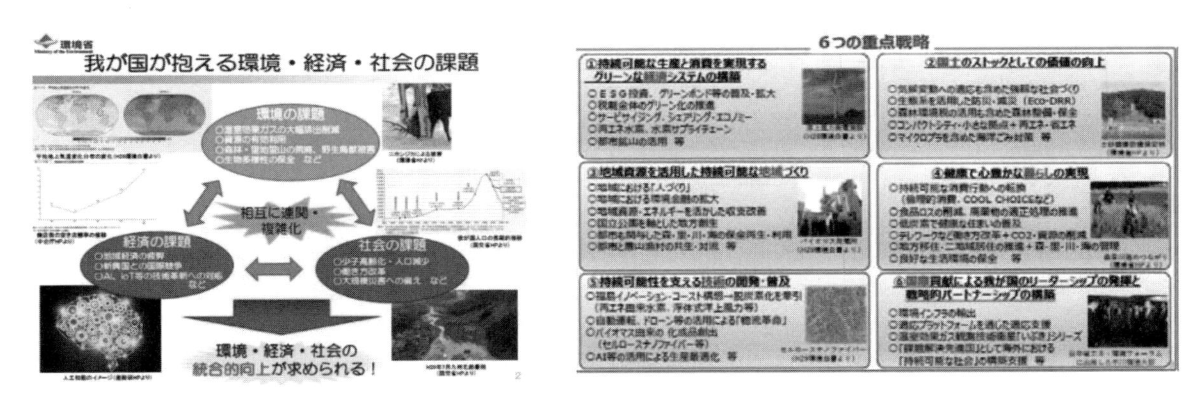

図-1.4.2　第五次環境基本計画と重点戦略 [42)]

1.4.3　気候変動適用法案と舗装の位置づけ

我が国では，平均気温が 100 年あたりで 1.19℃の割合で上昇し，豪雨や台風の発生回数も増加傾向にあり，地球温暖化や気候変動の影響が顕在化している（**図-1.4.3**）．そのため，温室効果ガスの排出削減対策や気候変動の影響による被害の回避・軽減対策は，喫緊の課題といえる．こうした背景もあり，平成 30 年 11 月 27 日に気候変動適応法案が閣議決定され，気候変動の適応策を強力に推進していくことが定められた．ここでは，具体的に建設分野での位置づけは記載されていないが，熱中症対策や異常気象対策など，舗装分野の持続可能性に係る幅広い内容を包括的に適用することで，課題解決に向けて貢献できる余地は多く残されている．

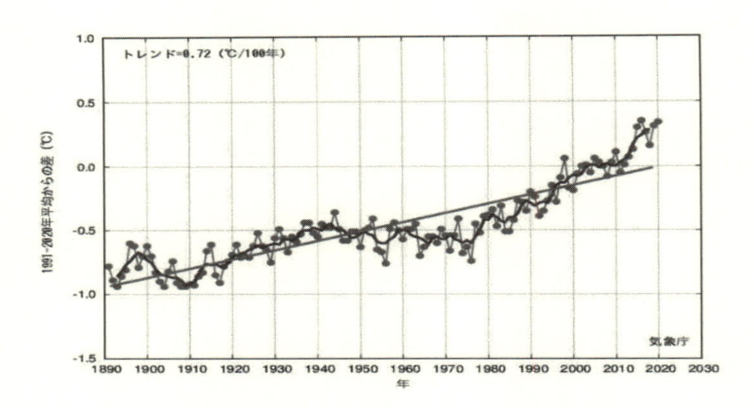

図-1.4.3　100 年あたりの気温上昇[43)]

1.4.4　気候変動適用計画と舗装分野の貢献

国土交通省でも，平成 27 年 11 月 27 日に閣議決定された気候変動の影響への適応計画に伴い，適応策をまとめた「国土交通省気候変動適応計画」を公表している．ここでは，気候変動により懸念される国土交通分野への影響を，①自然災害，②水資源・水環境，③国民生活・都市生活分野に分類し，各種対策を示している．国民生活・都市生活分野政策適応に関する施策では，都市のヒートアイランド対策として路面温度上昇抑制対策も挙げられており，遮熱性舗装などの適用も舗装分野における適応策として活用が期待できる（**図-1.4.4**）．

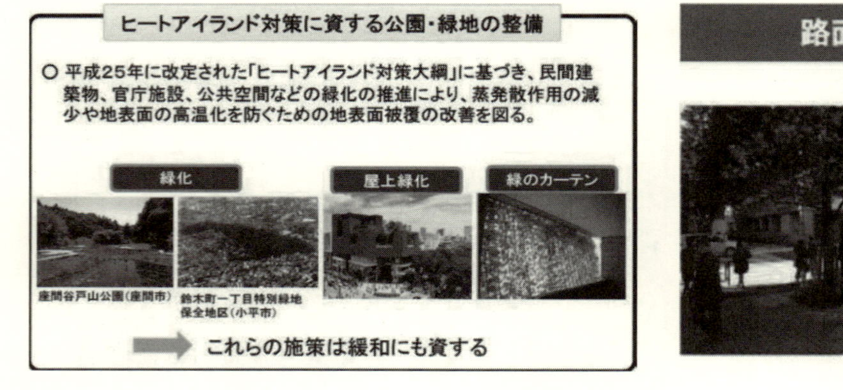

図-1.4.4　都市のヒートアイランド対策の例[44)]

1.5　舗装における環境中心の持続可能性

1.5.1　地球温暖化を1.5℃に抑制することの意義

気候変動に関する政府間パネル(IPCC)は，気候変動に関して科学的，技術的及び社会経済的な見地から包括的な評価を行い5～7年ごとに評価報告書，特別報告書(不定期)，技術報告書，方法論報告書を公表している．2018年10月に韓国・仁川で行われた第48回IPCC総会において「1.5℃特別報告書」の政策決定者向け要約(SPM)が承認され，地球温暖化を 1.5℃に抑制することで持続可能な開発の達成目標(SDGs)にある貧困の撲滅をはじめとする気候変動以外の世界的な目標も含めて達成しうるとの見解が出された[45]．2021年8月にIPCC第6次評価報告書が公表され，現状では世界の平均気温が少なくとも今世紀中頃までに4.4℃に達すると警告している．2050年頃にカーボンニュートラルを達成するシナリオではこの上昇幅が 1.5℃に抑えられ，今世紀中頃から平均気温は下降に転じるとの予測が出されている(**図-1.5.1**)[46]．

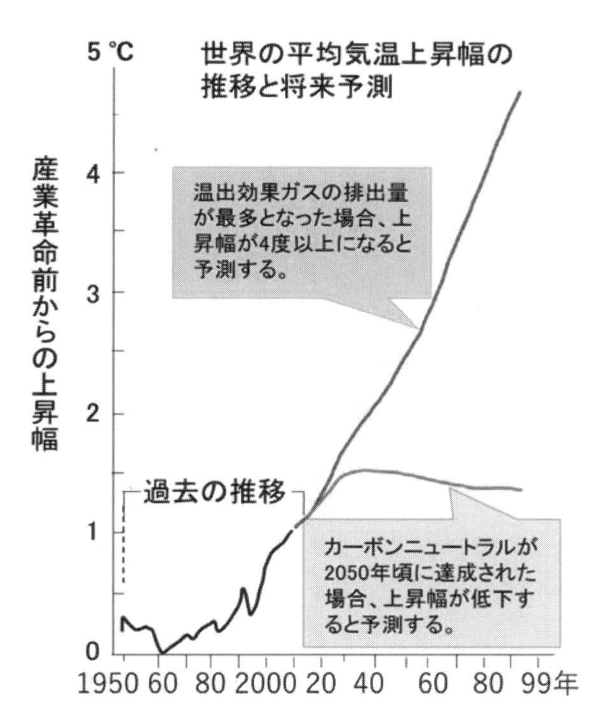

図-1.5.1　IPCC第6次報告書による平均気温上昇に関するシナリオ[46]

1.5.2　都市部で活用される環境に配慮した舗装（環境舗装）

都市域が拡大すると道路面積の割合は高くなり，さらに建物が過密する場所では雨水の浸透が大きく妨げられる．さらに通常の舗装面は水分を保持しないため日中の表面温度は常に高温になることから，道路舗装は長年都市ヒートアイランドの主要因とされてきた．地表面状態が自然の浸透性を有するものから不浸透面に変わった状態とその広がりはリモートセンシング技術を用いて解析できる．舗装面の拡大とともに都市の広がりの影響を可視化し都市水文や熱収支特性の変化も評価できるようになり都市部の人間活動による周辺環境や自然生態系に及ぼす影響の予測も可能になった[47]．そこで環境への配慮から雨水浸透を可能にした排水性舗装に加えて自然土壌と同様な水分移動機能を有する保水性舗装や表面に日射反射材を散布して夏場の表面温度の上昇を抑える遮熱性舗装など，特殊機能を装備した舗装(**環境舗装**とよぶ)が実用化された[48]．地表面の熱収支を見ると加熱されたアスファルト舗装面から発せられる熱輸送量(顕熱輸送)と赤外放射量は他の地表面と比較して多量である[49]．都市の規模は限られているものの地球温暖化と比較して都市域の温暖化はより顕著であることから，その対策として東京都内の国道の一部分や2005年に開催した浜名湖花博(愛・地球博)会場の歩行空間にこれら特殊舗装が施工された[50]．これらの環境舗装は施工直後では機能性に問題が生じないものの，特に車道の場合は長年供用すると劣化が生じてくる．東京都と国土交通省関東地方整備局が中心となり都心の数カ所に施工した保水性舗装と遮熱性舗装の持続性について10年間にわたるモニタリング調査を行った結果，物理的な損傷がなければ機能性が維持されることが確認された[51]．この経験が元となり2013年9月に「2020東京オリンピック・パラリンピック」の開催が決まって以降，アスリートや沿道の観客の暑熱対策として、さらに今後の都市ヒートアイランド対策として遮熱性舗装の施工が進んだ[52]．近年はこのような環境舗装の有効性に関する研究が海外でも発表されており，通常の舗装と比較して費用は掛かるものの環境への配慮の意識が高まっていることを示している[53,54]．また従来の舗装に対しても駐車場内に降った雨水が側溝に流出する際，舗装材料が排水の質にどの程度影響を与えるかの報告もある[55]．

1.5.3　舗装技術の開発途上国への協力

前項では人口が密集する都市域を対象に望まれる舗装の機能性について記したが，開発途上国における舗装の役割は全く異なる．世界の貧しい人々のほとんどは雇用，医療，教育から隔離された農村地域に住んでおり，そこに優れた道路インフラは欠如し，輸送サービスを受けることが困難である．それは人の健康状態の悪化や子どもの学校の入学率の低さにも影響し，農村部の孤立を防ぐためには舗装道路や橋の整備が急務である[56]．開発途上国では簡易舗装が主であり脆弱性が課題である．

2012年から2019年までNPO法人国際インフラパートナーズ(JIP)がJICA草の根技術協力事業としてミャンマーにおける舗装技術の向上に協力している[57]．事業の最終目的は日本の技術協力のもとで作成された舗装技術基準がミャンマーに広く活用されること，および将来同国で質の高い舗装の整備が図られることである．ミャンマーはかつてわが国が戦後間もない頃まで採用していたマガタム工法（あるいはタールマカダムによる舗装）が定着しておりローラーによる締固めを除くと破砕した石を敷き詰める作業や砕石と砕石の間に砂を詰めて表面を調整する作業などは全て人の手で行われている．また，地域の女性や子供も舗装工事に加わるのが現状である(**写真 1.5.1**)[58),59]．この工法を対象に日本の簡易舗装要綱を参考にした技術マニュアルが作成され，測量，排水対策，路肩整備，使用骨材の評価などにも言及した．2016年からはプラントで製造した加熱アスファルト混合物や生コンクリートを使用した高級舗装を対象にした技術マニュアルが作成された．ここで，試験舗装の実施以外にも施工後の品質管理，技術者や作業員に対する安全意識向上のための朝礼の習慣化，および作成した技術マニュアルを使った研修コースの設置などの支援活動がミャンマー側の関係者から日本の舗装技術と技術者に対する絶大な信頼となった．これも事業の大きな成果であると言えよう．

写真 1.5.1 ミャンマーに定着する手作業のマカダム舗装の様子(マグウェイ地区 2012.12.2)[58)]

1.5.4　社会課題の解決において求められるもの

2015 年 9 月に国連サミットで持続可能な開発目標(SDGs)が加盟国の全会一致で採択されたことを受けて，我々人類の地球環境に対する見方や解決のための発想方法を拘束するような大きな方向性が定まった．それまでの環境問題の取り組みは"個々に問題が発生したために新たな対応が必要になった"との理解で対応してきたがすでにその程度では不十分な段階に来ている．人間活動が増大し有限な地球環境に与える影響が地球の持つ物理的な限界を超すレベルとなり，一層悪影響を及ぼす状況になったと理解しなければならない．地球環境の限界に配慮した上で人類が抱える多くの問題を「調和的に解決する手法」を見出すことが大目的となった．従ってより幅広い知識とともに，政策の立案やプロジェクトの行動計画の策定にあたり，解決を目指す社会課題を掲げ，解決するアプローチを考え，それがどのような形で社会課題解決に貢献するのかを明確にすることが求められる．具体的にどのような内容に取り組むのかを検討し，またその成果を計る指標も記す(**図-1.5.2**)．事業計画フローがこうした形である理由は，この事業よって 1.1.4 に記した人間社会の構造 5Ps（People（人），Planet（地球），Prosperity（繁栄），Peace（平和），Partnership（協調））がどのように変わるのかを説明し，その結果として提案する事業が最終目的とする形態の「社会」が成立し，結果的に地球上の人類世界が変わるというシナリオを描くためである．

加えて**図-1.1.1** に示したコレクティブ・アクションとしての取り組みが実現すれば，これまで個別に行われた環境問題の解決の行動ではなく新たな「社会の価値」の創出にも繋がり，経済的にも有益となるであろう．

解決を目指す社会課題

解決を目指す社会課題	関係するSDGs
同国に必要かつ実施が容易な環境評価技法を提供し、段階的にステークホルダーの参加を広げ、遺伝資源のみならず貧困層が利用する水の保全まで人材育成を通して環境政策の具現化に貢献すること	4 教育 6 水·衛生 12 持続可能な消費と生産 15 陸上資源

上記の社会課題の解決が重要であると考える理由
ミャンマーは隣国の政治·経済の影響を大きく受けて森林伐採をはじめ無秩序な開発が止まない。生物が豊かなホットスポットの中心地であるもののその機能は大きく損なわれている。環境アセスメントの経験が浅く、水質に関する環境基準や排水基準を持たない。正確な科学的データを取得するためのツールがなく技術者の育成が遅れているため、長期的視野に立った政策を立案しても実行性は期待できない。環境政策の具現化には環境影響評価の実施における同国で実施可能な技術的知識と経験が必要である。

上記の社会課題を解決するアプローチ(本案件に限定せず考えられるアプローチをすべて記載すること)
環境の劣化を科学的に認識ができる技術者や森林レンジャーの育成、およびステークホルダーの参加の広がりが重要である。そこで、環境質の診断に関するノウハウの取得に向けて、アセスメント技術者、地元大学の研究·教育者の技術向上を行う。セミナーと教材の提供を行う。環境問題を周知するシステムを構築する。

社会課題の解決を目指すにあたって、本案件がどのような位置づけにあり、どのような理由で対象とする課題を選定したのかを明記してください。

本案件の概要

本案件で取り上げる具体的課題(対象地域、本案件で目指すこと)とその選定理由
ヤンゴン地区はデルタ域を中心に地下水のひ素汚染の懸念が強い。マンダレー地区は織物工場などの排水が未処理である。周辺の取り利用の改変が著しい。シャン州はインレー湖の浮き畑によるトマト栽培の拡大によって農薬·肥料汚染が問題である。チン州は自然が豊かな森林地帯であるが、近年観光地化による開発対象地である。

社会課題を解決するアプローチの中で、本案件のアプローチが有効であると考える理由を明記してください。

本案件が取り上げる社会課題解決のアプローチ	本アプローチに焦点をあてた理由
各地域の水質の現状を共有し、継続的な測定·分析を可能にする。正確な結果であること。生物多様性を再認識すること。	同国は鉱物資源が豊富であり資源開発が盛んである。地下水は自然由来のひ素汚染の懸念がある。さらに農産物生産による農薬や肥料汚染も懸念がある。しかし、これらによる地下水·河川水の汚染がどれくらいであるかなどの科学的データは圧倒的に不足している。河川生物も本来は多様性が高いが記録がほとんどない。

本案件の内容(目的・手法・成果)

期間内の全体成果
環境アセスメント技術者の専門的知識と技能を向上することで、より積極的に環境保全に努め、同国が掲げる環境政策の具現化に貢献する。 各地域に拠点を形成し、ネットワーク化によって情報が共有される。本来の豊かな生物多様性の維持に貢献する。

実施項目	項目ごとの実施内容(目的·手法·想定される課題)	期間内に達成できる成果及び成果をはかる指標
地下水·河川水調査	各種ポータブルセンサーによる水質の健全性のスクリーニングすることによる現状把握	ひ素等の重金属汚染の評価
河川生物調査	底生生物(特に水生昆虫類)の多様性から河川健全性を評価	出現する底生生物の傾向から河川生態系の特徴を把握。標本の保管·種同定のノウハウを教授
セミナーの実施	正確な分析·評価方法について、また最新の分析機器等の情報の提供	ミャンマーの水環境問題の共通認識と評価技法を教授
生物多様性の認識·環境指標種の選定	水生昆虫の幼虫·成虫の調査から種同定が可能な検索本を作成	出現種リストの作成、種同定の特徴を記した教則本を発行

本案件の成果が社会還元・社会実装されることで、目指す社会課題解決に向けてどのようなインパクトがあるかを明記してください。

社会課題解決への貢献

成果が社会還元·社会実装されたときの具体的な姿	社会還元·社会実装への道筋
河川生物種に関する知識の拡充は、ミャンマーの学校教材として活用できる。孤児院が利用する地下水、山地少数民族が利用する湧き水など、水質の科学的情報の共有化は貧困層の健康を保護する上で重要である。各産業における環境影響の可視化。	ステークホルダーの参加による実現性の高い環境保全策を構築する。すべての開発事業を行う前のベースラインとして本活動のデータ、ノウハウが生かされる。つまり、道筋としては継続的な活動の実施。環境基準値·排水基準値の設定と周知。

社会課題解決へのインパクト
人の健康の保護、生活環境の保全に貢献する。高度な分析装置を用いなくとも一定の精度で水質情報と生物多様性の調査が可能であり、それが広く普及することで、他地域での同様な環境問題解決につながる。自然保護·環境保全に関する政策の具現化を導く。

事業名：ミャンマーの環境アセスメント機能強化に向けた合同調査・セミナー・教材の提供と環境政策の具現化（埼玉大学 2019-2020）

図-1.5.2　事業計画フローの作成例（様式の原案：三井物産環境基金）

【参考文献】

1) 鈴木幸毅: 第 5 章 地球環境問題と企業責任, 環境問題と企業責任〈増補版〉, 中央経済社, 1994.
2) 環境省 水・大気環境局: 令和 2 年度公共用水域水質測定結果（令和 4 年 1 月）, 2022.
3) 江澤　誠: 「環境と開発に関する世界委員会」発足の経緯に関する一考察, 環境科学会誌, 19(3):233-237, 2006.
4) 環境省: 環境資源の管理, 第 2 節 新たな視点に立った環境政策の展開, 昭和 63 年版環境白書, 1988.
5) 鷲谷いづみ: 新版絵でわかる生態系のしくみ, 講談社, 2018.
6) 寺田良一: エコロジー運動, 環境運動, 環境正義運動 -新しい社会運動としての環境運動の制度化と脱制度化-, 環境社会学研究, 24:22-37, 2018.
7) 小塚浩志, 春日章博: ISO14001:2015 に対応する環境経営と生物多様性(基礎編), 株式会社新技術開発センター, 2018.
8) ノ-マン マイアーズ(林雄次郎訳): 沈みゆく箱舟 -種の絶滅についての新しい考察-, 岩波現代選書, 1981.
9) 環境省 生物多様性及び生態系サービスの総合評価に関する検討会: 生物多様性及び生態系サービスの総合評価 2021 (JBO 3: Japan Biodiversity Outlook 3), 政策決定者向け要約報告書, 2021.
10) Millennium Ecosystem Assessment: Ecosystems and human well-being: Synthesis, Island press, 2005.
11) 国土交通省: 第 8 章 環境保全及び景観形成に関する基本的な施策, 第 1 節 生物多様性の確保及び自然環境の保全・再生・活用, 第二次国土形成計画（全国計画）, 2015.
12) 環境省 自然環境局: 生態系を活用した防災・減災に関する考え方, 2016.
13) 竹林征三：技術士を目指して（建設部門）選択科目第11巻　建設環境，山海堂，1997.5.
14) 日能研教務部: SDGs（国連 世界の未来を変えるための 17 の目標）2030 年までのゴール, みくに出版, 2017.
15) 古川柳蔵, 石田秀揮: バックキャスティングによるライフスタイル・デザイン手法とイノベーションの可能性, 高分子論文集, 70(7):341-350, 2013.
16) Amory B. Lovins: Energy Strategy: The Road Not Taken?, Foreign affairs, 55(1):65-96, 1976.
17) Robinson JB: Energy backcasting - A proposed method of policy analysis, Energy Policy, 10(4):337-344, 1982.
18) Bloomfiled BP: Anomalies and social experience, backcasting with simulation-models, Social Studies of Science, 15(4):631-675, 1985.
19) Robinson JB: Unlearning and backcasting – rethinking some of the questions we ask about the future, Technological Forecasting and Social Change, 33(4):325-338, 1988.
20) Karl H Dreborg: Essence of backcasting, *Futures*, 28(9):813-828, 1996.
21) Government Offices of Sweden: Report on the implementation of the 2030 Agenda for Sustainable Development, Voluntary National Review 2021 SWEDEN, 2021.
22) 一般財団法人企業活力研究所: 「SDGs 達成に向けた企業が創出する『社会の価値』への期待」に関する調査研究報告書, 2020.
23) 国立研究開発法人土木研究所ホームページ, https://www.pwri.go.jp/jpn/about/pr/mail-mag/webmag/wm017/seika.html. （令和 5 年 5 月 31 日閲覧）
24) 中日本高速道路株式会社ホームページ, https://www.c-nexco.co.jp/construction/. （令和 5 年 5 月 31 日閲覧）

25) 日本道路協会：舗装廃材再生利用技術指針，日本道路協会，1984
26) 日本道路協会：路上表層再生工法技術指針（案），日本道路協会，1986
27) 日本道路協会：路上再生路盤工法技術指針（案），日本道路協会，1987
28) 日本道路協会：プラント再生技術指針，日本道路協会，1992
29) 日本道路協会：舗装再生便覧，日本道路協会，2004
30) 国土交通省ホームページ：平成 30 年度建設副産物実態調査結果（確定値）令和 2 年 1 月 24 日，https://www.mlit.go.jp/report/press/sogo03_hh_000233.html（令和 5 年 5 月 31 日閲覧）
31) 日本アスファルト合材協会：令和 4 年度アスファルト合材統計年報，2022
32) 日本道路協会：舗装性能評価法別冊-必要に応じて定める性能指標の評価法編-，日本道路協会，2008
33) 環境省ホームページ：環境物品等の調達の推進に関する基本方針　平成 31 年 2 月，https://www.env.go.jp/policy/hozen/green/g-law/archive/bp/h31bp.pdf（令和 5 年 5 月 31 日閲覧）
34) 日本道路協会：アスファルト舗装要綱，日本道路協会，1992
35) 日本道路協会：排水性舗装技術指針(案)，日本道路協会，1996
36) 国土交通省：舗装の構造に関する技術基準について，国土交通省都市・地域整備局長，国土交通省道路局長通達，国都街第 48 号・国道企第 55 号，平成 13 年 6 月 29 日
37) 日本学術会議（平成 15 年 7 月 15 日）社会環境工学研究連絡委員会ヒートアイランド現象専門委員会報告「ヒートアイランド現象の解明に当たって－建築・都市環境学からの提言」
38) 浅枝隆，藤野毅：舗装面の熱収支と蓄熱特性について，水文・水資源学会誌第 5 巻 4 号，1992
39) ヒートアイランド対策関係府省連絡会議：ヒートアイランド対策大綱　平成 16 年 3 月 30 日，2004
40) 路面温度上昇抑制舗装研究会ホームページ：遮熱性舗装の実績・保水性舗装の実績，http://www.coolhosouken.com/　（令和 2 年 7 月 7 日閲覧）
41) 国連開発計画 駐日代表事務所 持続可能な開発目標（SDGs），https://www.jp.undp.org/content/tokyo/ja/home/sustainable-development-goals.html.（令和 3 年 10 月 25 日閲覧）.
42) 環境省 第五次環境基本計画の概要（2018 年 4 月），https://www.env.go.jp/press/files/jp/108981.pdf.（令和 3 年 10 月 25 日閲覧）.
43) 気象庁 世界の年平均気温偏差（H27.11），https://www.data.jma.go.jp/cpdinfo/temp/an_wld.html.（令和 3 年 10 月 25 日閲覧）.
44) 国土交通省 気候変動適応計画, https://www.mlit.go.jp/common/001111531.pdf.（令和 3 年 10 月 25 日閲覧）.
45) 環境省(仮訳): 気候変動に関する政府間パネル(IPCC)第 6 次評価報告書「1.5°C特別報告書」, 2018.10.
46) IPCC: Climate Change 2021: The Physical Science Basis (気候変動に関する政府間パネル(IPCC)第 6 次評価報告書(AR6)サイクル, 第 1 作業部会の報告「気候変動-自然科学的根拠」), 2021.8.
47) 松下文経, 尾山洋一, 新居博之, 福島武彦: 舗装されていく地球の表面, -問題生態系シリーズ:都市生態系-, 日本リモートセンシング学会誌, 37(3):266-269, 2017.
48) 近藤 進: 環境舗装の導入～東京国道事務所における取組～, 土木技術資料, 51-5, 2009.
49) 藤野　毅: ヒートアイランド現象の基本的なメカニズム, 土木施工, 44(11):18-22, 山海堂, 2003.11.
50) 藤野 毅, 長島博雄, 菅沼忠嗣, 辻井 豪: 保水性舗装のテーマパークへの適用と熱負荷軽減効果 -浜名湖花博における事例-, 舗装, 40(3):9-13, 建設図書, 2005.3.

51) 平田健一: 環境舗装に関する追跡調査, 関東地方整備局 関東技術事務所, 2012.
52) 堂村崇馬: 2020 東京オリンピックパラリンピックに向けた計画的な維持管理について～お・も・て・な・し の管理水準を目指して～, 関東地方整備局 東京国道事務所, 2017.
53) Kuldip Kumar et al. : In-situ infiltration performance of different permeable pavements in an employee used parking lot - A four-year study, *Journal of Environmental Management*, 167: 8-14, 2016.
54) G-E. Kyriakodis and M. Santamouris : Using reflective pavements to mitigate urban heat island in warm climates - Results from a large scale urban mitigation project, *Urban Climate*, 24:326-339, 2018.
55) Luis A. Sanudo-Fontaneda et al. : Water quality and quantity assessment of pervious pavements performance in experimental car park areas, *Water Science and Technology*, 69:1526-1533, 2014.
56) Paul Starkey and John Hine : Poverty and sustainable transport How transport affects poor people with policy implications for poverty reduction A literature review, 2014.
57) 神長耕二, 吉兼秀典: 日本の舗装技術の国際展開 ミャンマー国における舗装技術基準の整備等による技術協力, 道路, 947:2-5, 2020.2.
58) 藤野 毅: ミャンマー未開発地域の道路・舗装事情と生活文化(前編), 舗装, 51(8):41-43, 建設図書, 2016.8.
59) 藤野 毅: ミャンマー未開発地域の道路・舗装事情と生活文化(後編), 舗装, 51(9):36-38, 建設図書, 2016.9.

第２章　舗装に関する環境性能評価の現状

第 2 章　舗装に関する環境性能評価の現状

2.1　現状で実施されている環境性能評価の概要

環境分野での性能規定発注としては，これまでに騒音測定車による騒音値や路面温度低減効果による評価によって実施された事例は存在するが，その他の環境性能による評価が考慮された事例はほとんど存在しない．

舗装分野に関連する主な環境性能を**表-2.1.1** に示す．それぞれの環境性能指標は，地球規模の環境に影響を与える項目，道路沿道に影響を与える項目，および舗装作業を行っている者の環境に与える項目に大別できる．本章では，各環境性能が適合する区分を**表-2.1.1** のように仕分けた．

表-2.1.1　環境性能指標と適合する環境区分

環境性能	適合する環境区分		
	地球環境	地域環境	作業環境
騒音		○	○
振動		○	○
熱環境		○	○
臭気		○	○
土壌汚染		○	
大気汚染	○	○	○
CO_2排出量	○		
水質汚濁		○	
洪水抑制		○	
地下水涵養		○	
省資源・省エネルギー	○	○	

多くの評価すべき環境性能項目が存在するが，現在の舗装分野において，日本道路協会図書などで具体的に定量的な評価可能なものはごく一部に限られている．今後は，更に多くの性能について定量的な評価が可能となるようにする必要がある．本章では，代表的な環境性能について，評価方法の現状について記載する．また，第 3 章では，総合的な環境性能評価手法として，アメリカでは「グリーンロード」が開発され，活用されている．また，日本でも建築業界では CASBEE が活用されている．これら二つの総合的な環境評価手法についても概要を紹介する．

2.2　環境性能項目とその評価手法

2.2.1　騒音

2.2.1.1 概要

騒音と舗装の関わりあいは，様々な側面で見られる．大きく大別すると，アスファルト混合物やコンクリートの製造時，運搬時，施工時に近隣住民を対象とした騒音，あるいは作業時に作業員が受ける騒音，舗装供用後に道路交通によって近隣住民が受ける騒音（以下，「道路交通騒音」と記す[1)]）に分けられる．

これまでの我が国の舗装業界では，道路交通騒音に対して性能評価の研究が進んでおり，測定車を利用した性能評価発注工事も多く実施されている．実際の工事の発注条件にはならないが，ポーラスアスファルト混合物などの吸音性について，室内供試体を使用して測定する研究も多く実施されている．

道路舗設時の騒音対策については，性能評価発注工事として実施はされていないが，製造，施工機械について様々な防音対策が実施されている．これらは工事における規制基準値として定められた値や作業時間等を対応しなくてはならない．

以下に騒音に対する評価手法を示す．

2.2.1.2 道路交通騒音の評価手法

道路交通騒音については，我が国でこれまでに多くの研究が実施されており，日本道路協会発刊の「舗装性能評価法」には「騒音値」として測定車によるタイヤ／路面騒音測定方法が掲載されている[2)]．現時点で発注工事の測定方法として実績があるのは同手法になるが，その他にも室内供試体での測定方法も多く研究されている．これらの試験法について紹介する．

(1) 測定車を利用した騒音値の測定方法[2)]

測定車を利用した「騒音値」の測定は，日本道路協会発刊の「舗装性能評価法」では，舗装路面騒音測定車による方法，あるいは騒音値を求めるための測定用普通乗用車による方法のいずれかによってタイヤ／路面騒音測定を測定することになっている．

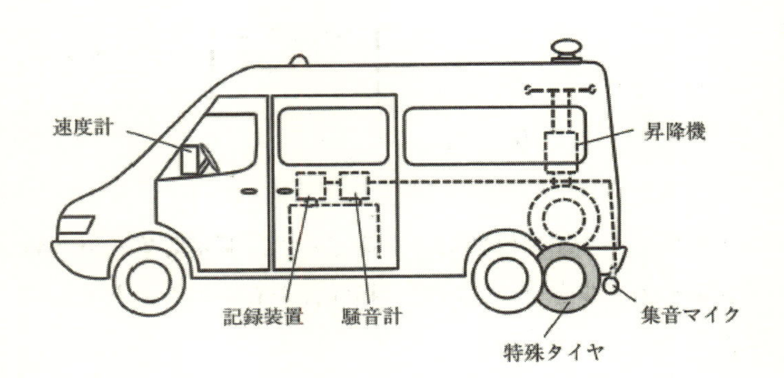

図-2.1.1　舗装路面騒音測定車の概要[2)]
（出典：公益社団法人日本道路協会；舗装性能評価法-必須および主要な性能指標編-，2013.）

舗装路面騒音測定車とは，**図-2.1.1** に示すような特殊タイヤ，特殊タイヤを路面に対して所定の力で押し付ける昇降機，タイヤ／路面騒音を測定する集音マイク，騒音計，記録装置および速度計等で構成された特殊車両である．特殊タイヤは，周波数 800～1600Hz の音圧レベルを増幅させるパターンを有する，溝の深さが 10mm，空気圧 2.45MPa，接地荷重 2.45kN のものを用いる．

測定は原則的に 50±0.5km/h で行い，当該速度で測定が困難な場合は，速度補正を行って標準測定速度でのタイヤ／路面騒音に換算する．

（式 2.1）を用いて，各車線および各測定回数分からサンプリングしたすべてのタイヤ／路面騒音を平均し，舗装路面測定車によるタイヤ／路面騒音の等価騒音レベルを求める．

$$L_{AeqR} = 10 \times \log\{1/n \cdot \sum_{i=1}^{n} 10^{(L_{Ni}/10)}\} \qquad (式2.1)$$

ここに，L_{AeqR}：舗装路面騒音測定車によるタイヤ／路面騒音の等価騒音レベル（dB）

n：データ個数

L_{Ni}：サンプリングしたタイヤ／路面騒音（dB）

(2) 測定用普通車による騒音値の測定方法 [2)]

測定用普通車によって，タイヤ／路面騒音を測定する．測定用普通乗用車の概要を**図-2.1.2**に示す．測定用乗用車は走行輪に測定用タイヤを装着してタイヤ／路面騒音を測定する．測定用タイヤのトレッドパターンと規格を**写真-2.1.1**と**表-2.1.1**に示す．

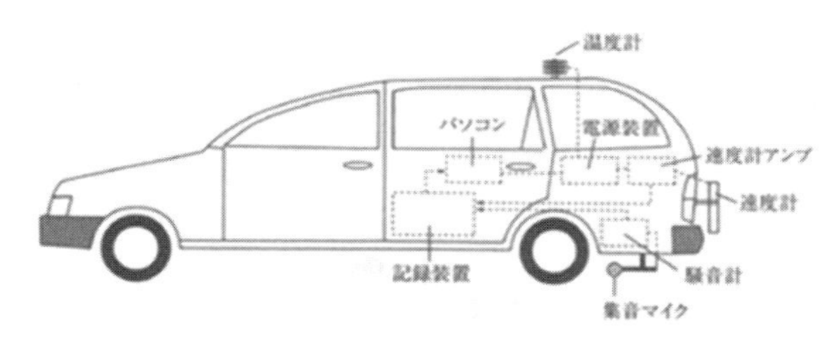

図-2.1.2　測定用普通乗用車の概要 [2)]

（出典：公益社団法人日本道路協会；舗装性能評価法-必須および主要な性能指標編-，2013）

写真-2.1.1　測定用タイヤのトレッドパターン概要 [2)]

（出典：公益社団法人日本道路協会；舗装性能評価法-必須および主要な性能指標編-，2013.）

表-2.1.2　測定用タイヤの規格 [2)]

項目	規格
幅	195mm
扁平率	65%
種類	R（ラジアルタイヤ）
内径	15inch
荷重指数	91
速度記号	S
空気圧	220kPs
ゴム硬度	63

（出典：公益社団法人日本道路協会；舗装性能評価法-必須および主要な性能指標編-，2013.）

測定用普通乗用車
測定用タイヤ

換算

舗装路面騒音測定車
測定用タイヤ

⇨ 換算

舗装路面騒音測定車
特殊タイヤ

図-2.1.3　換算方法 2)

（出典：公益社団法人日本道路協会；舗装性能評価法-必須および主要な性能指標編-，2013.）

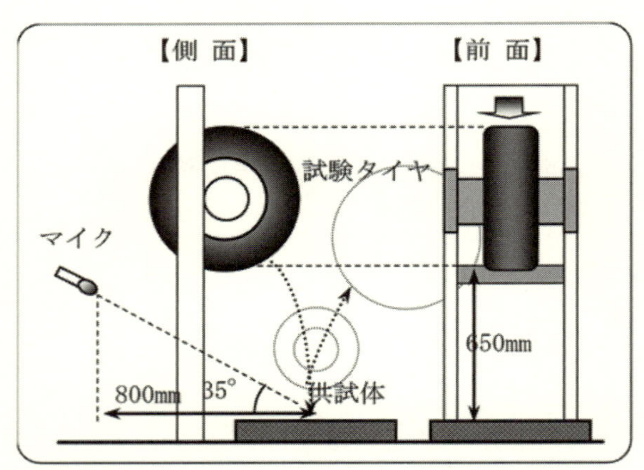

図-2.1.4 タイヤ落下型測定試験機の概要 3)

（出典：岡部・林・門澤；タイヤ落下法による低騒音舗装の評価法について，第 23 回日本道路会議(C),pp.18-19,1999）

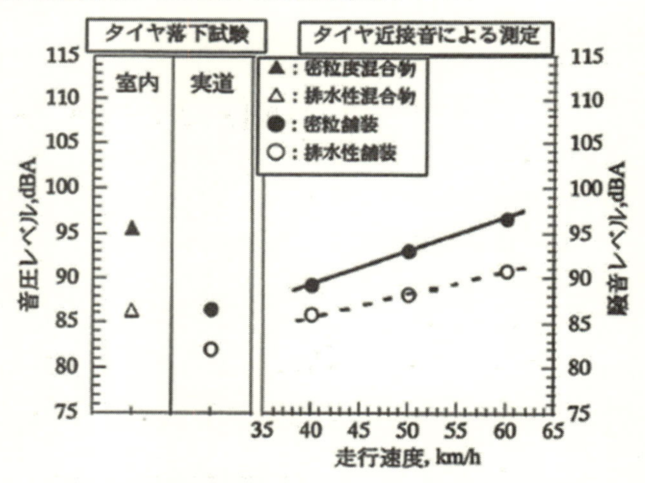

図-2.1.5 タイヤ落下試と実道測定の関係 3)

（出典：岡部・林・門澤；タイヤ落下法による低騒音舗装の評価法について，第 23 回日本道路会議(C),pp.18-19,1999）

測定用普通乗用車の測定用タイヤで測定されたタイヤ／路面騒音は，**図-2.1.3** の流れで舗装路面騒音測定車特殊タイヤで測定された等価騒音レベルに換算される．

現状での換算方法としては，独立行政法人土木研究所の騒音測定走路において，測定用タイヤを装着した普通自動車の温度ごとの騒音値を測定し，それらについて特殊タイヤを装着した舗装路面騒音測定車のデータとの比率を比較して換算し，そのデータから一般道において測定用タイヤを装着した普通車で測定したデータを，特殊タイヤを装着した舗装路面騒音測定車で測定したデータに換算する方法がある．

2.2.1.3 室内試験における吸音特性測定に関する研究事例

室内供試体を使用して，舗装に使用する混合物の吸音性を測定する研究が，主に 1900 年代後半から 2005 年頃まで多く実施された．タイヤを直接供試体に落下させる場合と音を発信させる場合に大別できるが，いずれも供試体で反射した音を測定しようと試みたものである．本報告書では，測定機構が代表的な 3 例について，その測定方法の概要を述べる．

(1) 直接タイヤを落下させて反射音を測定する試験法 3)

岡部らは**図-2.1.4** に示す装置でタイヤを供試体上に自由落下させて，供試体上面に接地した際に発生するピーク音圧レベルによりポーラスアスファルト混合物（排水性混合物）の吸音特性を測定した（以下，「タイヤ落下試験」と記す）．

密粒度アスファルト混合物，最大粒径 13mm および 20mm のポーラスアスファルト混合物の空隙率を 16，20，25%と変化させて室内では 400×400×50（mm）の供試体を使用して測定を行った．

タイヤ落下試験において室内と実道の排水性混合物は異なるものの，実道においても排水性混合物と密粒度混合物の騒音レベルの差が大きくなっており，実道でのタイヤ落下試験とタイヤ近接音では，騒音レベルに違いはあるものの，走行速度 50km/h 時のタイヤ落下試験での騒音レベル差は同程度となった．

また，室内でも実道においてもタイヤ落下試験によって，周波数 1kHz 付近で排水性舗装の騒音低減効果が確認され，路面とタイヤとの発生音特性を簡易に測定・評価することが可能としている．

(2) 音源からの反射音を測定する試験法 4)

渡辺らは**図-2.1.6** に示す装置で，吸音材で内張りした箱の片側でスピーカーから音を出し，路面で反射して反対側に届いた音の音圧レベルを騒音計で測定する方法で舗装の吸音特性を測定した（以下，この試験装置を「吸音レベル測定器」と記す）．

この試験法では，コンクリートのように反射率が 99.985%のものからグラスウールのように 1000Hz 以上で吸音レベルが 15dB 程度と反射率が大変低いものまで測定が可能とされている．

実道における低騒音舗装（排水性舗装）の経時による吸音レベルの変化の測定結果が示されている（**図-2.1.7**）．これによると，初期において，空隙率 17.5%では 2dB 程度，空隙率 20%では 2.5～3.5dB 程度の吸音レベルがある．それが，経時とともに吸音レベルは下がる傾向にある．しかし，横軸に同じ数字が並んでいる箇所（例えば横軸 33，1111 箇所など）は，機能回復機械での洗浄前と後のデータであり，高圧水洗浄を実施すれば吸音レベルが回復することが測定から分かる．

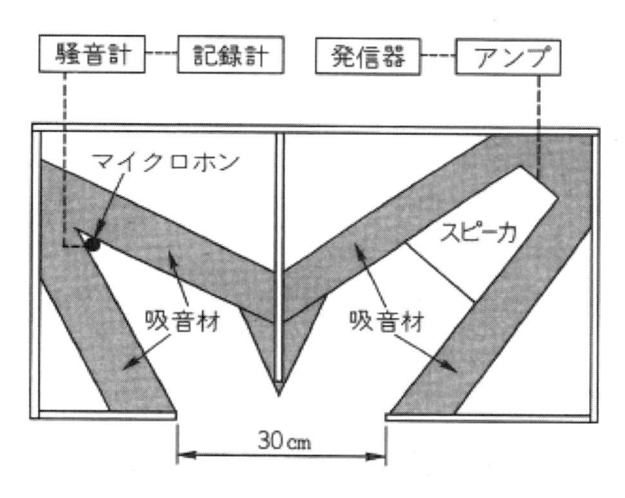

図-2.1.6　吸音レベル測定機の概要 4)

（出典：渡辺・東海林；低騒音舗装の吸音レベル測定，雑誌舗装，Vol.33No.11，pp.9-12，1998.）

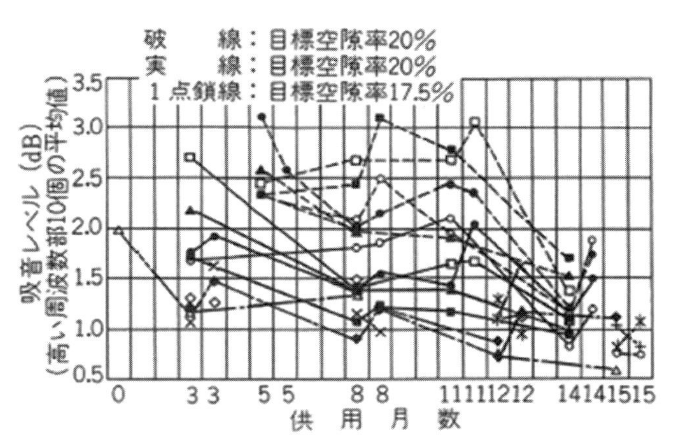

図-2.1.7　吸音レベルと経時変化の関係 4)

（出典：渡辺・東海林；低騒音舗装の吸音レベル測定，雑誌舗装，Vol.33No.11，pp.9-12，1998.）

2）管内法利用する試験法 [5)]

川眞田らは**写真-2.1.2** に示す装置で，垂直入射吸音率を測定した．

垂直入射吸音率は，管内法と言われる手法で測定される．**図-2.1.8** に示すような装置で管の一端に試料を固定し，試料と対向した端部から音波を発生させ管内の音圧をマイクロホンで測定し吸音率を求める．JIS では A1405 に管内に定在波を発生させて管内音圧の極大，極小値から吸音率を算出する定在波比法が規定されている．また，2 つのマイクロホンの伝達関数を測定する伝達関数法（2 マイクロホン法）が ISO10534-2 で規定されている．

室内では，**図-2.1.8** のように試料を設置し，現場では路面に音響管を立て，管と舗装面との気密性を確保するために，管の周りを粘土などでシールして実施した．

密粒度舗装と排水性舗装の結果を図-2.1.9 に示すが，室内と現場で吸音特性の特徴は一致することが分かった．

写真-2.1.2　現場での吸音率の測定方法 [5)]

（出典：川眞田・山口・水野；排水性舗装の吸音特性と測定手法に関する一考察，雑誌舗装，Vol.33No.11，pp.13-17，1998.）

試料
音響管
スピーカ
マイクロホン（×2）
FFTアナライザ
信号発生器
パソコン

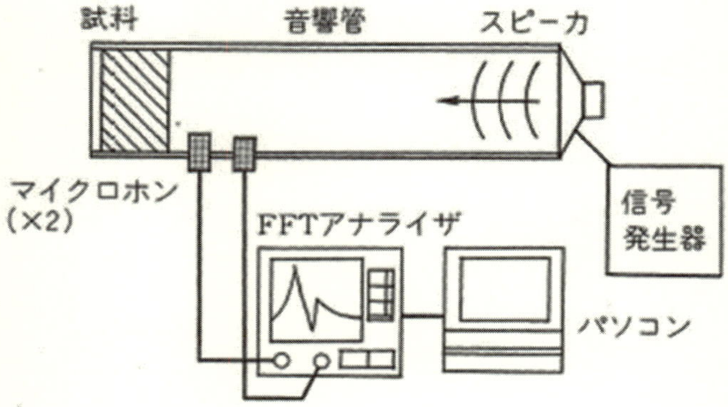

図-2.1.8　2 マイクロホン法概要図 [5)]

（出典：川眞田・山口・水野；排水性舗装の吸音特性と測定手法に関する一考察，雑誌舗装，Vol.33No.11，pp.13-17，1998.）

2.2.1.4 道路舗設時の騒音測定について

道路舗設時には，アスファルトプラントやコンクリートプラントでの製造時，現場への運搬時，現場での施工による近隣住民および作業員に対する騒音が問題となる．

アスファルトプラントの稼働やバックホウ等の重機を使用して作業する場合は，指定された地域内では，騒音規制法に則って特定建設作業の届け出が必要になる．

その際に騒音測定で使用する騒音計は，計量法第 71 条の条件に合格したものを用いることになっている．騒音の測定方法は，日本工業規格（JIS）Z 8731 に定める騒音レベル測定方法によるものとされている．なお，現行の JIS Z 8731:1999 は，「環境騒音の表示・測定方法」と称しており，基本的には等価騒音レベル（L Aeq），単発騒音暴露レベル（LAE）の測定方法について記述されている．しかし，騒音規制法や環境基準が告示されたときの旧 JIS Z 8731 は「騒音レベル測定方法」と称しており，法律等の文言の修正が行われていないため表現が異なっている [6)]．

・密粒度舗装　　　　・排水性舗装

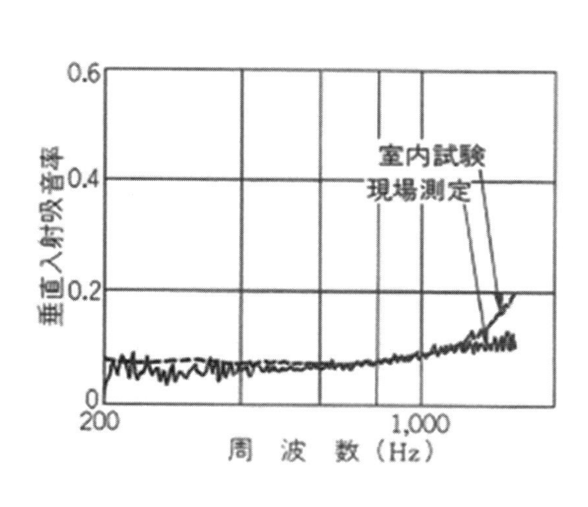

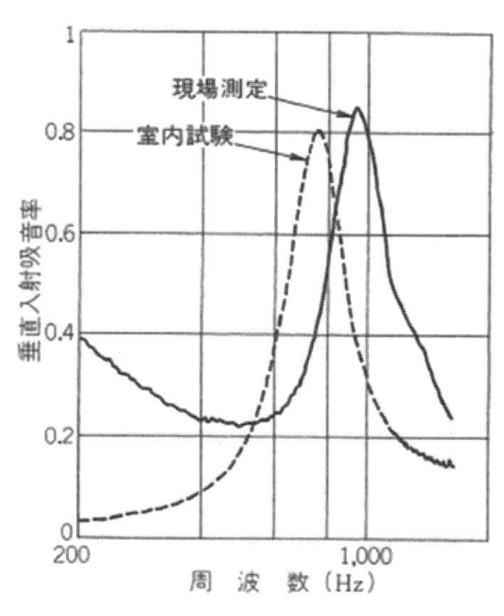

図-2.1.9　垂直入射吸音率測定結果の一例方法 [5)]

（出典：川眞田・山口・水野；排水性舗装の吸音特性と測定手法に関する一考察，雑誌舗装，Vol.33No.11，pp.13-17，1998.）

写真-2.1.3　騒音測定器の一例

また，騒音測定時における騒音計の特性は，法律等で次のように定められている.「騒音計の周波数補正特性は A 特性を，時間重み特性は，工場・事業場騒音，建設作業騒音，環境騒音に対しては速い動特性（Fast）を，新幹線鉄道騒音，航空機騒音に対しては，遅い動特性（Slow）を用いること」[6)].

騒音測定は，**写真-2.1.3** のような測定器を使用して，測定したい箇所で測定する.

2.2.1.5 騒音評価値に対するまとめと考察

現状の我が国の舗装業界では，騒音測定車による騒音値による環境性能評価手法が多くの実績があり，確立された方法である．しかし，近年騒音値による性能規定工事は適用が減少しており，更なる活用のためには活用方法を考える必要があると考えられる.

また，室内での測定方法は研究レベルであり，今後も性能評価法として確立できるように研究が継続される必要がある.

建設時の騒音低減対策については，現状では地域住民のために法律に基づく基準を満足するように対応している状況であるが，今後は低減効果を定量的に評価し，環境性能評価指標として組み入れていくべきと考える．

2.2.2　振動

舗装と振動との関わりは，舗装施工時に発生する振動と供用後に道路を自動車が通ることによって発生する振動に大別できる．ここでは，後者の自動車が通ることによって発生する振動（道路交通振動）を対象とする。道路交通振動は，走行車両から路面に作用する力が，舗装路面・周辺地盤を通じて伝播する．道路交通振動の発生は，加振源となる車両の重量や走行速度，路面上に存在する段差等の路面性状，また振動の伝播経路となる舗装剛性や地盤特性等，様々な要因が影響する．道路交通振動の発生原因を推定し，有効な対策工を立案するためには，振動規制法に準拠した振動測定に加え，交通環境や振動の伝播経路である地盤特性を調査・測定等で明らかにする必要がある．ここでは，振動を評価および測定するための評価単位と振動レベル計の解説，振動規制法おける道路交通振動に係る要請限度の測定方法と，振動の伝播経路である地盤特性の測定・評価方法について記述する．

2.2.2.1 振動の測定規格

振動を評価し基準を定める尺度として，JIC C 1510:1995「振動レベル計」において，「振動加速度レベル（VAL）」および「振動レベル（VL）」が規定されている．前者（VAL）は，振動の人体感覚補正を行っていないもので，後者（VL）は人体感覚補正を行ったものである．振動規制法における振動の要請限度は，後者（VL）を用いて，測定・評価を行う．また，道路交通振動の測定においては，「JIS C 1510:1995（振動レベル計）」で規定されている振動レベル計を用いることとされている．

（1）　振動加速度レベル（VAL）と振動レベル（VL）の計量単位

振動の大きさは，振動現象を JIS C 1510:1995 に定められる振動レベル計を用いて測定される加速度から求まる．公害振動においては，加速度値は 0.001 m/s^2 から 1 m/s^2 と広いレンジとなるため，対数で表す振動加速度レベルおよび振動レベルを用いる．振動加速度レベルおよび振動レベルは SI 単位であり，その計量単位は計量法により定められている（単位はデシベル，単位記号は dB）．

（2）　振動加速度レベル（VAL）と振動レベル（VL）の算出方法

振動加速度レベル（VAL）および振動レベル（VL）の算出方法は，JIS C 1510:1995 において**表-2.2.1** のとおり規定されている．**表-2.2.1** を式で表すと，**式-2.2.1** となる．

表-2.2.1 振動加速度レベル（VAL）と振動レベル（VL）の算出方法（JIS C 1510:1995）[7)]

（出典：土木学会；舗装工学ライブラリ 12 道路交通振動の評価と対策技術）

項　目	算出方法
振動加速度レベル（VAL）	振動加速度の実効値を基準の振動加速度（10^{-5}m/s^2）で除した値の常用対数の 20 倍（**式（5.1.1）**）．単位はデシベル．単位記号は dB とする．
振動レベル（VL）	**図-5.1.1** に示す鉛直特性又は水平特性で重み付けられた振動加速度の実効値を基準の振動加速度（10^{-5} m/s^2）で除した値の常用対数の 20 倍．単位はデシベル．単位記号は dB とする．

$$振動加速度レベル（VAL）=10\times\log\left(\frac{V}{V_0}\right)^2=20\times\log\left(\frac{V}{V_0}\right)$$

ここで，V_0：基準振動加速度（$=10^{-5}$ m/s²）　（式 2.2）

V：振動加速度実効値（m/s²）

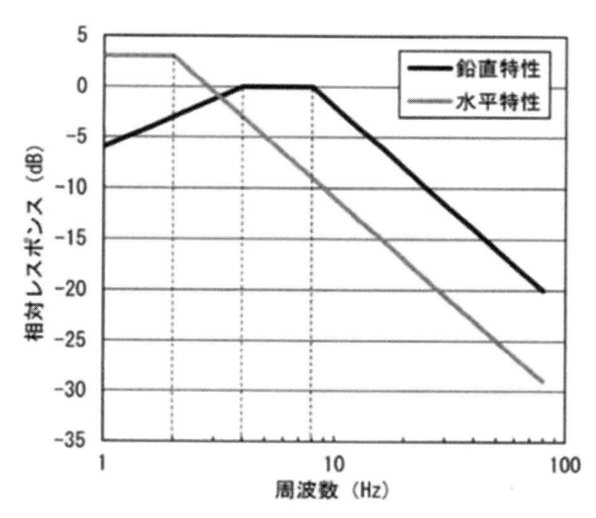

図-2.2.1 人体振動感覚補正（JIS C 1510:1995）[7)]

（出典：土木学会；舗装工学ライブラリ 12 道路交通振動の評価と対策技術）

式 2.2 において，振動加速度実効値に人体振動感覚補正（**図-2.2.1**）を考慮して算出されるものが，振動レベル（VL）である．人体振動感覚補正は，鉛直方向および水平方向毎に規定されており，人体が振動に対し敏感または鈍感に感じる周波数帯を考慮し，周波数帯毎に補正値が定められている．なお，この人体感覚は「ISO 2631-1：1997、人体の振動暴露基準」により定められている．振動規制法における振動の要請限度は，人体振動感覚補正を考慮した，「振動レベル（VL）」を用いる．

ここで，基準振動加速度について，我が国では 10^{-5} m/s² が基準値として定められているが，諸外国においては，10^{-6} m/s² が採用されている（ISO 1683：2008）．この相違は，我が国における公害振動に関する規制を定めていた時代の背景に起因する．公害振動に関する規制は，日本音響学会が代表して，ISO において国際的に議論されていた．ISO から「dB を算出する際の基準振動加速度を 10^{-5} m/s² とする」と草案として公表したものを，東京都がいち早く振動規制に採用し，これに計量法が乗ってきたことが，現在の相違に繋がっている[2)]．

(3)　振動レベル計

1) 振動レベル計の検定

振動規制法の要請限度に関する測定を行う際には，「JIS C 1510:1995」に規定されている振動レベル計を用いる．また，使用する振動レベル計は「計量法第 71 条」に規定される検定に合格した機器（検定証印が付されていること）を使用することが求められる．「計量法第 71 条」を下記に抜粋する．

第七十一条　検定を行った特定計量器が次の各号に適合するときは，合格とする．

一　その構造（性能及び材料の性質を含む．以下同じ．）が経済産業省令で定める技術上の基準に適合すること．

二 その器差が経済産業省令で定める検定公差を超えないこと．

ここで，「その構造（性能及び材料の性質を含む．以下同じ．）が経済産業省令で定める技術上の基準に適合すること．」に関しては，「型式承認番号（計量法 84 条）」が付されている特定計量器（ここでは，振動レベル計）については，その構造が技術上の基準に適合するとみなされる．なお，特定計量器とは，計量法で規制の対象となる計量器であり，計量法において指定されている．特定計量器においては，検定に合格しないと取引・証明に使うことはできない．

また，「その器差が経済産業省令で定める検定公差を超えないこと．」に関しては，**表-2.2.2** に示される検定公差を満たすことを，指定検定機関において政令で定められた検定有効期間毎に（振動レベル計の検定有効期間は 6 年）検定を受ける必要がある（検定に合格したものは「検定証印」が付される）．

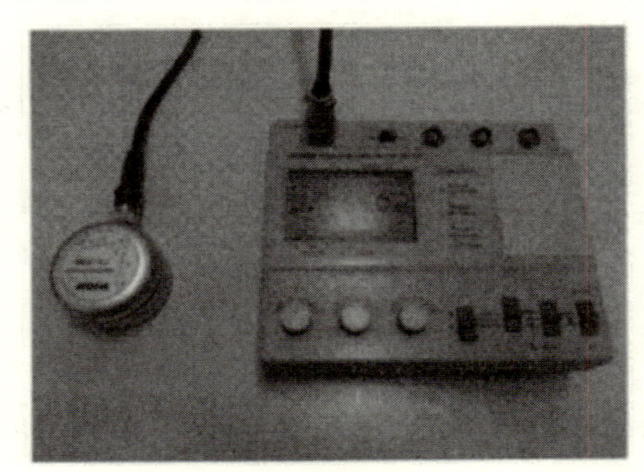

写真-2.2.1 振動レベル計 [7)]

（出典：土木学会；舗装工学ライブラリ 12 道路交通振動の評価と対策技術）

表-2.2.2 振動レベル計の検定項目と合格条件 [7)]

特定計量器	検定公差
振動レベル計	4Hz　―　1.5dB
	6.3Hz　―　1.0dB
	8Hz　―　1.0dB
	16Hz　―　1.0dB
	31.5Hz　―　1.0dB

振動規制法：（検定公差）第 865 条

（出典：土木学会；舗装工学ライブラリ 12 道路交通振動の評価と対策技術）

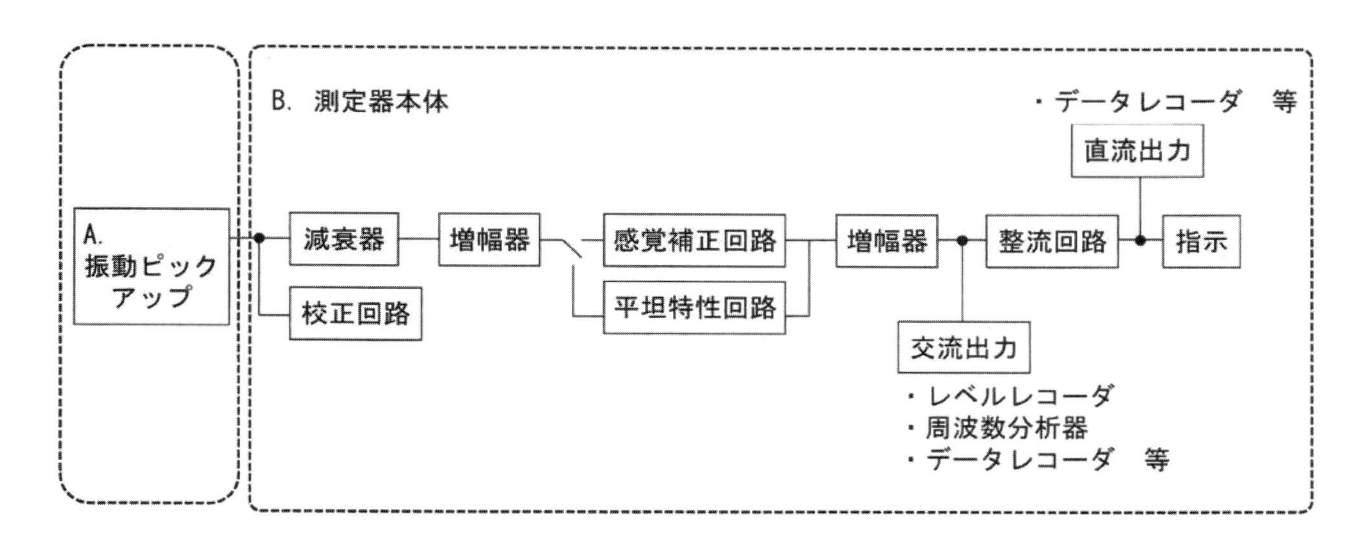

図-2.2.2 振動レベル計構成図[7)]

（出典：土木学会；舗装工学ライブラリ 12 道路交通振動の評価と対策技術）

2) 振動レベル計の概要

基本的な公害用の振動レベル計機器の構成を，**図-2.2.2** に示す．一般に公害用の振動レベル計は，振動を検出する「A．振動ピックアップ」と増幅器・補正回路等を有する「B．測定器本体」から構成されている．

振動を検知する振動ピックアップは，振動を検知し電気信号に変換するセンサである．一般的に，公害用振動レベル計では，振動ピックアップには「圧電型」が用いられている．圧電型の振動ピックアップは，ひずみを加えると外力に比例した電位差が生じる「強誘電体」と呼ばれる結晶の電圧効果の原理を利用したものである．圧電型の振動ピックアップは，小型軽量で測定レンジ・周波数帯も広く，高耐久・高信頼性であることが特徴と言える．

2.2.2.2 振動の測定方法とデータの評価

（1）　振動の測定方法

振動測定は，JIS Z 8735：1981「振動レベル測定方法」および「振動規制法施行規則別表第 2 備考」（昭和 51 年 11 月 10 日，総理府令第 58 号）に従って行い，振動レベル計（**写真-2.2.1**）により測定を行う．

1) 振動レベル

振動の測定方向は X・Y（X に対し直角な水平方向を明示）・Z（鉛直）方向とし，演算機能付きの振動レベル計を用いて，振動レベルの瞬時値を連続で振動レベル計内のメモリーカードなどに記録する．その後，道路交通振動以外の除外すべき振動の有無の確認を行った上で，毎正時から 10 分間の時間率振動レベル（L_X）を算出する．振動は，振動レベルの 80%レンジ上端値（L_{10}）により評価する．なお，振動ピックアップは，緩衝物がなく，十分踏み固め等の行われている堅い場所に設置する．

ここで，時間率振動レベル（L_X）とは，振動（騒音）の評価方法の 1 つで，振動（騒音）があるレベル以上になっている時間が実測時間の X%を占める場合，そのレベルを X%時間率振動（騒音）レベルという．振動レベルでは 80%レンジの上端値 L_{10}，中央値 L_{50}，80%レンジの下端値 L_{90} が○dB という表現をする（**図-2.2.3**）．L_{10} とは，振動レベル測定値を数値の大きさの順に並べ，両端の 10%をそれぞれ除いた 80%レンジの上端値を示す．

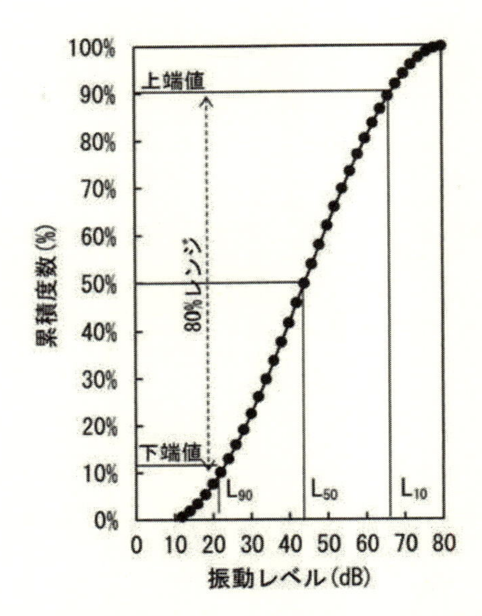

図-2.2.3 振動レベルの累積度数曲線 [7)]

（出典：土木学会　舗装工学ライブラリ 12 道路交通振動の評価と対策技術）

2) 地盤卓越振動数

地盤卓越振動数の測定は大型車の単独走行を対象とし，車両通過 10 台について測定を行う．1/3 オクターブバンド振動加速度レベル（周波数帯域：1～80Hz）を収集し，1/3 オクターブバンド実時間分析器を用いて，周波数特性を算出する．

（2）　評価方法

自動車の走行に係る基準又は目標は，「振動規制法施行規則（昭和 51 年 11 月 10 日総理府令第 58 号）による道路交通振動の限度及び関係する地方公共団体の定める目標」としている．道路交通振動の要請限度は，「振動規制法施行規則」別表第 2（**表-2.2.3**）に定められている．

ここで，**表-2.2.3** における「第 1 種区域および第 2 種区域」とは，それぞれ以下に掲げる区域として都道府県知事が定めた区域をいう．

・第 1 種区域

良好な住居の環境を保全するため，特に静穏の保持を必要とする区域及び住民の用に供されているため，静穏の保持を必要とする区域.

・第 2 種区域

住居の用に併せて商業，工業等の用に供されている区域であって，その区域内の住民の生活環境を保全するため，振動の発生を防止する必要がある区域及び主として工業等の用に供されている区域であって，その区域内の住民の生活環境を悪化させないため，著しい振動の発生を防止する必要がある区域.

表-2.2.3 振動規制法の要請限度[7)]

区域	時間の区分	
	昼間	夜間
第１種区域	65dB	60dB
第２種区域	70dB	65dB

（出典：土木学会；舗装工学ライブラリ 12 道路交通振動の評価と対策技術）

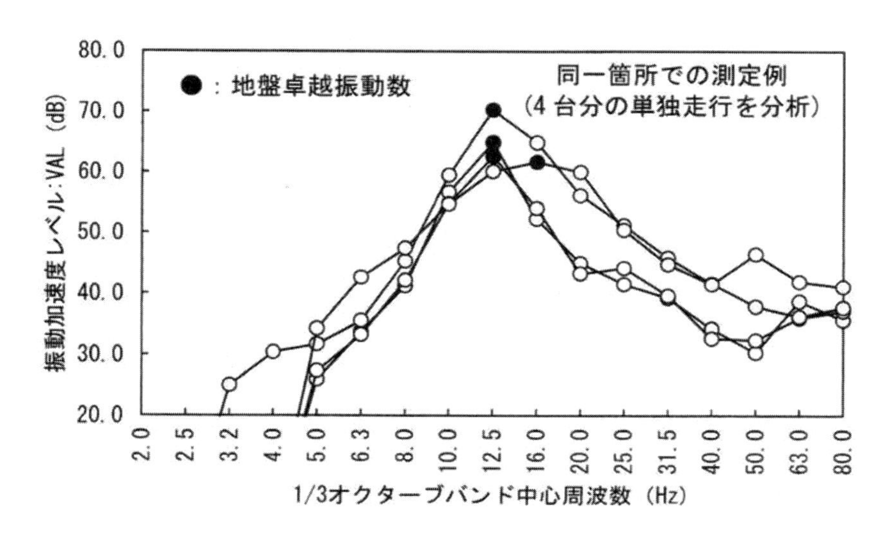

図-2.2.4 道路交通振動の 1/3 オクターブバンド分析例[7)]
（出典：土木学会；舗装工学ライブラリ 12 道路交通振動の評価と対策技術）

また，**表-2.2.3** における「昼間及び夜間」とは，それぞれ以下に掲げる時間の範囲内において都道府県知事（市の区域内の区域に係る時間については，市長）が定めた時間をいう．

- 昼間：午前 5 時，6 時，7 時又は 8 時から午後 7 時，8 時，9 時又は 10 時まで．
- 夜間：午後 7 時，8 時，9 時又は 10 時から翌日の午前 5 時，6 時，7 時又は 8 時まで．

1) 振動レベル

振動レベルの評価は，振動等の法令の基準値が整数で示されているため，測定値については，整数に四捨五入して評価する必要がある．

2) 地盤卓越振動数

地盤卓越振動数の評価は，1/3 オクターブバンド実時間分析器を用いて周波数帯域を算出し，車両走行時の最大ピークを示す周波数帯の大型車 10 台走行した平均値により行う．地盤卓越振動数は（**図-2.2.4**），地盤の硬さの指標のひとつであり，値が低いほどその地盤は軟らかく，高いほどその地盤は硬いとされる．「道路環境整備マニュアル（平成元年 1 月，日本道路協会）」[8)]によると，地盤卓越振動数が 15 Hz 以下の地盤を軟弱地盤としている．

2.2.3　熱環境

2.2.3.1　概要

舗装は安全で快適な交通の確保，雨天時に地盤が泥濘化しないことや乾燥時に砂塵が発生しないことなどの効果を発揮してきた．しかしその反面，比熱の高い舗装で地表面を被覆することは日射の反射や顕熱が増加すると同時に，地盤からの蒸発散が無くなるなどの熱環境に与える影響は大きい．

舗装に関連する主な熱環境としては，1)地表面を舗装が被覆することで，蒸発作用による冷却効果が減少するなどの要因で起こる路面温度の上昇，2)舗装面の増加が要因の一つと考えられているヒートアイランド現象が挙げられる．本節ではこれら熱環境について紹介する．また，熱環境と関係が高い人体への影響として，体内の水分や塩分のバランスが崩れて発症する熱中症があり，舗装の作業時には十分留意すべき事項であることから，本節の最後に熱中症についても紹介する．

2.2.3.2　路面温度の上昇

(1) 概要

地表面を比熱の高い舗装で被覆することは，蒸発作用（潜熱輸送）による地表面の冷却効果が減少し，また日射の反射や顕熱の増加で路面温度が上昇する．特に，アスファルト舗装の場合は色も黒く，赤外線を多く吸収しやすく熱せられやすいことから，路面温度の上昇は大きい．その対策として，通常の舗装と比較して夏季における日中の路面温度の上昇を抑制することが可能な舗装（路面温度上昇抑制機能を有する舗装）が実用化され，水分を活用するもの，日射エネルギーのうち路面温度の上昇に大きく寄与する近赤外領域の波長を主に反射するもの，自然の被覆状態を模倣したものなどがある．

表-2.3.1 に路面温度上昇抑制機能を有する舗装の概要と特徴を示す．この他にも，コンクリート舗装，明色機能や色彩機能を有する舗装のように，その色調で路面温度の上昇を抑制させるものもある．

表-2.3.1　路面温度上昇抑制機能を有する舗装技術の概要[1)]

舗装技術	概　要
保水性舗装	舗装体内に保水された水分が蒸発し，水の気化熱により路面温度の上昇を抑制する機能を有する舗装。
遮熱性舗装	舗装表面に到達する日射エネルギーのうち特に近赤外線を高効率で反射し，舗装への蓄熱を防ぐことによって路面温度の上昇を抑制する舗装。
緑化舗装	植物（主に芝）により舗装表面の部分的あるいは全面的に被覆した舗装。
土系舗装	天然の土を主材料とした混合物を表層に用いた舗装。

（出典：日本道路協会　環境に配慮した舗装技術に関するガイドブック 2009.6）

(2) 評価する項目

路面温度の上昇抑制効果を評価する項目としては，舗装の表面温度，地表面での熱収支による熱環境の改善効果，大規模な面積を対象とした気温の変化などがある．舗装の表面温度を直接測定する方法は，簡易に評価できることから一般的に行われており，舗装表面の最高温度や通常のアスファルト舗装と比べた表面の温度差で表されている．

(3) 評価方法

路面温度上昇抑制機能を有する舗装の効果を簡易に評価する，舗装表面を直接測定する方法の概要[1)]を**表-2.3.2** に示す．

表-2.3.2　路面温度上昇抑制機能を有する舗装の評価方法[1)]

	屋外	室内	
	舗装性能評価法	舗装性能評価法	土木研究所
対象	保水性舗装・遮熱性舗装	保水性舗装・遮熱性舗装	遮熱性舗装
照射ランプ	−	キセノンランプ (照射量 850W/m²)	水銀ランプ (太陽光に近い波長特性を持つ)
照射高さ	−	3時間で標準供試体の表面温度が60℃となる高さ	8時間で標準供試体の表面温度が60℃となる高さ
試験温度　℃	−	30 ± 1℃	30
試験湿度　%RH	−	50 ± 5%RH を目標	70
照射時間　時間	−	3	8
測定間隔　分	30	10	10
養生条件	測定日の午前8～10時に供試体を設置 (午前11～午後3時まで表面温度を測定)	30 ± 1℃の水中に1時間静置	−
試験概略図	角材口 12mm×12mm, 450, 50, 350, 50, 3×120=360 450, 50, 350, 50, 角材口 12mm×12mm, 発泡スチロール 50, 300, 50, 25, 25, 発泡スチロール, 100, 62, 38, 既設舗装, 供試体 (300×300×50mm)	ランプ, 三脚, 供試体, 断熱材 100mm, 40mm	照射高さ, 断熱材, 表層：5cm, 基層：5cm, 路盤：5cm (平面図) 75, 300, 75, 供試体 (断面図) 表層, 基層, 路盤 〜室内試験用〜, 表層, 基層, 路盤 〜屋外試験用〜 [単位 mm]

（出典：日本道路協会；環境に配慮した舗装技術に関するガイドブック 2009.6）

(4) 今後の適用および発展への展望

1) 路面温度上昇抑制機能を有する舗装の効果

路面温度上昇抑制機能を有する舗装の表面温度の上昇抑制効果として，**表-2.3.3** の表面温度低減効果の測定例が報告されている[1)]．報告は文献などを調査した結果として示されており，舗装の他，建物に対する屋上緑化，壁面緑化および高反射塗料の測定結果例も比較対象物の最高表面温度との差として表面温度の低減量で表している．路面温度上昇抑制機能を有する舗装は通常の密粒度アスファルト舗装と比較して10～25°Cの表面温度の低減効果が見られ，また表面の色調を明るくすることは温度上昇の抑制が期待でき，例えば黒色系のアスファルト舗装と比べて，黄色系で9°C，緑色系で6°C，青色系で3°C，白色系のコンクリート舗装では10°C程度の路面温度上昇抑制があると報告されている．

表-2.3.3 表面温度低減効果の測定結果例 1)

対象	方法	表面温度の低減量		比較対象
建物	屋上緑化	25℃程度		コンクリート面
	壁面緑化	10℃程度		コンクリート壁面
	高反射塗料	15℃程度		コンクリート平板
舗装		車道用	歩道用 (駐車場含む)	アスファルト舗装
	保水性舗装注	10～20℃	10～25℃	
	遮熱性舗装	10～15℃	10～15℃	
	土系舗装	—	10～20℃	
	緑化舗装	—	15～25℃	

注：十分に吸水させた状態

（出典：日本道路協会；環境に配慮した舗装技術に関するガイドブック 2009.6）

2）効果の持続性

路面温度上昇抑制機能を有する舗装の効果の持続性としては，舗装内に保持された水分を利用して路面温度上昇を抑制する保水性舗装では，降雨あるいは散水後に得られる効果の持続性は 1～2 日程度である．そのため，舗装内に水分を供給するための散水装置の設置や，散水車による給水，雨水を地下貯水槽に貯め，これをポンプなどで舗装内部に供給することなどが必要となる．また，遮熱性舗装の効果の持続性としては，遮熱材料の剥がれに対する耐久性と関係があり，現在剥がれに対する耐久性の他，剥がれた遮熱材の補修方法が検討されている．緑化舗装の効果の持続性は，植物が健康であれば効果が大きく，適切な手入れをしていくことで効果は持続することができる．

3）費用対効果

路面温度上昇抑制機能を有する舗装の費用対効果を求めることは，効果の持続性が明確でないことから，現状では難しい．

4）発展への展望

今後，効果の持続性が明確となり，舗装の費用対効果が示されることで路面温度上昇抑制機能を有する舗装の発展が期待できると考えられる．

2.2.3.3 ヒートアイランド現象

(1) 概要

ヒートアイランド現象とは，都市における中心部の気温が郊外に比べ，島状に高くなる現象で，都市固有の熱環境問題として注目を集めており，熱中症や睡眠障害などの人への健康への影響，それらの緩和を含めた夏の冷房によるエネルギーの増大，動植物の生息域の変化や植物の開花時期など生態系への影響などさまざまな影響を与えている．現実の都市周辺の気温は，海陸分布や非均一な土地利用分布，山岳などの地形の影響も受けるため，各都市に固有な分布を示し，丸く閉じた等温線ができないことも多いので，「都市がなかったと仮定した場合に観測される気温に比べ，都市の気温が高い状態」としても定義することができる 1)．

ヒートアイランド現象の要因の一つとしては，舗装面の増加が考えられ，舗装面の路面温度の上昇，緑地・水面の減少および地表面からの水分の蒸発量減少などが挙げられる．

図-2.3.1 に一般的な路面の熱収支モデルを示す．

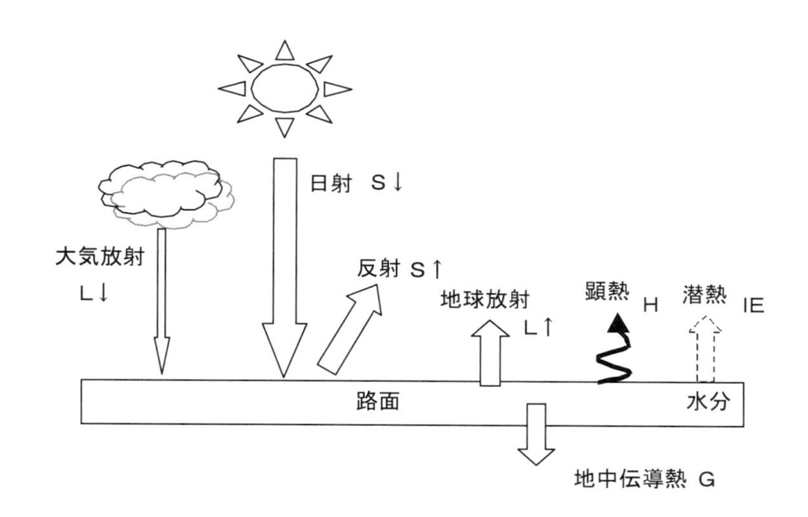

図-2.3.1　路面の熱収支モデル[1)]
（出典：日本道路協会；環境に配慮した舗装技術に関するガイドブック 2009.6）

(2) 評価する項目

ヒートアイランド現象を評価する項目としては，熱中症患者数，熱帯夜日数，エネルギー消費量，大気汚染（光化学オキシダント量など），局地的な集中豪雨数などが挙げられる．

(3) 評価方法[1)]

環境省・大気環境局大気生活環境室は，都市圏・自治体スケール，地区スケール，屋外空間施設スケールまでの空間規模スケールで，ヒートアイランド対策技術とその評価指標および環境影響を**図-2.3.2**のように整理している．

対策技術の評価指標としては，大気への空調排熱量や表面温度，蒸発散量などの直接的な効果を示す指標から気温上昇抑制にいたる流れを整理し，広域的スケールでの対策技術は人の健康から生態系，そして気象からエネルギー消費量までの規模の大きな環境影響の抑制に寄与できることを示している．また，屋外空間スケールにおいては，表面温度，蒸発散量などの直接的な効果から体感指標（WBGT 等）にいたる流れを整理し，熱中症，疲労感などの人の健康への影響に対して効果が期待できることを示している．

そして，これら対策技術を施すことによる気温の変化に関する予測は，**表-2.3.4**に示すようなシミュレーションモデルで解析されている．

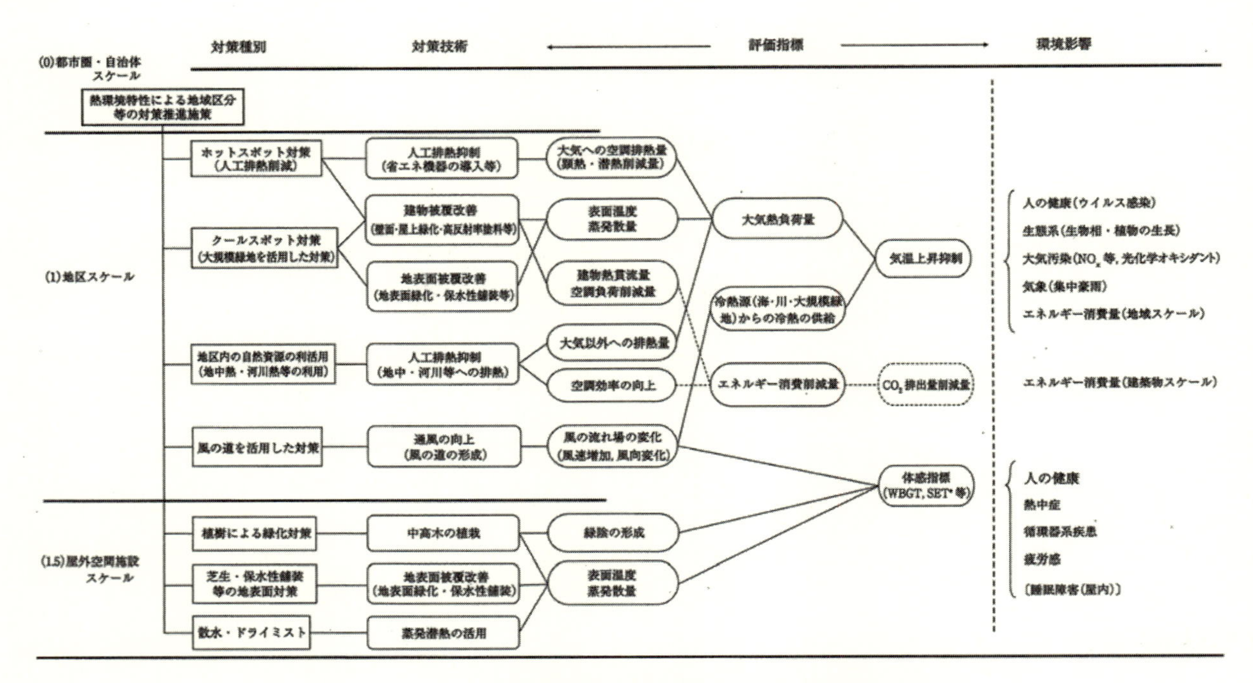

図-2.3.2　対策種別と対策技術・環境影響の関係[9)]

(出典：環境省　平成 18 年度ヒートアイランド現象の実態把握及び対策評価手法に関する調査報告書)

https://www.env.go.jp/air/report/h19-02/chpt3.pdf　(最終閲覧日 2023 年 5 月 31 日)

表-2.3.4　ヒートアイランド対策を評価できるシミュレーションモデルの例[9)]

モデル	対象スケール	水平解像度	垂直解像度	主な出力結果	参考としたモデル・ツール
メソスケールモデル	10^4～10^5m（都市～都市圏）	10^3m	10^1～10^2m	気温，湿度，風向・風速，SET※，建物外皮温度，地表面温度，建物貫流熱負荷	・LOCALS ・東大生研メソモデル ・大阪大学メソスケールモデル
都市キャノピーモデル	10^2～10^3m（街区～都市）	10^1m	10^0m	気温，湿度，風向・風速，建物外皮温度，地表面温度，対流顕熱，蒸発潜熱	・UCSS
建築物表面温度・顕熱負荷（HIP）モデル	10^1m（建物～街区）	10^{-1}m	10^{-1}m	表面温度分布，MRT，周辺への顕熱負荷（HIP）	・東工大HIPモデル ・サーモレンダー（市販製品）
1次元建築大気連成モデル	鉛直：地表面0m～上空100m（大気～建物～室内）	—	10^0m	気温，湿度，気流鉛直分布，建物外皮温度，室内温湿度，建物空調負荷，地表面温度，SET※，エリアの熱収支各成分	・九大都市気候モデル ・都市気候・エネルギー連成モデルシステム（産総研-明星大共同開発モデル）
CFDモデル	10^1m（建物～街区）	10^{-1}m	10^{-1}m	気温，湿度，風向・風速，MRT，SET※，WBGT	・東大生研ミクロモデル ・STAR-CD（市販製品） ・FLOW-DESIGNER（市販製品） ・WIND-PERFECT（市販製品）

※SET*：標準有効温度（Standard New Effective Temperature）

(出典：環境省　平成 18 年度ヒートアイランド現象の実態把握及び対策評価手法に関する調査報告書)

https://www.env.go.jp/air/report/h19-02/chpt3.pdf　(最終閲覧日 2023 年 5 月 31 日)

(4) 今後の適用および発展への展望

1) 積算熱収支割合

舗装におけるヒートアイランド対策技術の遮熱性舗装，保水性舗装などの路面熱収支モデルを図-2.3.3に示す．図-2.3.3は国土交通省関東技術事務所構内に構築された遮熱性舗装，保水性舗装，排水性舗装および芝地の熱収支を夏季・昼間の積算熱収支割合で表したものである．

図によれば，十分に吸水させた保水性舗装や遮熱性舗装の夏季昼間による顕熱輸送量の日積算値は騒音低減機能を有する舗装の5〜7割程度，地中熱流量については約7割程度となり，保水性舗装や遮熱性舗装は昼夜間の熱環境の改善に寄与することが期待できる．

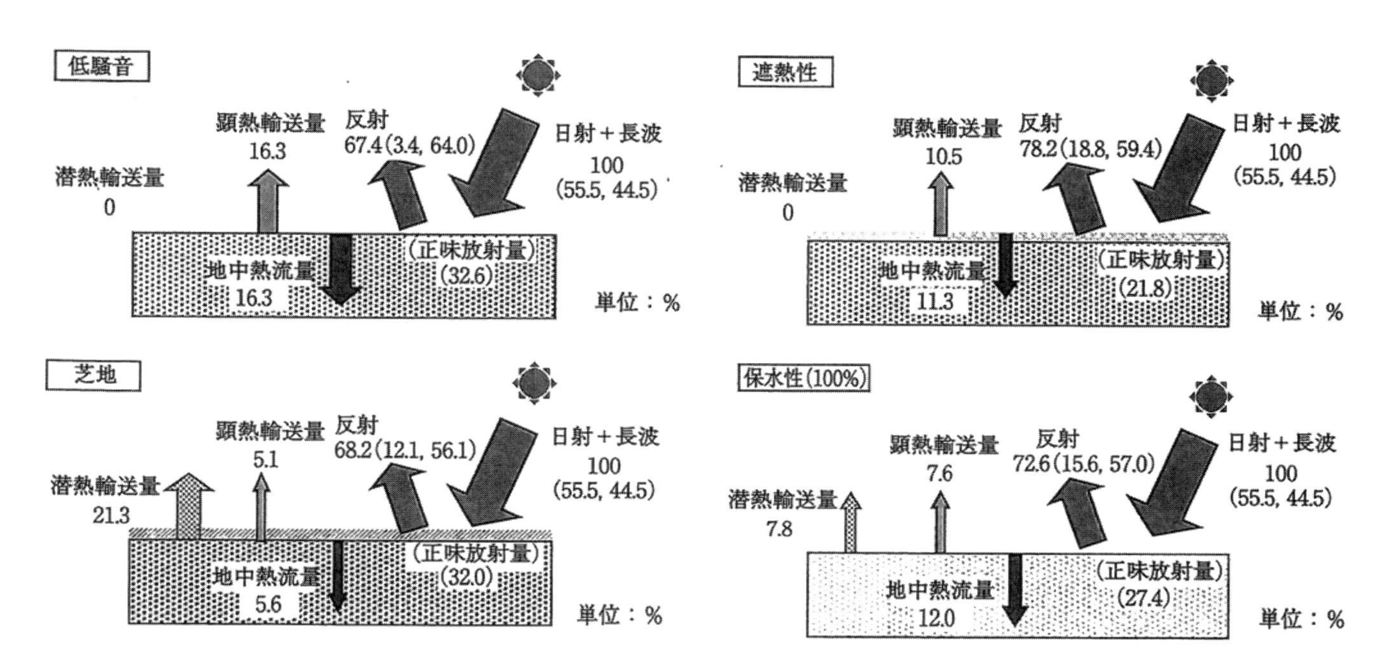

図-2.3.3　夏季・昼間の積算熱収支割合の例[10)]

（出典：設楽，川平，井上；舗装の熱収支による熱環境改善効果に関する検討，第27回日本道路会議論文集，P12068，2007.11）

2) 気温の上昇抑制効果

屋上緑化や路面温度上昇抑制機能を有する舗装を用いた場合，どの程度気温の低下が見込めるかシミュレーションを行った結果例を以下に示す．

東京都土木技術センターは，東京駅を中心とする約5 km四方の範囲で，全部あるいは一部の道路（東京駅周辺の道路）に保水性舗装を施工した場合，および屋上緑化を50%施工した場合，夏季の気温が現状に対しどの程度低下するのかを解析している．その結果を表-2.3.5に示す．土木研究所は，東京23区の全道路に保水性舗装や遮熱性舗装を導入した場合，気温低下量は，前者で最大0.45℃，後者で最大0.8℃の計算結果[13)]を得ている．

表-2.3.5　現状との気温差 [11)]

解析条件	14時の平均気温 ℃	現状計算との差 ℃	11～15時の平均気温 ℃	現状計算との差 ℃	5時の平均気温 ℃	現状計算との差
現状計算	35.11	-	34.80	-	27.71	-
全域保水性舗装（蒸発効果率0.1）	34.61	-0.50	34.23	-0.57	27.62	-0.09
一部保水性舗装（蒸発効果率0.1）	34.91	-0.20	34.57	-0.23	27.69	-0.02
50%屋上緑化	34.40	-0.71	34.12	-0.68	27.56	-0.15
全域保水性舗装（蒸発効果率0.1）+50℃屋上緑化	34.03	-1.08	33.61	-1.19	27.50	-0.21
原野を想定	33.63	-1.48	33.11	-1.69	26.67	-1.04

（出典：廣島，小作，中村；数値シミュレーション解析によるヒートアイランド対策効果の検証，東京都土木技術研究所年報，VOL.2004，pp271-278，2004.10）を基に改変

3）費用対効果

費用対効果は，対策技術の実施に要する費用と，その対策効果で生み出される便益費用で算出することができる．しかし，対策効果で生み出される便益費用には，ある程度計算が簡単な気温低下による電力消費量の削減費から，金額では算定しづらい熱中症，大気汚染，局部的な集中豪雨による被害額などがあるため，費用対効果を明確にすることは困難である．

4）発展への展望

ヒートアイランド現象は，真夏日の増加や熱帯夜の増加だけでなく，集中豪雨との関連性も指摘されており，また熱中症の増加など，健康に対しても深刻な被害を及ぼすことから，これらの費用対効果が明確になることにより路面温度上昇抑制機能を有する舗装の発展が期待されている．

2.2.3.4　熱中症

(1) 概要

熱中症は，高温多湿な環境下において，体内の水分及び塩分（ナトリウムなど）のバランスが崩れたり，体内の調整機能が破綻するなどして発症する障害の総称であり，めまい・失神，筋肉痛・筋肉の硬直，大量の発汗，頭痛・気分の不快・吐き気・嘔吐・倦怠感・虚脱感，意識障害・痙攣・手足の運動障害，高体温等の症状が現れる．そして，重度の場合には死に至るケースもある．舗装工事の作業時には，図-2.3.4 のイラストで描かれている歩行者が受けている舗装からの日射の反射や顕熱の他，着用する作業服やヘルメットなどは通気性が悪く，また取扱う材料のアスファルト合材は高温で熱気があり，一度合材を敷き均し始めると作業を止めることができないなどの条件がある．建設業における夏期の屋外作業は熱中症の発症率が高

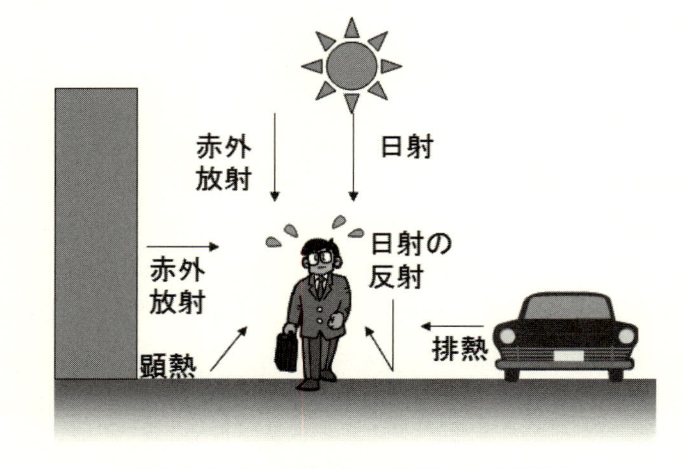

図-2.3.4　歩行者と熱環境の関係 [1)]

（出典：日本道路協会：環境に配慮した舗装技術に関するガイドブック 2009.6）

く，熱中症による死亡率が全産業の半数以上を占めていることから，本節の最後に熱中症を取り上げることとした．

(2) 評価する性能

熱中症に対する体感の定量的な指標としては，**図-2.3.5** に示す温熱環境６要素がある．人間は体内で発生させた熱を外部環境と熱交換を行って，体温の調整を行い，その作用によって熱い・寒いという感覚を得て温度を感じている．この熱交換に影響を与える要素は温熱環境要素と呼ばれ，以下の６つがあげられる．

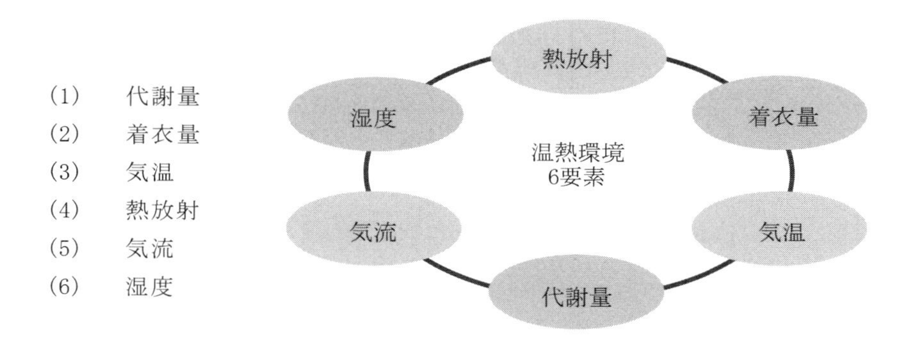

図-2.3.5　温熱環境６要素

(3) 評価方法

温熱環境と体感を対応させるための主な温熱体感指標を表-2.3.6 に示す．温熱体感指標としては，WBGT（Wet Bulb Globe Temperature）やヒートインデックスがある．しかし，どちらも暑熱環境の不快さあるいは安全限界を判定するものであり，快適環境設計用のものではない．

表-2.3.6　体感指標 [1)]

指　　標	概　　要
DI，THI（不快指数） Discomfort Index Temperature Humidity Index	米国気象台が開発した蒸し暑さの指標であり，冷房の必要性の目安とされる。温度と湿度のみの指標であり容易に算定できるが，屋外空間の日射や風の影響は考慮されない。 $DI=0.72\times(T_a+T_w)+40.6$ T_a：乾球温度（℃），T_w：湿球温度（℃） $THI=0.81T+0.01Rh(0.99T-14.3)+46.3$ T：気温（℃），Rh：相対湿度（%）
HI（ヒートインデックス） Heat Index	暑気症状を防ぐために，気温と湿度を加味した指標。高温域においては，湿度の影響が大きくなり，人の生理的な現象を良く反映する指標の一つと考えられている。不快指数同様に，温度と湿度のみの指標であり容易に算定できるが，屋外空間の日射や風の影響は考慮されない。 $HI=-42.379+2.04901523T+10.14333127Rh-0.22475541(T\times Rh)-6.83783\times10^{-3}\times T^2-5.481717\times10^{-2}Rh^2+1.22874\times10^{-3}\times T^2\times Rh+8.5282\times10^{-4}\times T\times Rh^2-1.99\times10^{-6}\times T^2\times Rh^2$ T：気温（F），Rh：相対湿度（%）
WBGT（湿球黒球温度） Wet Bulb Globe Temperature	WBGT は，ISO で定められた国際規格であり，労働環境における労働者の暑熱環境による熱ストレスを評価する指標。短時間に受けた熱ストレスの評価や，快適域に近い熱ストレスの評価には適用できない。 屋内もしくは屋外で太陽照射のない場合：$WBGT=0.7t_{nw}+0.3t_g$ 屋外で太陽照射のある場合：$WBGT=0.7t_{nw}+0.2t_g+0.1t_a$ t_{nw}：自然湿球温度，t_g：黒球温度，t_a：乾球温度
MRT（平均放射温度） Mean radiant temperature	人体が周囲から受ける放射熱量（日射と長波放射）を示し，輻射熱の影響を考慮した体感指標である。ストリートキャニオン内において，周囲のビル群などからの輻射熱を把握する必要があるが，HIP モデルで街区レベルのヒートアイランドの評価指標になっている。 $MRT=\sqrt[4]{\theta st^4\times\phi i}$ θst：面 i の表面温度（℃），ϕi：ある位置から面 i への形態係数
SET*（標準有効温度） Standard Effective Temperature	気温，湿度の他に日射や風の影響，人の着衣状態や作業状態も考慮した物理的，生理的理論に基づく指標で，気温，湿度，気流，放射熱，作業強度，着衣量の 6 因子により計算された環境を総合的に評価することが可能。SET* は，作業強度や着衣量のデータが必要になるため，環境アセスメントでの適用性には課題が残ると考えられる。
PMV（主観申告予測値） Predicted Mean Vote	気温，湿度の他に日射や風の影響，人間の着衣状態や作業状態も考慮した物理的，生理的理論に基づく指標。SET* 同様に，衣服の熱抵抗や表面温度などのデータが必要になるため，環境アセスメントでの適用性には課題が残ると考えられる。

（出典：日本道路協会；環境に配慮した舗装技術に関するガイドブック 2009.6）

ここでは，厚生労働省や（財）日本体育協会で熱中症の予防対策として活用されている WBGT について紹介する．WBGT は黒球温度（Tg），乾球温度（Ta），湿球温度（Tw）を用いて以下の式で表され，熱中症の発生に起因する気象因子をすべて含んだ指数として広く利用されている．

$WBGT=0.7\times Tw+0.2\times Tg+0.1\times Ta$　（屋外で太陽照射がある場合）

$WBGT=0.7\times Tw+0.3\times Tg$　（屋内及び屋外で太陽照射のない場合）

ここに，Tw(湿球温度)：強制通風することなく，輻射（放射）熱を防ぐための囲いをしない環境におかれた濡れガーゼで覆った温度計が示す温度

Tg(黒球温度)：次の特性を持つ中空黒球の中心に位置する温度計の示す温度
（1）直径が 150 mm であること，（2）平均放射率が 0.95（つや消し黒色球）であること，（3）厚みが出来るだけ薄いこと

Ta(乾球温度)：周囲の通風を妨げない状態で，輻射（放射熱）による影響を受けないように球部を囲って測定された乾球温度計が示す値

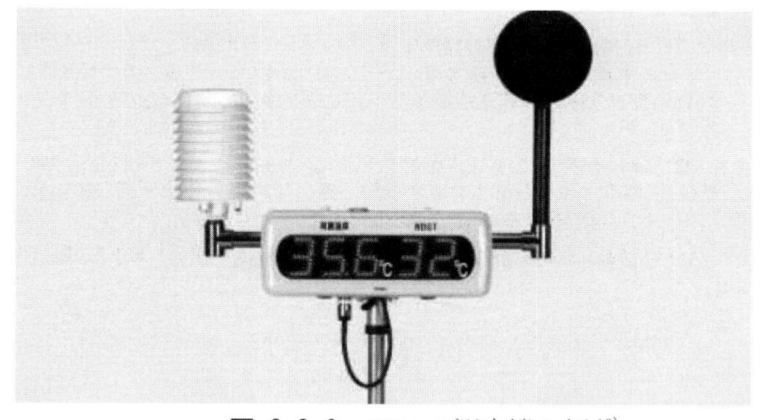

図-2.3.6　WBGT 測定機の例 [12)]

（出典：鶴賀電機株式会社ホームページ; https://www.tsuruga.co.jp/wbgt/wbgt_products#item1）

（最終アクセス日 2024 年 5 月 31 日）

WBGT はアメリカ軍が暑い中での軍事訓練で熱射病患者を出さないことを目的に開発されたもので，従来は，各温度計（乾球温度計，湿球温度計，黒球温度計）を現場に持ち運び設置しなければならず手間がかかっていたが，ハンディ型の計測装置（気温センサー，黒球温度センサー，相対湿度センサーを有する）が開発されたことで，スポーツ現場や労働現場で熱中症事故の予防用として広まった．

厚生労働省では，日本工業規格 Z 8504（人間工学-WBGT（湿球黒球温度）指数に基づく作業者の熱ストレスの評価–暑熱環境）付属書 A「WBGT 熱ストレス指数の基準値表」を基に，同表に示す代謝率レベルを具体的な例として**表-2.3.7** に示すように置き換えている．熱中症を発症するかどうかは個人の健康状態にも大きく影響するが，WBGT が高い時には熱中症が起こりやすいため，この指数を労働現場，スポーツ時，日常生活での熱中症予防の目安として活用することは有効である．WBGT が高い時の作業では，こまめな休憩と失われた水分や塩分を効率的に補給など適切な対策を心掛ける必要がある．なお，現場に

WBGT の測定機がない場合には，「環境省熱中症予防情報サイト」で主要地点の情報を得ることができるので活用されると良い．

表-2.3.7 身体作業強度等に応じた WBGT 基準値[13)]

代謝率区分	WBGT基準値(℃)			
	熱に順化している人		熱に順化していない人※1	
安静	33		32	
低代謝率：軽作業※2	30		29	
中程度代謝率：中程度の作業※3	28		26	
高代謝率：激しい作業※4	気流を感じないとき	気流を感じるとき	気流を感じないとき	気流を感じるとき
	25	26	22	23
極高代謝率：極激しい作業※5	23	25	18	20

※1 作業する前の週に毎日熱にさらされていなかった人

※2 楽な座位、軽い手作業(書く、タイピング、描く、縫う、簿記)、手及び腕の作業(小さいベンチツール、点検、組立てや軽い材料の区分け)、腕と脚の作業(普通の状態での乗り物の運転、足のスイッチやペダルの操作)、立体ドリル(小さい部分)、フライス盤(小さい部分)、コイル巻き、小さい電気子巻き、小さい力の道具の機械、ちょっとした歩き(速さ3.5km/h)など。

※3 継続した頭と腕の作業(くぎ打ち、盛土)、腕と脚の作業(トラックのオフロード操縦、トラクター及び建設車両、腕と胴体の作業(空気ハンマーの作業、トラクター組立て、しっくい塗り、中くらいの重さの材料を断続的に持つ作業、草むしり、草掘り、果物や野菜を摘む)、軽量な荷車や手押し車を押したり引いたりする、3.5～5.5km/hの速さで歩く、鍛造など。

※4 強度の腕と胴体の作業、重い材料を運ぶ、シャベルを使う、大ハンマー作業、のこぎりをひく、硬い木にかんなをかけたりのみで彫る、草刈り、掘る、5.5～7km/hの速さで歩く、重い荷物の荷車や手押し車を押したり引いたりする、鋳物を削る、コンクリートブロックを積むなど。

※5 最大速度の速さでとても激しい活動、おのを振るう、激しくシャベルを使ったり掘ったりする、階段を登る、走る、7km/hより速く歩くなど。

（出典：厚生労働省ホームページ https://anzeninfo.mhlw.go.jp/yougo/yougo89_1.html）(最終アクセス日 2023 年 5 月 31 日)

2.2.3.5 熱環境に対するまとめと考察

舗装に関連する熱環境として，路面温度の上昇，ヒートアイランド現象を取り上げた．

舗装分野における現状の熱環境対策としては，遮熱性舗装，保水性舗装，透水性舗装などの路面温度上昇抑制舗装が開発され，実用化もされているものの，施工された規模はまだ少ない．この要因としては，費用対効果が明確でないことが考えられ，今後明確な費用対効果が示されれば，路面温度上昇抑制舗装の利用は増えていくものと期待される．

本節の最後に取り上げた熱中症は，夏期に屋外で作業を行う建設業においては重要な問題であり，熱中症による死亡者が全産業の半数以上を占めている現状を改善しなければならない．その一つとして，WBGT を有効に活用し，WBGT が高いときには，こまめな休憩と失われた水分や塩分の効率的な補給を心掛ける必要がある．

2.2.4 臭気

2.2.4.1 概要

臭気とは，嫌なにおいや不快なにおいの総称である「悪臭」の発生を意味し，「環境基本法」（1994 年）では「大気汚染」や「水質汚濁」に並ぶ典型 7 公害の一つとされる．しかし，同法においても悪臭の定義は明示されておらず，一般には嗅覚を通じた嫌悪感をはじめ，頭痛や食欲減退を引き起こす原因の全般を指し，これらを対象とした「悪臭防止法」（1971 年）[14]による規制がなされている．ここで，健康状態に直接悪影響を及ぼす場合は，悪臭の強弱に関係なく「大気汚染」と捉えられる．

(1) 悪臭の発生メカニズム

悪臭の発生源は，畜産事業場，化学工場，飲食店，浄化槽，野焼き（野外焼却）などの多岐にわたり，腐敗物や石油系揮発成分，焼煙のほとんどが臭気を発している．こうして発生する悪臭は，五感のひとつである嗅覚によって知覚されるため，苦情の対象となることが多く，近年では悪臭と感じられる臭気とその発生源が多様化している．

舗装が関与する臭気には，アスファルトやアスファルト混合物を製造する工場の焼煙をはじめ，景観舗装に使用する反応型樹脂や樹脂塗料，運搬車両や施工機械へのアスファルトの付着を防止する軽油などが原因になる場合がある．

図-2. 4. 1 に示すように，臭気は大気や排水によって発生源から拡散する性質があり，発生源の敷地境界や排気口，排水口における規制基準が悪臭防止法により定められている．

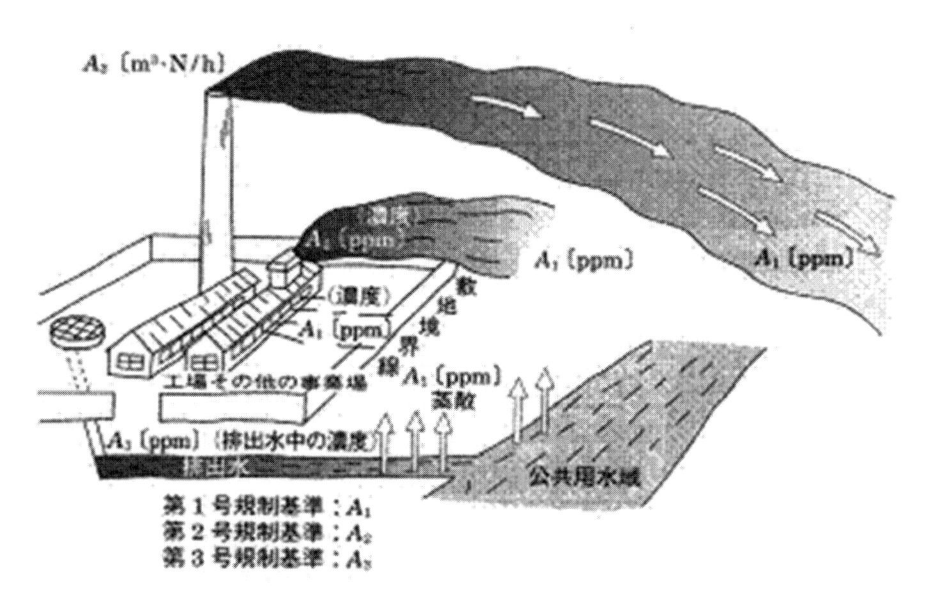

図-2. 4. 1　悪臭の拡散と規制基準の種類[15]

（出典：石黒辰吉 著 「臭気の測定と対策技術」p32 オーム社　平成 14 年 7 月）

(2) 悪臭の発生状況

悪臭の発生状況は，**図-2. 4. 2** に示す悪臭の苦情件数の推移によれば，1993 年度（平成 5 年度）以降，増加傾向にあり，2003 年度（平成 15 年度）に 24,587 件となって 1970 年度（昭和 45 年度）の調査開始以来，最多となり、それ以降減少となった．

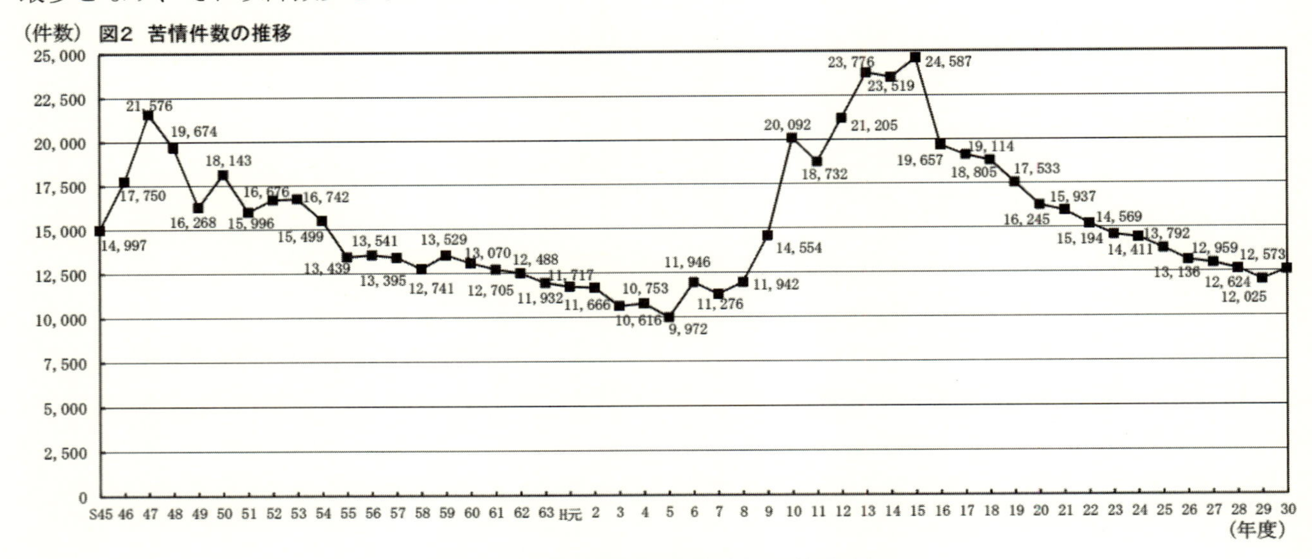

図-2. 4. 2　悪臭の苦情件数の推移 [16)]

（出典：環境省 水・大気環境局大気生活環境室 平成 30 年度悪臭防止法施行状況調査，

https://www.env.go.jp/content/900396280.pdf）

(最終閲覧日 2023 年 5 月 31 日)

苦情件数を発生源別に見ると，「野外焼却」に係る苦情が多く，2,116 件で全体の 16.8%を占めており，舗装にも関係する「建設作業現場」は，300 件（2.4%）となっている．

2. 2. 4. 2 評価する性能

悪臭防止法では，工場などの事業活動に伴って発生する悪臭について必要な規制を行い，その他悪臭防止対策の推進によって生活環境を保全し，国民の健康保護に資することを目的としている．典型的な感覚公害である悪臭を防止することを目的として 1971 年に制定され，その後数回にわたり改正されてきた．

悪臭防止法は，大気汚染防止法や水質汚濁防止法とは異なり，規制対象成分に対する基準値ではなく，敷地境界線における規制基準の範囲を設定していることが大きな特徴である．規制方法は二つの方法があり，悪臭の原因となる典型的な化学物質を「特定悪臭物質」として規制する方法，種々の悪臭物質の複合状態が想定されることから物質を特定しないで「臭気指数」を規制する方法がある．それらが悪臭として環境に支障を与えない程度となるよう事業場の敷地境界，排出口からの排出量，排出水中の濃度・臭気指数を規制している．規制基準を満たさない場合は，改善勧告，改善命令を受け，従わない場合には罰則が適用される．

2. 2. 4. 3 評価方法

(1) 特定悪臭物質の指定

「特定悪臭物質」とは，不快なにおいの原因となり，生活環境を損なう恐れのある物質であって政令で指定するものである．現在，**表-2. 4. 1** に示す 22 物質が指定されている．

表-2.4.1　敷地境界線の規制基準および悪臭物質の特徴 14)

物質名	第１号規制基準の範囲 1)			第４条規制基準項目 2)			におい	主な発生源
	2.5	3	3.5	１号	２号	３号		
アンモニア	1	2	5	○	○		し尿のような	畜産事業場，化製場，し尿処理場等
メチルメルカプタン	0.002	0.004	0.01	○		○	腐ったたまねぎのような	パルプ製造工場，化製場，し尿処理場等
硫化水素	0.02	0.06	0.2	○	○	○	腐った卵のような	畜産事業場，パルプ製造工場，し尿処理場等
硫化メチル	0.01	0.05	0.2	○		○	腐ったキャベツのような	パルプ製造工場，化製場，し尿処理場等
二硫化メチル	0.009	0.03	0.1	○		○	腐ったキャベツのような	パルプ製造工場，化製場，し尿処理場等
トリメチルアミン	0.005	0.02	0.07	○	○		腐った魚のような	畜産事業場，化製場，水産缶詰製場工場等
アセトアルデヒド	0.05	0.1	0.5	○			刺激的な青臭い	化学工場，魚腸骨処理場，タバコ製造工場等
プロピオンアルデヒド	0.05	0.1	0.5	○	○		刺激的な甘酸っぱい焦げた	焼付け塗装工程を有する事業場等
ノルマルブチルアルデヒド	0.009	0.03	0.08	○	○		刺激的な甘酸っぱい焦げた	焼付け塗装工程を有する事業場等
イソブチルアルデヒド	0.02	0.07	0.2	○	○		刺激的な甘酸っぱい焦げた	焼付け塗装工程を有する事業場等
ノルマルバレルアルデヒド	0.009	0.02	0.05	○	○		むせるような甘酸っぱい焦げた	焼付け塗装工程を有する事業場等
イソバレルアルデヒド	0.003	0.006	0.01	○	○		むせるような甘酸っぱい焦げた	焼付け塗装工程を有する事業場等
イソブタノール	0.9	4	20	○	○		刺激的な発酵した	塗装工程を有する事業場等
酢酸エチル	3	7	20	○	○		刺激的なシンナーのような	塗装工程または印刷工程を有する事業場等
メチルイソブチルケトン	1	3	6	○	○		刺激的なシンナーのような	塗装工程または印刷工程を有する事業場等
トルエン	10	30	60	○	○		ガソリンのような	塗装工程または印刷工程を有する事業場等
スチレン	0.4	0.8	2	○			都市ガスのような	化学工場，FRP 製品製造工場等
キシレン	1	2	5	○	○		ガソリンのような	塗装工程または印刷工程を

								有する事業場等
プロピオン酸	0.03	0.07	0.2	○			刺激的なすっぱい	脂肪酸製造工場，染色工場等
ノルマル酪酸	0.001	0.002	0.006	○			汗くさい	畜産事業場，化製場，でんぷん工場
ノルマル吉草酸	0.0009	0.002	0.004	○			むれた靴下のような	畜産事業場，化製場，でんぷん工場
イソ吉草酸	0.001	0.004	0.01	○			むれた靴下のような	畜産事業場，化製場，でんぷん工場

1)　表内の数値は，事業場敷地境界の規制基準を 6 段階臭気強度表示法の 3.5～2.5 に対応した濃度でしめしたもの（単位：ppm）

2)　悪臭防止法第 4 条の各規制基準項目は次のとおり

第 1 号規制基準：事業場等の敷地境界線における規制基準

第 2 号規制基準：事業場等の煙突等の期待排出口に係る規制基準

第 3 号規制基準：事業場等からの排水口に係る規制基準

(2) 臭気の測定方法

悪臭防止法で規定されている臭気の測定方法（公定法）には，特定悪臭物質を測定する「機器測定法」と臭気指数を測定する「臭気官能試験法」（**写真–2.4.1**）の 2 種類がある．また，臭気の簡易測定方法には検知管法と臭気センサーによる分析法がある．

「臭気指数」とは臭気の強さを表す数値で，式に示すとおり，においのついた空気や水をにおいが感じられなくなるまで無臭空気（無臭水）で薄めたときの希釈倍数（臭気濃度）を求め，その常用対数を 10 倍した数値である．

臭気指数＝10×log（臭気濃度）・・・・・(式 2.3)

臭気を 100 倍に希釈したとき大部分の人がにおいを感じられなくなった場合，臭気濃度は 100，その臭気指数は 20 となる．なお臭気を 40 倍に希釈したときの臭気指数は 15，臭気を 10 倍に希釈したとき 10 となる．

悪臭防止法に基づく，敷地境界の規制基準の範囲は，**図–2.4.3** に示す 6 段階臭気強度表示法による「臭気強度 2.5～4.5」に対応する「臭気指数」または「物質濃度」で定める．「6 段階臭気強度表示法」とは，「においの強さ」を数値化したものである．特定悪臭物質の測定では不十分な臭気指数を規制に適用している地域もある．

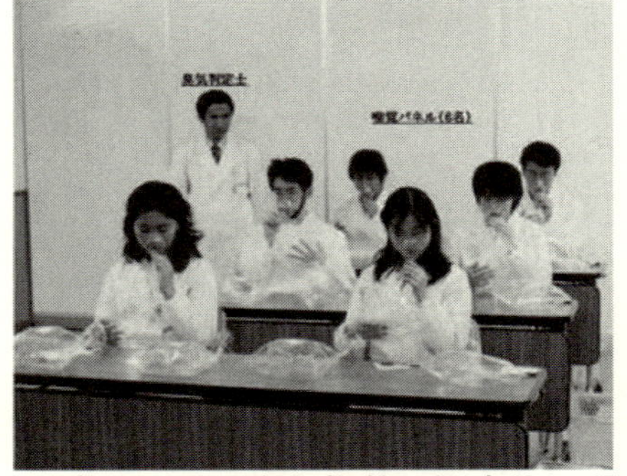

写真–2.4.1　臭気指数の測定状況 [17]

（出典：環境省臭気対策行政ガイドブック, https://www.env.go.jp/content/900397296.pdf）（最終閲覧日 2023 年 5 月 31 日）

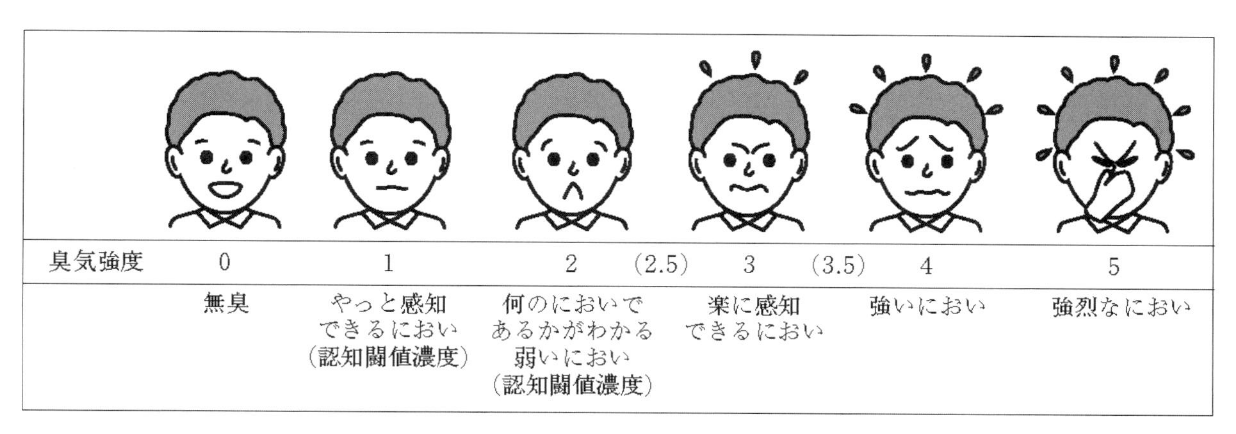

図-2.4.3　段階臭気強度表示法

2.2.4.4 課題と対策

(1) 一般的な対策

悪臭の抑制対策には，大別して次の 3 つの手法がある．

1)　発生抑制

臭気を発生する材料の使用を制限したり，臭気の発生の少ない材料を使用したりすることにより，臭気の発生を抑制する方法

2)　消臭（脱臭）

臭気を緩和する薬品を材料に添加あるいは塗布することにより，臭気を抑制する方法

3)　マスキング

芳香などの強力な別の臭気によりマスキングし，臭気と感じなくする方法

(2) 舗装における対策

発生抑制としては，アスファルトの付着を防止するためにダンプトラックの荷台や施工機械・器具に塗布する軽油に代わり，揮発が少ない植物由来材料やシリコンオイルなどの付着防止剤の使用が検討されている．また，景観舗装の反応型樹脂や遮熱性舗装の樹脂塗料では，マスキング剤の添加や低臭気の材料が開発されている．

消臭やマスキングとしては，アスファルトに対する臭気低減剤（消臭剤）が利用されており，アスファルト混合所において，アスファルトに直接混合したり，練り落としたアスファルト混合物に噴霧したり，アスファルト混合所の換気口に噴霧したりする場合がある．

表-2.4.2 に臭気抑制機能を有する各種技術の概要を，**表 2.4.3** に臭気抑制効果を有する技術選定の目安を示す．

表-2.4.2　臭気抑制機能を有する技術の概要と効果

舗装技術		概要	効果
製造･施工･供用時の抑制技術	付着防止剤	界面活性剤やシリコン，植物油などを主成分とする液状の薬品であり，ダンプトラックや施工機械，施工器具に塗布することによりアスファルトの付着を防止する． 付着防止剤を使用することにより，軽油や灯油の揮発による臭気の発生を防止する．	使用実績は多く，いくつかの使用事例の報告もあるが，臭気改善効果の定量的な評価を行った事例は報告されていない．
	臭気低減剤	アスファルトの臭気を緩和したり，芳香を付与したりする薬品である．消臭剤をアスファルト中に添加したり，アスファルト混合物や再生骨材に散布したりするなどして，アスファルト混合物の製造時や運搬時に発生するアスファルト特有の臭気を低減する．ただし，無臭となるものではない．	アスファルト混合所の排気口への噴霧の事例が報告されており，臭気の改善が認められている．アスファルトに添加した場合やアスファルト混合物に噴霧した場合では，使用しているアスファルトの種類や現場の条件（住宅密集度，風向など）によって効果の発現の程度が異なるようである．いずれにしても，臭気低減剤は臭気を緩和するものであり，無臭となるものではない．

表-2.4.3　技術選定の目安

		付着防止剤	臭気低減剤
主な使用材料		・シリコンオイル ・植物オイル ・界面活性剤	・臭気改善剤 ・芳香剤
改善項目		付着防止に用いる軽油などの臭気	アスファルト混合物の臭気
効果が期待できる範囲	市街	×	×
	周辺区域	×	○
	現場周辺	○	○
機能発現のメカニズム	発生抑制	○	
	消臭（脱臭）		○
	マスキング	○	○
機能の持続性		・施工時	・混合物製造時 ・施工時
コスト		1,000円／L程度	5,000円／L程度 （アスファルト10tに対し約1L添加）
環境安全性		特に問題ないが，使用する付着防止剤による環境汚染には留意する	特に問題ないが，使用する臭気改善剤による環境汚染には留意する
各方法の運用レベル		実用化段階	実用化段階

注1)　一般的な舗装では，ダンプやスコップなどの用具や舗設機械へのアスファルト付着防止に軽油を使用する場合が多い．付着防止剤は，軽油の使用を抑制する．

注2)　使用方法によって使用量が異なる．メーカの取り扱い説明書を参照．

注3)　メーカ発行の安全データシート（SDS）を参考にする．

(3) 対策効果の評価方法

臭気は，人の嗅覚で容易に感知できるものである．舗装事業者は日常的に臭気の監視を行うべきである．また，抑制対策を講じた場合は，対策前後の効果を監視し，評価する．

臭気の測定方法と評価値に関しては，悪臭防止法で特定悪臭物質に指定されている物質に応じた濃度測定方法と規制濃度が指定されている．また，臭気の官能評価方法としては，臭気指数の測定が一般的であり，特定悪臭物質規制の方法では十分でない規制区域に適用される．

舗装の場合，アスファルトや軽油などの石油系材料を多く使用するため，有機化合物に由来する臭気については，臭気防止対策の実施前後で発生した有機化合物の総量をガスクロマトグラフで測定して比較することも行われている． しかしながら，ここで取り上げた技術はいずれも，臭気対策機能の定量的な評価が十分ではないことから，今後のさらなる調査が必要である．

費用対効果に関して，悪臭は人体の官能に依存することから，発生する苦情に対してスポット的に対応しているのが現状であり，定量的な評価は困難である．よって，費用対効果が明確になっている対策は少なく，現在のところ検討段階である．

2.2.5 土壌汚染

2.2.5.1 概要

土壌汚染とは，土壌中に存在する汚染物質の量が人の健康の保護あるいは環境の保護を考えるうえで望ましくないレベルを超過した状態をいい，一般に，その判断の基準として環境基準や土壌汚染対策法による指定基準が定められている．土壌汚染を引き起こす潜在的な汚染物質は，揮発性有機化合物，石油系炭化水素，重金属類，病原性微生物，放射性物質に大別される．

土壌汚染が発生する原因の大部分は人為的要因によるものであり，生産活動において使用された重金属や化学物質が地下へ侵入することによる汚染である．これまで生産活動による土壌・地下水への影響に対してあまり注意が払われてこなかったため，多くの場所で有害物質の移動はきわめて緩やかであり，重金属をはじめとする多くの有害化学物質が土壌中で分解されにくいものであるため，これらの物質は現在も土壌中に残留し続け，土壌汚染の原因となっている．

わが国の土壌汚染の歴史は，明治初期の足尾銅山の鉱毒事件に端を発し，1960年代以降，水銀，カドミウム，六価クロムなどの重金属やPCBなどの化学物質による公害が発生している．また，近年では，市街地の工場跡地における土壌汚染も問題となってきている．このような背景のもと，1971年に農用地の土壌の汚染防止等に関する法律の制定，1991年の土壌環境基準の設定，そして，2002年に土壌汚染対策法が制定されている．

2.2.5.2 評価する性能

(1) 環境基準

人の健康を保護し，生活環境を保全するうえで維持することが望ましい基準として，現在カドミウムや有機リンなど27項目について土壌の汚染に係る環境基準が定められている．**表-2.5.1** に土壌の汚染に係る環境基準を示す．

表-2.5.1　土壌の汚染に係る環境基準について（平成20年環境省告示第46号）17)より抜粋

項目	環境上の条件
カドミウム	検液1Lにつき0.01mg以下であり，かつ，農用地においては，米1kgにつき1mg未満であること．
全シアン	検液中に検出されないこと．
有機燐（リン）	検液中に検出されないこと．
鉛	検液1Lにつき0.01mg以下であること．
六価クロム	検液1Lにつき0.05mg以下であること．
砒（ひ）素	検液1Lにつき0.01mg以下であり，かつ，農用地（田に限る．）においては，土壌1kgにつき15mg未満であること．
総水銀	検液1Lにつき0.0005mg以下であること．
アルキル水銀	検液中に検出されないこと．
PCB	検液中に検出されないこと．
銅	農用地（田に限る．）においては，土壌1kgにつき125mg未満であること．
ジクロロメタン	検液1Lにつき0.02mg以下であること．
四塩化炭素	検液1Lにつき0.002mg以下であること．
1,2-ジクロロエタン	検液1Lにつき0.004mg以下であること．
1,1-ジクロロエチレン	検液1Lにつき0.02mg以下であること．
シス-1,2-ジクロロエチレン	検液1Lにつき0.04mg以下であること．
1,1,1-トリクロロエタン	検液1Lにつき1mg以下であること．
1,1,2-トリクロロエタン	検液1Lにつき0.006mg以下であること．
トリクロロエチレン	検液1Lにつき0.03mg以下であること．
テトラクロロエチレン	検液1Lにつき0.01mg以下であること．
1,3-ジクロロプロペン	検液1Lにつき0.002mg以下であること．
チウラム	検液1Lにつき0.006mg以下であること．
シマジン	検液1Lにつき0.003mg以下であること．
チオベンカルブ	検液1Lにつき0.02mg以下であること．
ベンゼン	検液1Lにつき0.01mg以下であること．
セレン	検液1Lにつき0.01mg以下であること．
ふっ素	検液1Lにつき0.8mg以下であること．
ほう素	検液1Lにつき1mg以下であること．

(2) 土壌汚染対策法における指定基準

表-2.5.2 に土壌汚染対策法で定められている特定有害物質と指定基準を示す．直接摂取によるリスクに係る基準が含有基準として，地下水等の摂取に係る基準が溶出量基準として定められている．

表-2.5.2　土壌の汚染に係る指定基準値 [19)]

項目		溶出量基準（mg/L）	含有量基準（mg/kg）
揮発性有機化合物（第一種特定有害物質）	四塩化炭素	0.002 以下	－
	1,2-ジクロロエタン	0.004 以下	－
	1,1-ジクロロエチレン	0.02 以下	－
	シス-1.2-ジクロロエチレン	0.04 以下	－
	1,3-ジクロロプロペン	0.002 以下	－
	ジクロロメタン	0.02mg/L 以下	－
	テトラクロロエチレン	0.01 以下	－
	1,1,1-トリクロロエタン	1 以下	－
	1,1,2-トリクロロエタン	0.006 以下	－
	トリクロロエチレン	0.03 以下	－
	ベンゼン	0.01 以下	－
重金属等（第二種特定有害物質）	カドミウムおよびその化合物	0.01 以下	150 以下
	六価クロム化合物	0.05 以下	250 以下
	シアン化合物	検出されないこと	50 以下（遊離シアンとして）
	水銀およびその化合物	0.0005 以下	15 以下
	アルキル水銀	検出されないこと	－
	セレンおよびその化合物	0.01 以下	150 以下
	鉛およびその化合物	0.01 以下	150 以下
	砒素およびその化合物	0.01 以下	150 以下
	ふっ素およびその化合物	0.8 以下	4000 以下
	ほう素およびその化合物	1 以下	4000 以下
農薬等（第三種特定有害物質）	シマジン	0.003 以下	－
	チウラム	0.006 以下	－
	チオベンカルブ	0.02 以下	－
	ポリ塩化ビフェニル	検出されないこと	－
	有機りん化合物	検出されないこと	－

2.2.5.3 評価方法

土壌汚染による環境リスクの管理を前提として，土壌汚染に係る土地を的確に把握する必要がある．このため，汚染の可能性のある土地について，一定の機会をとらえて，土壌の特定有害物質による汚染の状況の調査を行うこととしている．

具体的には，以下の場合の調査を行うこととしており，これら三つの場合に行われる土壌の特定有害物質による汚染の状況の調査を「土壌汚染状況調査」という．

1)　特定有害物質を製造，使用または処理する施設の使用が廃止された場合
2)　一定規模以上の土地の形質の変更の際に土壌汚染のおそれがあると都道府県知事が認める場合
3)　土壌汚染により健康被害が生ずる恐れがあると都道府県知事が認める場合

図-2.5.1に，土壌汚染状況調査から要措置区域等の指定に至る流れを示す．

土壌汚染対策法において測定対象とする土壌は，破砕することなく，自然状態において 2mm 目のふるいを通過させて得た土壌とされている（土壌含有量調査に係る測定方法を定める件（平成 15 年環境省告示第 19 号付表 2））．また，同法は土壌を対象としており，岩盤は対象外としている．法の対象外とされる岩盤について，Appendix「18. 土壌汚染対策法の適用外となる岩盤」に示すとおり，「マグマ等が直接固結した火成岩，堆積物が固結した堆積岩及びこれらの岩石が応力や熱により再固結した変成岩で構成された地盤」とした．ここで，「固結した状態」とは，指圧程度で土粒子に分離できない状態をいう．

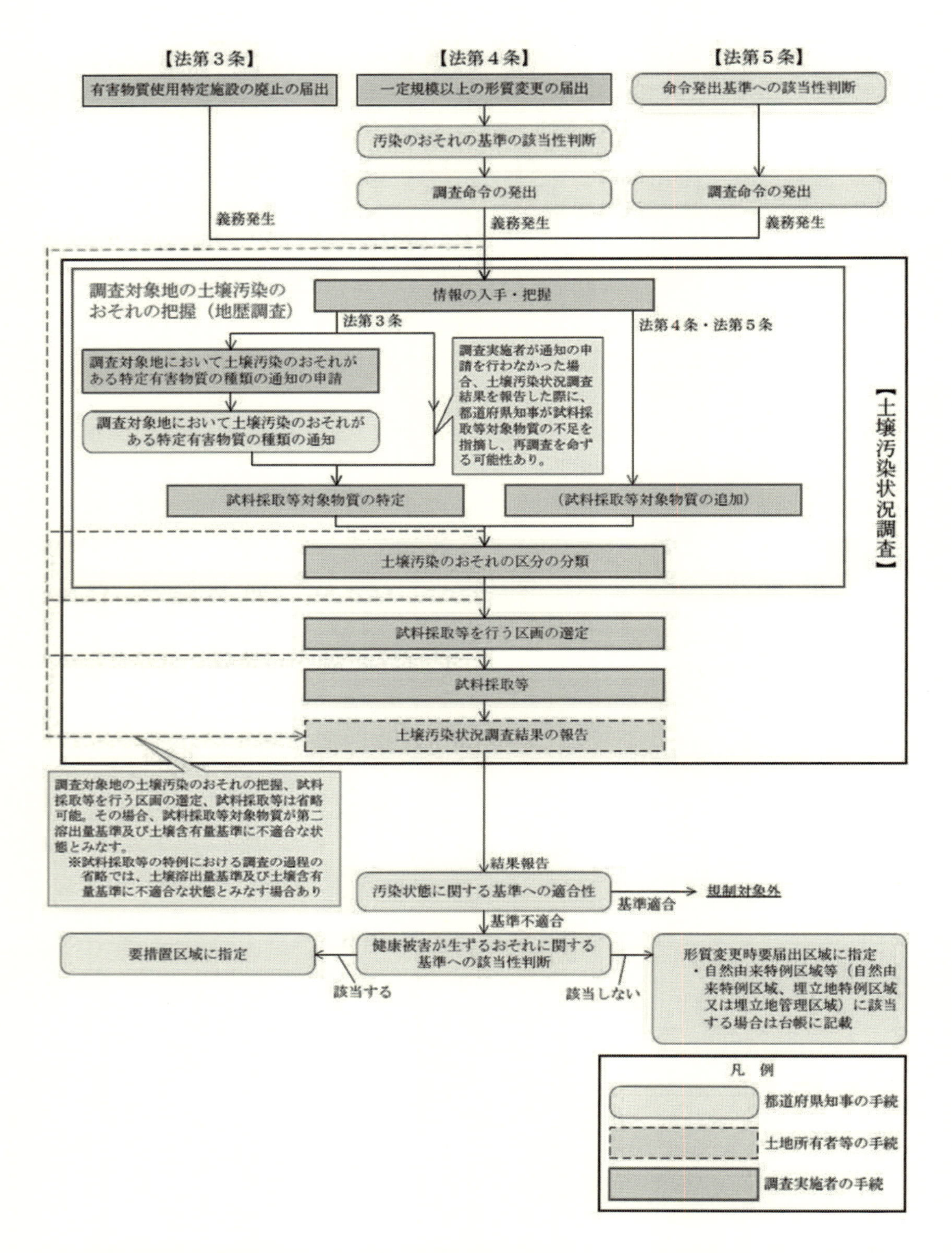

図-2.5.1　土壌汚染状況調査及び要措置区域等の指定の流れ [19)]

（出典：「土壌汚染対策法に基づく調査及び措置に関するガイドライン(改訂第 2 版)」P15）

2.2.5.4 課題と対策

(1) 一般的な対策

土壌は水や大気と比べ移動性が低く，土壌中の有害物質も拡散・希釈されにくいため，土壌汚染は水質汚濁や大気汚染とは異なり，汚染土壌から人への有害物質の暴露経路の遮断により，直ちに汚染土壌の浄化を図らなくても，リスクを低減し得るという特質がある．このため，直接摂取によるリスクについては，汚染土壌の浄化以外に，土地の利用状況などに応じて，指定区域への立入禁止，汚染土壌の覆土・舗装といった方法を適切に講じることによっても，適切にリスクを管理することが可能である．

また，地下水などの摂取によるリスクについても，汚染土壌の浄化以外に，有害物質が地下水などに溶出しないように，遮断または封じ込めなどを行う方法，あるいは，土壌は汚染されていても有害物質がまだ地下水には達していない場合には，指定区域内で地下水のモニタリングを実施し，必要が生じた場合に浄化または遮断・封じ込めといった方法により，適切にリスクを管理することが可能である．**表-2.5.3** に土壌汚染対策法における汚染の除去等の措置を示す．

表-2.5.3　土壌汚染対策法における汚染の除去等の措置

項目	直接摂取によるリスク低減	地下水等の摂取によるリスク低減
立入禁止	○	－
舗装	○	－
覆土	○	－
指定区域外土壌入替	○	－
指定区域内土壌入替	○	－
原位置不溶化	－	○（第二溶出量基準以下の重金属等による汚染土壌に限る）
不溶化埋戻し	－	○（第二溶出量基準以下の重金属等による汚染土壌に限る）
原位置封じ込め	○（第二溶出量基準以下の汚染土壌または不溶化により第二溶出量基準以下になった重金属等による汚染土壌に限る）	
遮水工封じ込め	○（第二溶出量基準以下の汚染土壌または不溶化により第二溶出量基準以下になった重金属等による汚染土壌に限る）	
遮断工封じ込め	○	○（揮発性有機化合物を除く）
掘削除去	○	○
原位置浄化	○	○

(2) 舗装における対策

舗装すること自体，地盤中の有害物質が拡散するのを防止する効果を有しているため，舗装による対策としては，透水性舗装，緑化舗装，土系舗装，木質舗装などの雨水を地下に浸透させるものを除いた舗装全般が適用できる．**図-2.5.2** に舗装措置の概念を示す．ただし，舗装による対策は駐車場のような面的な舗装に限られ，道路のような線的な舗装の場合は，雨水の浸透による有害物質の拡散が懸念されるため注意が必要となる．また，ブロック舗装の場合は目地などから雨水の流入が抑制できるよう配慮する必要がある．舗装措置による土壌汚染抑制効果の持続性は舗装の寿命と同じになると考えられる．

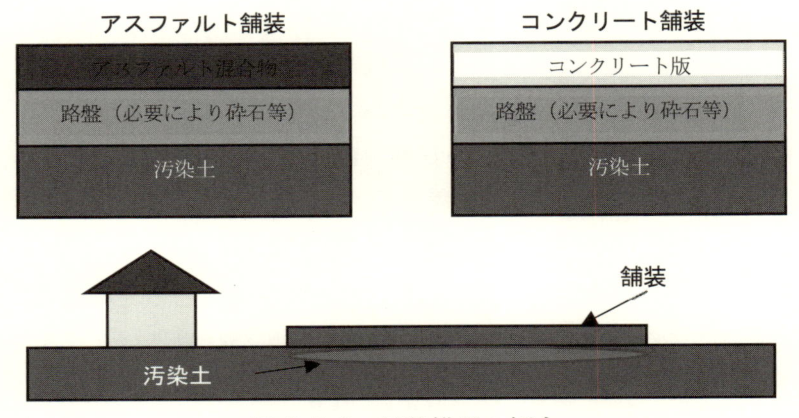

図-2.5.2　舗装措置の概念

一方，舗装材料として，一般廃棄物焼却灰溶融スラグ，下水汚泥焼却灰溶融スラグ，建築廃材由来の木くず，石炭灰，廃ガラスおよび廃ゴムなどの他産業再生資材を使用する場合には，重金属類や化学物質の溶出・溶脱による土壌汚染を未然に防ぐために，土壌の環境基準の溶出量基準と土壌汚染対策法による含有量基準を満足する必要がある．

費用対効果に関して，土壌の汚染が確認された場合には何らかの処理を行う必要があるが，汚染土壌の処理に関しては，汚染物質の種類に対応した対策技術を選択し，効果と費用を算出することにより検討する．新たな構造物を構築する場合に関しては，汚染を起こしてはいけないので，費用に関係なく対策を取らなければならない．

2.2.6　大気汚染

2.2.6.1　概要

我が国の大気汚染は，明治以降の急激な近代産業の発展において拡大してきた．当時の主要なエネルギー源は石炭であり，石炭を大量に消費したことで，煤煙の発生による大気汚染の現象，いわゆるスモッグによる健康被害が発生した．ところが 1960 年代以降はエネルギーが石炭から石油に移行した．このためスモッグは，1959 年をピークに減少した．その後，石油に含まれる硫黄分に由来する光化学スモッグ（白いスモッグ）が問題化した．この光化学スモッグの成分は光化学オキシダントと呼ばれる気体成分と，排気ガスに含まれる硫黄酸化物や窒素酸化物による硫酸塩や硝酸塩の固体粒子から構成される．このように従来は，石炭や石油などの化石燃料を燃焼させることによる大気汚染公害が主であった．

ところが，近年では揮発性有機化合物（Volatile Organic Compounds:VOC）が大気に放出されると，紫外線によりオキシダントや浮遊粒子状物質（Suspended Particulate Matter : SPM）を生成することが解ってきた．すなわち，大気汚染防止のためには従来の石炭や石油の燃焼に起因する物質だけではなく， VOC の排出も削減することが求められている．

2.2.6.2　大気汚染物質（評価項目）と環境基準

「大気汚染防止法」では，煤煙，粉塵，有害大気汚染物質，自動車排出ガス，ならびに 2004 年に改正された大気防止汚染法では揮発性有機化合物が追加され，規制している．大気汚染物質の種類を**表－2.6.1** に示す．また，これら物質のうち，環境基準が定められている物質と基準値等を**表－2.6.2** に示す．

表－2.6.1　大気汚染物質の種類[20)]

大気汚染対象規制物質	概要
ばい煙	硫黄酸化物(SOx)，ばいじん，有害物質（窒素酸化物，カドミウム及びその化合物，塩素及び塩化水素，フッ素・フッ素化水素およびフッ化ケイ素，鉛及びその化合物），特定有害物質(未指定)
粉じん	一般粉じん（セメント粉、石灰粉、鉄粉など），特定有害物質（石綿）
自動車排出ガス	一酸化炭素(CO)，炭化水素(HC)，鉛化合物，窒素酸化物(NOx)，粒子状物質(PM)
特定物質	フェノール，ビリジンなど 28 種類
有害大気汚染物質	有害大気汚染物質に該当する可能性のある物質；248 種類 ※ダイオキシン類は指定物質とされていたが，ダイオキシン類特別処置法による対策が進められることになったため，平成 13 年 1 月に指定物質から削除された．
発揮性有機化合物（VOC）	大気中に排出され、または飛散した時に期待である有機化合物

表－2.6.2　大気汚染物質と環境基準[21)]

物質	環境上の条件（設定年月日等）	測定方法
二酸化いおう（ＳＯ$_2$）	１時間値の１日平均値が0.04ppm以下であり、かつ、１時間値が0.1ppm以下であること。(48.5.16告示)	溶液導電率法又は紫外線蛍光法
一酸化炭素（ＣＯ）	１時間値の１日平均値が10ppm 以下であり、かつ、１時間値の８時間平均値が20ppm 以下であること。(48.5.8告示)	非分散型赤外分析計を用いる方法
浮遊粒子状物質（ＳＰＭ）	１時間値の１日平均値が0.10mg/m^{3}以下であり、かつ、１時間値が0.20mg/m^{3}以下であること。(48. 5.8告示)	濾過捕集による重量濃度測定方法又はこの方法によって測定された重量濃度と直線的な関係を有する量が得られる光散乱法、圧電天びん法若しくはベータ線吸収法
二酸化窒素（ＮＯ$_2$）	１時間値の１日平均値が0.04ppmから0.06ppmまでのゾーン内又はそれ以下であること。(53. 7.11告示)	ザルツマン試薬を用いる吸光光度法又はオゾンを用いる化学発光法
光化学オキシダント（ＯＸ）	１時間値が0.06ppm以下であること。(48.5.8告示)	中性ヨウ化カリウム溶液を用いる吸光光度法若しくは電量法、紫外線吸収法又はエチレンを用いる化学発光法
微小粒子状物質（PM2.5）	１年平均値が15μg/m^{3}以下であり、かつ、１日平均値が35μg/m^{3}以下であること。(H21.9.9告示)	微小粒子状物質による大気の汚染の状況を的確に把握することができると認められる場所において、濾過捕集による質量濃度測定方法又はこの方法によって測定された質量濃度と等価な値が得られると認められる自動測定機による方法

（出典：環境省　大気汚染に係わる環境基準：https://www.env.go.jp/kijun/taiki.html/）

（最終アクセス日 2023 年 5 月 31 日）を基に改変

2.2.6.3　大気汚染の現状

環境省の平成 28 年度の調査では，NO$_2$，SO$_2$，ならびに浮遊粒子状物質（SPM）に関する環境基準は，ほぼすべての測定局で達成されている．

SPM の中でも超小粒子状物質（PM2.5）の達成率は，一般環境測定局（一般局）で 88.7%，自動車排出ガス測定局（自排局）で 88.3%であり，平成 24 年度の調査よりも改善はされているものの，北部九州地域や四国の瀬戸内海に面する地域では達成率が 30～60%で低い水準である．

光化学オキシダントに関しては一般局で 0.1%，自排局で 0%ときわめて低い達成率である．

このように，現状問題とされる大気汚染状態は，光化学オキシダントと PM2.5 であり，VOC はこれら発生源の一因とされる．図−2.6.1 は，大気中での VOC の反応を示したものである．VOC は太陽光の紫外線を受けると，単独では SPM に，NOx の存在下では光化学オキシダントを生成する．SPM は吸い込まれた粒子が長期間肺や体内に留まることにより免疫機構などに影響を及ぼし，光化学オキシダントは鼻や目に刺激を与えるなどの人体に対する健康被害をもたらす．

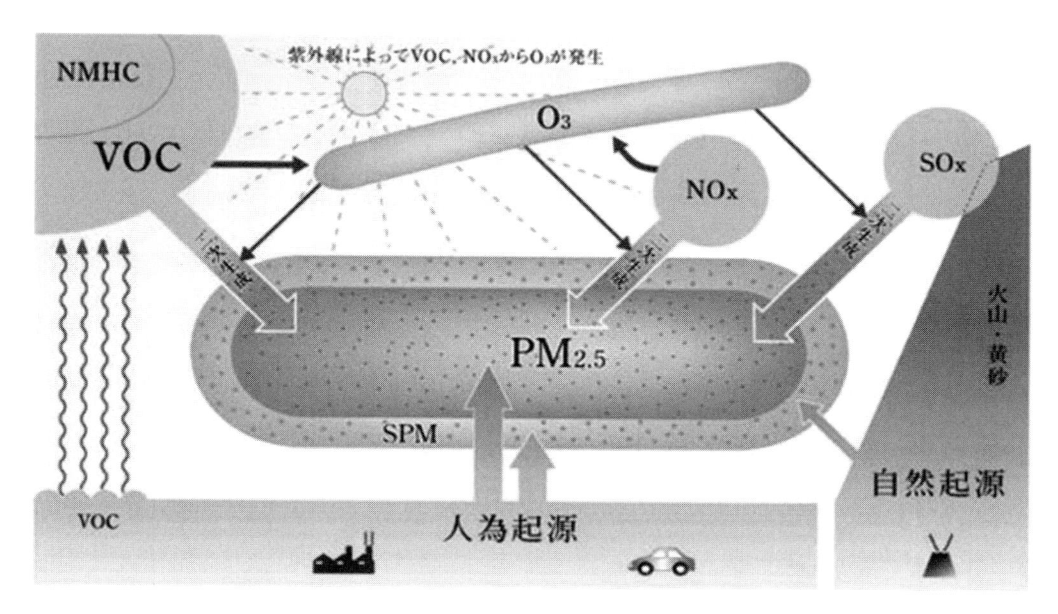

図－2.6.1　光化学オキシダントと PM2.5 の発生機構 [22)]

（出典：環境省　大気汚染・自動車対策, https://www.env.go.jp/air/osen/pm/info.html#ABOUT）

（最終アクセス日 2023 年 5 月 31 日）

2.2.6.4　舗装構築・維持における大気汚染

舗装を建設もしくは維持管理する際に大気汚染物質を発生する施設としては採石場，アスファルト合材プラントがあげられ，また，施工や維持管理に関しては，使用する車両などがあげられる．前者の場合は大気汚染防止法により排出規制がなされており，後者は自動車 NOx･PM 法で規制されている．一方，VOC に関して，改正大気汚染防止法では，印刷工場やクリーニング工場などの揮発性有機化合物を多量に使用する施設を規制対象としており，舗装業は屋外での作業が主であるため，規制の対象となっていない．しかし，当防止法では，排出抑制効果を相乗的に発現させるため，事業者の自主的取り組みを基本とし，法規制は限定的に適用する従来にはない新しい公害対策の考え方（ベストミックス）を提唱しており，舗装業も自主的取り組みを行う努力は必要で，VOC を使用しない，もしくは使用量を減らす技術，たとえば，塗料を溶剤型から水性型に変更する努力などが求められている．

表－2.6.3 は，環境庁が毎年調査している揮発性有機化合物（VOC）排出インベントリ作成等に関する調査業務からの抜粋である．舗装業は全業種が使用する VOC のうち 0.35%弱の VOC を排出しているとされる．

表－2.6.3　舗装業が排出する VOC 量とその構成比 [23)]

	H21年度	H22年度	H23年度	H24年度	H25年度	H26年度	H27年度	H28年度
舗装業（ｔ/年）	6,041	5,181	3,507	3,503	2,753	2,631	2,482	2,325
全体（t/年）	808,238	774,957	743,047	726,824	721,075	702,360	687,215	671,567
構成比（%）	0.75	0.67	0.47	0.48	0.38	0.37	0.36	0.35

（出典：環境省大気環境・自動車対策，揮発性有機化合物排出インベントリ報告書（H29），

https://www.env.go.jp/air/%20air/osen/voc/H29-matR.pdf)

(最終閲覧日 2023 年 5 月 31 日)を基に改変

舗装を構築もしくは維持する際に VOC が排出される種別として，同報告書では，ラインなどの塗料に使用される溶剤，カットバックアスファルトに使用される灯油や重油などのアスファルト溶剤，塗料を剥離させるリムーバーに使用されるジクロロメタン，機械を洗浄する際の溶剤があげられており，各使用量を**表－2.6.4**に示した．これより，舗装を構築もしくは維持する際に排出される VOC は，その大半が塗料とアスファルト溶剤である．塗料の場合，溶剤型塗料から水性塗料や無溶剤型塗料などの低 VOC 塗料に変更することが可能であり，年々排出量は低下している．しかし，アスファルト溶剤として使用される VOC はその大半が常温アスファルト混合物に使用されており，現状，有効な代替物が無い．よって，アスファルト溶剤の VOC 排出量は横ばいの状態である．

表－2.6.4　舗装業が排出する VOC の量（t/年）[23)]

	H21年度	H22年度	H23年度	H24年度	H25年度	H26年度	H27年度	H28年度	H28年度の全業合計
塗料	1,795	1,391	1,430	1,386	875	831	833	714	260,473
アスファルト溶剤	4,101	3,675	1,961	2,004	1,807	1,732	1,582	1,553	-
塗膜剥離剤	6	7	5	6	3	3	3	3	931
製造機器類洗浄用シンナー	139	108	111	107	68	64	65	55	28,024

（出典：環境省 大気環境・自動車対策，揮発性有機化合物排出インベントリ報告書（H29），
https://www.env.go.jp/air/%20air/osen/voc/H29-matR.pdf）
（最終閲覧日 2023 年 5 月 31 日)を基に改変）

一方，環境省の調査には記載されていないが，加熱アスファルト混合物を製造・使用する際のアスファルトフュームがあげられる．アスファルトフュームは，我が国の PRTR 法や EC 理事会指令では非該当物質にあげられ，人体や環境への影響は問題視されることはない．しかし，フュームとして存在する以上は，VOC として働くことは考えられる．そのため，中温化アスファルトなど，加熱混合物の混合温度を低下させることにより，アスファルトフュームの発生を減少さす技術は大気汚染の立場からしても有効な手段である．

2.2.7　CO_2 排出量

2.2.7.1　概要

舗装分野において発生する二酸化炭素には，建設現場で直接排出されるもののほか，アスファルトやセメント，骨材の製造や運搬に伴って間接的に排出されるものがある．建設部門から直接排出される二酸化炭素は，国内の総排出量の 1%に過ぎない．しかしコンクリートや鋼材等，社会資本整備に係わる活動を遡及して算出した場合，国内の総排出量の 14%となる[1)]．また，道路整備による CO_2 排出量は，国内の総排出量の 2%であるが，それを利用する交通関係の排出量は 16%と大きな比重を占めている[21)]．

このように，舗装と二酸化炭素の排出は様々な場面で関わりがある．このため CO_2 排出量を低減する試みも**表 2.7.1**[1)]に示すように建設時の CO_2 排出低減を目指したもの，長寿命化技術のように維持管理まで含めたライフサイクル全体での CO_2 排出低減を目指したものなど様々である．このため舗装の CO_2 排出量を評価するためには，建設段階での CO_2 排出量だけではなく，ライフサイクルを通しての評価が可能な手法が必要となる．

表-2.7.1　CO_2 排出抑制機能を有する舗装技術の概要[1)]

舗装技術		概要
加熱アスファルト混合物の製造温度低下技術	中温化技術	中温化剤などの添加剤を用い，製造温度を通常の加熱アスファルト混合物に比べ 30℃程度低下させる技術。
	弱加熱技術	水分を潤滑剤として活用するなどして，製造温度を低下させる技術（弱加熱混合物)。混合物の製造温度は，60 ～ 100℃程度。
常温製造技術	チップシール	アスファルト乳剤により骨材を単層あるいは複層に仕上げる表面処理工法。舗装の延命に寄与する予防的維持補修工法の一つ。
	マイクロサーフェシング	使用材料を全て積載し，車両後部のミキサで混合後直ちにスラリー状の混合物を既設路面上に薄く敷きならす表面処理工法。薄層施工と施工後早期に交通開放が可能であり，軽交通から重交通路線まで幅広く適用できる。
リサイクル技術	再生加熱アスファルト混合物	アスファルトコンクリート再生骨材に所要の品質が得られるよう再生用添加剤，新アスファルトや補足材を加えて製造した加熱アスファルト混合物。
	路上表層再生工法	路上において既設アスファルト混合物層を加熱，かきほぐし，必要に応じて新しい加熱アスファルト混合物や再生用添加剤などを加え，これを混合（攪拌)，敷きならし，締固めなどの作業を行い，新しい表層として再生する工法。
	路上路盤再生工法	路上において既設アスファルト混合物を破砕し，同時にこれをセメントや瀝青材料などの安定材と既設粒状路盤材とともに混合，転圧して，新たに安定処理路盤を構築するもの。
長寿命化技術	コンポジット舗装	表層または表・基層にアスファルト混合物を用い，その直下の層にセメントコンクリート，連続鉄筋コンクリート，転圧コンクリートなどの剛性の高い版を用い，その下の層が路盤で構成された舗装。
	改質アスファルトの適用	目的に応じて耐水性や耐摩耗性，耐流動性を高めたポリマー改質アスファルトを適用したアスファルト混合物による舗装。

（出典：日本道路協会；環境に配慮した舗装技術に関するガイドブック 2009.6）

2.2.7.2 既往の取組

これまで国内の舗装分野では，CO_2 排出量低減へ向けて様々な取り組みが行われてきている．まず，維持管理の工法の選択に当たって，プラント再生工法，路上再生工法を採用することで，新規建設工事と比較して CO_2 排出量を大幅に削減できるとの試算を行われている[22]．また，ライフサイクルを通した CO_2 排出量に着目し，予防的維持や高耐久性舗装の採用が CO_2 排出量削減に効果があることが報告されている[24]．

加熱アスファルト混合物の製造温度を低下させる技術についても検討が進んできている．この中で加熱アスファルト混合物の製造温度を30℃程度低下させる中温化技術は，発泡剤を利用するもの，フォームド技術を利用するもの，アスファルトの粘度を調整するものを主として実用化が進んできている．また，海外でも製造温度を低減できる技術は，Warm Mix Asphalt(WMA)として，特に欧米で利用されている．

そのほか多くの化石燃料を消費する加熱アスファルトプラントについて，エネルギー効率を向上させる検討も行われている．例えば再生材の混入率増加時にドライヤの回転数を適切に制御する方法や，燃焼ガスの再循環を効率的に行う方法について検討されている[25]．

他分野における CO_2 排出量低減への試みとしては，経済産業省による「カーボンフットプリント」制度構築に向けた取り組みが，民間企業等も参画する形で進められている．カーボンフットプリントとは，商品やサービスの原材料調達から廃棄まで，ライフサイクル全体を通しての温室効果ガス排出量を CO_2 排出量に換算し，商品やサービスに表示するものである．

また，国外の舗装分野における CO_2 排出量測定方法については，PIARC（世界道路協会）技術委員会 TC4.2（舗装）レポートにまとめられている[26]．それらについても一部本書で紹介する．

2.2.7.3 国内における評価性能

(1) CO_2 排出量低減値

舗装分野では，日本道路協会発刊の「舗装性能評価法　別冊―必要に応じ定める性能指標の評価編―」(以下「別冊」とする)や「舗装の環境負荷に関する算定ガイドブック」(以下「環境負荷低減ガイドブック」とする)に CO_2 排出量低減値の計算方法や計算例が記載されている．「舗装の環境負荷に関する算定ガイドブック」では，CO_2 排出量低減値の算出に必要な CO_2 原単位を，2014 年 2 月に国土技術政策総合研究所および土木学会から公表された「社会資本のライフサイクルをとおした環境評価技術の開発」に記載された CO_2 原単位を用いている．このため「別冊」と「環境負荷低減ガイドブック」の間では CO_2 排出量低減値が異なる値で算出される場合がある．CO_2 原単位については現場条件等をよく考慮した上で使用すると良い．ここでは「別冊」や「環境負荷低減ハンドブック」に記載された CO_2 排出量低減値の評価法を紹介する．

(2) CO_2 排出量低減値の評価法

CO_2 排出量の算定は，**図 2.7.1**[27]に示すように「舗装の建設」，「舗装の建設」と「維持管理」，「舗装の建設」から「取壊し処分」等，算定する対象を定めて評価を行う．

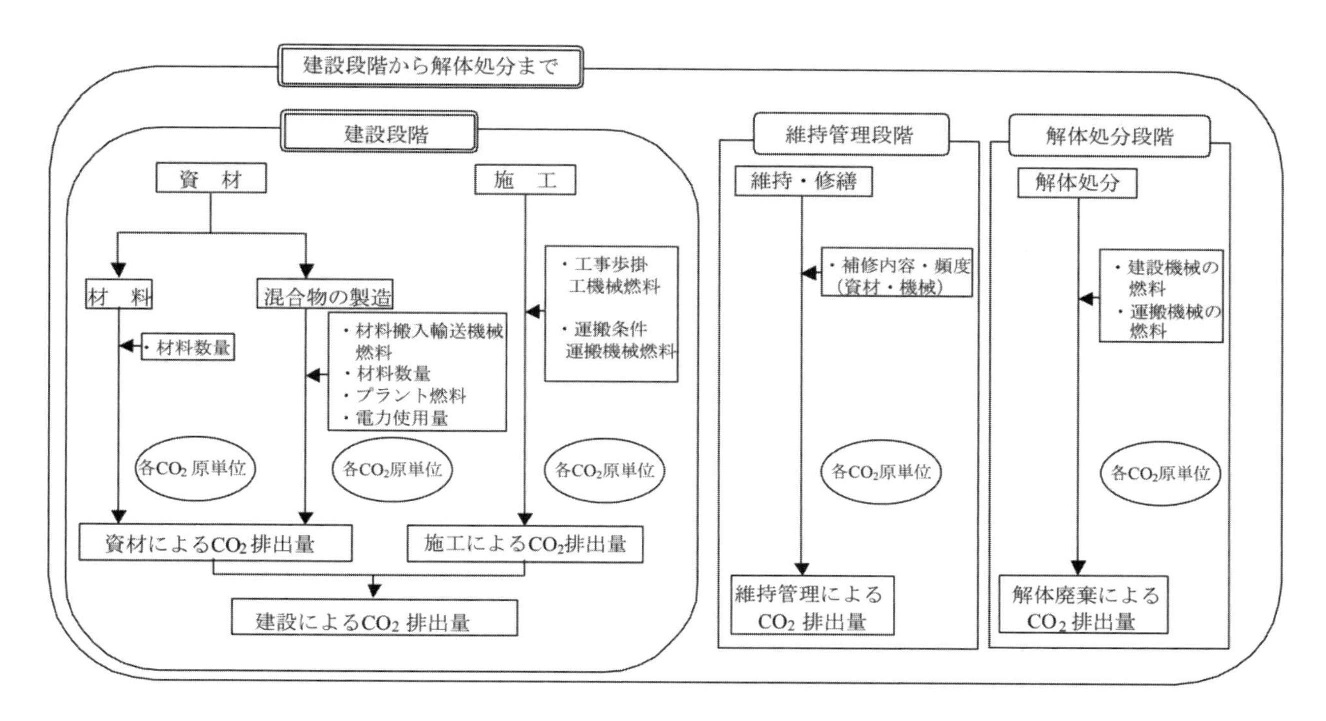

図-2.7.1　CO_2 排出量算定評価範囲[27)]

（出典：日本道路協会；舗装性能評価法　別冊-必要に応じ定める性能指標の評価法編－，2008.）

その上で，「一般的な舗装」と「CO_2 排出量の低減が実現可能と想定される舗装」の CO_2 排出量を算定することで基準値を設定し，その基準値と評価対象とする舗装の CO_2 排出量低減値を比較することで，CO_2 排出量低減値の評価を行う．**図 2.7.2** に評価の手順を示す．

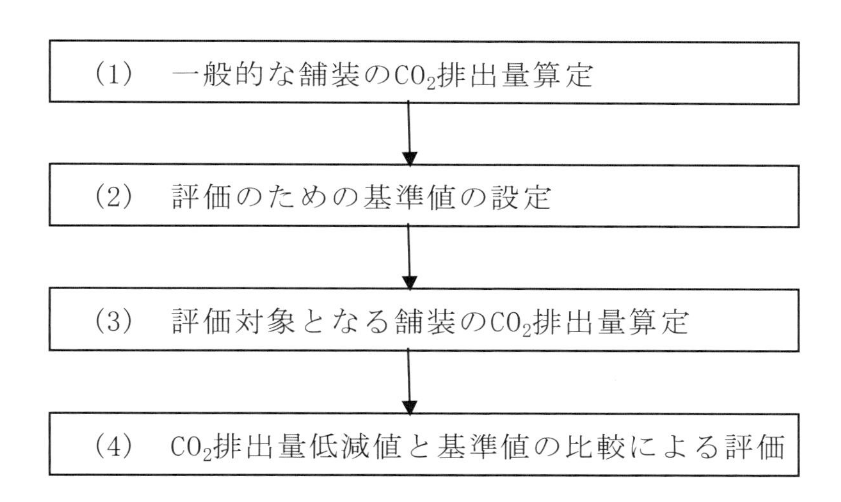

図-2.7.2　CO_2 排出量低減値の基準値の設定と評価の手順

1) 一般的な舗装の CO_2 排出量算定

一般的な舗装の CO_2 排出量は，資機材等の数量と CO_2 原単位から以下のように算出する．CO_2 原単位については，「別冊」や「環境負荷低減ガイドブック」を参考にすると良い．

建設段階の CO_2 排出量　＝　施工機械 CO2 排出量　＋　資材 CO2 排出量
＋資機材運搬 CO2 排出量　　(式 2.4)

ここに，施工機械 CO_2 排出量　＝Σ{(燃料使用量)×(燃料 CO_2 原単位)}
＋Σ{(稼働時間)×(時間当り現場償却分燃料 CO_2 原単位)}
資材 CO_2 排出量　＝Σ{使用数量)×(使用資材 CO_2 原単位)}
資機材運搬 CO_2 排出量＝Σ{(燃料使用量)×(燃料 CO_2 原単位)×(燃料 CO_2 原単位)}

2) 評価のための基準値の設定

CO_2 排出量の低減が実現可能と想定される工法を一つ選定し，選定した工法についても一般的な舗装と同様に CO_2 排出量を算定する．次に，一般的な舗装と実現可能と想定される舗装について算定した CO_2 排出量に基づき，次式によって CO_2 排出量低減値を求める．この CO_2 排出量低減値を参考に基準値を設定する．

$$S = \frac{B - C_s}{B} \times 100 \qquad (式 2.5)$$

ここに，S：CO_2 排出量の低減が実現可能と想定される舗装の CO_2 排出量低減値(%)
B：一般的な舗装の CO_2 排出量(kg- CO_2)
C_s：CO_2 排出量の低減が実現可能と想定される舗装の CO_2 排出量 (kg- CO_2)

3) 評価対象となる舗装の CO2 排出量算定

評価対象とする舗装を設定し，その設定した舗装について，一般的な舗装と同様に CO_2 排出量を算定する．一般的な舗装と評価対象となる舗装について求めた CO_2 排出量に基づき，次式により CO_2 排出量低減値を算定する．

$$A = \frac{B - C_C}{B} \times 100 \qquad (式 2.6)$$

ここに，A：　CO_2 排出量低減値(%)
B：一般的な舗装の CO_2 排出量(kg- CO_2)
C_C：評価対象となる舗装の CO_2 排出量 (kg- CO_2)

4) CO_2 排出量低減値と基準値の比較による評価

評価対象となる舗装と一般的な舗装より算定された CO_2 排出量低減値を，基準値と比較して評価を行う．

(3) 海外における評価・排出量計算ソフト

PIARC では，各国の CO_2 排出量算定方法を調査し，得られる結果の比較検討を実施した[26)]．それぞれの算定方法で長所，短所が見られ，得られる結果も異なることが確認されている．現状では，その優劣についてまでは言及されるに至っていない．調査された CO_2 排出量計算手法のうち，主なものを以下に示す．

1) ECORCE v2.0.0 (2013) ～フランス～

得られるアウトプットとして，建設中の各材料または施工の CO_2 排出量，エネルギー消費などを表すことができる．欠点としては，材料を追加することができず，想定される CO_{2e} 値が調整できないことである．

より詳細な情報は，http://ecorce2.ifsttar.fr/presentation.php　に掲載されている．

2) HACCT v5 (2013) ～イギリス～

HACCT は，UK Highway Agency が開発した Highway Agency Carbon Calculator の略である．エネルギーや材料の使用，プロジェクト実現の問題（現場への搬送，廃棄物除去，プロジェクトの過程）に関する情報が収集できる．しかし，ライフサイクル全体を評価するのには不完全であり，異なるアスファルト混合物の比較は不可能である．

より詳細な情報は，以下より入手できる．

https://www.gov.uk/government/uploads/system/uploads/attachment_data/file/360694/DBFO_HA_Carbon_Calculation_Instruction_Manual.pdf

3) asPECT v4.0 beta (2014) ～イギリス～

asPECT は、道路のライフサイクルにおける二酸化炭素排出量の評価を 3 つのステップで実施する．「プラント」セクションでは，プラントで生産されたアスファルト混合物が詳細に定義され、必要なエネルギーが定義される．「材料」セクションには材料データベースが存在する。「プロジェクト」セクションでは，敷均しおよび締固め，メンテナンスおよび撤去である供用最終段階が定義されている．

リサイクルおよびリサイクル可能なカスタマイズされたアプローチも可能である．ユーザーは，リサイクルの方法やリサイクルの可能性がある方法の割り当てを指定することができる．

より詳細な情報は，以下より入手できる．

http://www.sustainabilityofhighways.org.uk/

asPECT は次の理由で有用である。

・道路のライフサイクル全体をカバーしている．
・CO_2e 排出量の透明性とそれに対応する排出量の物質を追加できる．
・リサイクルされた材料とリサイクル可能な材料を生産者とユーザーの間でバランスよく考慮できる．

asPECT には以下の欠点がある．

・天然骨材中の水分は，実際の含水率の代わって過剰な量が考慮されている．ただし，この超過分のユーザー定義は可能である．
・アスファルト舗装に限定されている．

4) GHGC v4 (2012) ～NAPA, USA～

このツールはアスファルトプラントのアスファルト混合物生産による GHG 排出量を算出する．具体的には，多種多様な可能性のある燃焼物質の消費量と発電量（米国のみ適用可能）に基づいて計算される．

クレジットはプラントベースのバイオ燃料，RAP のようなリサイクル材料，中温化アスファルト技術を使用した混合温度を下げるために計算される．オンラインシートでは，燃料タイプと消費と電力はパラメータとしてのみ入力され，プラントエネルギーの二酸化炭素排出量を推定する．

より詳細な情報は，以下より入手できる．

https://www.asphaltpavement.org/ghgc/GHGC%20v4%20instructions.pdf

GHGC は以下の場合に有意である．

・各種燃料の排出に関する情報の提供

GHGC には以下の欠点がある．

・工場でのエネルギー使用に重点を置いており，異なる混合物を比較することができない．

5) CHANGER v1.0.2.2 (2009) ～International Road Federation (IRF) ～

CHANGER は，道路工事の二酸化炭素排出量を計算することによって，二つの技術の比較や供給スキームの最適化に役立つとされている．使用するツールは非常に簡単で，様々なアスファルト製品が含まれているが，材料を追加することはできない．道路舗装機械の大きな選択肢がある．他のツールと比較して，輸送コスト（CO2e の点で）がかなり高くなる．

データは，建設前の作業，プラントでのエネルギー消費，材料の量，輸送距離および機械の使用の連続したステップで収集される．アスファルトについては，「CHANGER」で 357kg CO_2e / トンの値が固定されており，ユーロでの値の約 2 倍となり，材料の CO_2 値が高くなる．

より詳細な情報は，以下より入手できる．

http://www.irfghg.org/

CHANGER は次の場合に有意である．

・道路建設現場の供給計画と道路建設技術の最適化

CHANGER には以下の欠点がある．

・材料情報などを追加することができないため，柔軟性が欠ける．

・輸送用の二酸化炭素排出量が過大評価されている．

6) SEVE v2.0.0 (2013) ～France～

SEVE は，ECORCE よりも道路の建設に重点を置いている．材料だけでなく，さまざまな建設機械のデータベースも存在する．このツールは，道路建設業者によって使用されるだけでなく，道路管理者によっても使用され，請負業者が道路作業のための最も持続可能なソリューションを実現するように検討するために開発されている．

より詳細な情報は，以下より入手できる．

http://www.usirf.com/les-actions-de-la-profession/developpement-durable/eco-comparateurseve/

SEVE は以下の場合に有意である．

・契約者の視点から複数の実現を比較する．

SEVE には以下の欠点がある．

・他ツールと比較するとユーザーの互換性がない．

・異なる生産計画を導入する場合に柔軟性が欠如している．

7）PALATE　v2.2（2011）～USA～

コンクリートおよびアスファルト舗装の建設段階までのすべてのライフサイクル段階をカバーできる．PALATE は，敷設プロセス中の生産データ（資材と輸送），メンテナンス（idem）および設備で構成されている．現地盤の除去を含む完全な道路構築が考慮されているため，建設プロセスや代替道路設計を比較する場合にはかなり役立つ．

PALATE には，リサイクルされた材料やリサイクルプロセスに関する多くのデータも含まれている．このツールは，GreenRoads 評価ツールにも組み込まれている．

より詳細な情報は，以下より入手できる．

http://www.ce.berkeley.edu/~horvath/palate.html

PALATE は以下の場合に有用である．

・GreenRoads としてプロジェクトの持続可能性評価ツール内に定量的な評価．

SEVE には以下の欠点がある．

・アスファルト混合物や製造プロセスの比較を行うことには向いていない．

8）DUBOCALC　v2.2.2（2014）～Netherlands～

DUBOCALC の構成要素は，特定のライフタイムにわたって環境コストに直接変換される．材料の選択は，オランダで使用される標準的な混合物に限られている．輸送距離とアスファルト成分の選択は変更できない． DUBOCALC は，例えばアスファルトプラントのための材料の輸送手段，アスファルト混合物の設計，特性およびエネルギー消費などを選択できる．ライフサイクル全体は，構築，メンテナンスから寿命末期の処理まで考慮されている．

より詳細な情報は，以下より入手できる．

http://www.rijkswaterstaat.nl/zakelijk/duurzaam/duurzaam_inkopen/duurzaamheid_bij_contracten_en_aanbestedingen/dubocalc/

DUBOCALC は以下の場合に有用である．

・異なる道路構造を評価し，より持続可能な設計のために選択肢を定量化する．

DUBOCALC には以下の欠点がある．

・データを調整または追加する柔軟性がなく,オランダ市場（標準）にのみ焦点を当てている．

9）EKA ～スウェーデン～

EKA は，スウェーデン運輸局によって開発されたアスファルト混合物生産のエネルギーと二酸化炭素を試算するものである．EKA モデルは，適切な機械，製造プロセス，輸送，混合タイプ，バインダータイプ，骨材および添加物の選択の中で，アスファルト混合物の製造および敷設におけるエネルギー消費および二酸化炭素排出量を推定するためのツールである．

データ源には，スウェーデン環境保護庁，Eurobitume，機械供給業者のデータ，およびエネルギー消費に関する材料供給業者の報告書が含まれる．多くの製造プロセスもチェックされて，一定の期間にわたってデータとコストが継続的に記録されている．アスファルト混合物層の耐用年数の推定のための入力データは，スウェーデン輸送局（Swedish Transport Administration）から入手されている．

EKA モデルは以下の場合に有用である．

・再生アスファルトや添加剤を含むアスファルト混合物，中温化および常温混合物の生産に利用できる．

・混合物の耐用年数が分かっている場合に，最小限の環境負荷の混合物を選択する際に使用できる．

EKA モデルには以下の欠点がある.
・未公開である.
・供用およびメンテナンス段階は含まれていない.

10) TAGG Carbon Gauge Calculator tool ～オーストラリア，ニュージーランド～

TAGG Carbon Gauge Calculator tool は，オーストラリアの輸送機関とニュージーランドの輸送機関であるグリーンハウスグループ（TAGG）を通じて開発された.

このツールは道路工事の建設に重点を置いた簡単なスプレッドシートであり、道路工事による建物や植物の解体や撤去，安全柵や騒音壁の設置のような想定される活動を選択することもできる.

舗装の設計フェーズは現状では含まれていないが，運用とメンテナンスは含まれている.

Carbon Gauge Calculator tool は，以下の場合に有用である.
・標準的な選択肢であるため，道路のライフサイクルと関連する活動の全体的な評価をする場合.
・二酸化炭素排出量に最も貢献する道路のライフサイクル内の活動を特定する場合.

Carbon Gauge Calculator tool には以下の欠点がある.
・混合物の入力ができない.
・使用されている CO_2 原単位値は隠されており，変更することができない. 研究目的で作成されているため，ツールが複雑である.

（4）　今後の適用および発展への展望

1) CO_2 原単位について

CO_2 排出量低減量の算出には CO_2 原単位の設定が必要である. この原単位は, 国内では積み上げ法により算出されたものや, 積み上げ法と産業連関法を組み合わせたものが提案されている. これらの数値は様々な条件により異なってくるので，実際の計算には現場条件などを考慮した上で利用すると良い. また，国外での調査においても各国や算定方法によって原単位は大きく異なっていることが示唆されており，国際的にも統一された方法による算出が設定されることが望ましい.

また CO_2 原単位が示されていない新しい素材などを使用する場合,「環境負荷低減ガイドブック」などを参考に，供給メーカーに聞き取り調査などを行い，新たに原単位を設定する必要がある. 新工法に関しては，新たなデータの収集が必要で有り，既存の工法に関しても，データの更新や，より一層のデータの蓄積が必要である.

2) 道路の利用により発生する CO_2 について

ここで紹介した CO_2 排出量低減値は，道路建設から維持管理，廃棄処分に至る社会資本の整備に関する CO_2 排出量を対象に取り上げてきた. ただし 2.4.1 で述べたとおり，道路整備による CO_2 排出量は，国内の総排出量の 2%であるが，それを利用する交通関係の排出量は 16%と大きな比重を占めている.

また，CO_2 排出量低減を試みる技術として. 交通関係の CO_2 排出量を低減する舗装技術（以下，低燃費舗装）の評価が進んできている [27)28)]. この低燃費舗装の CO_2 排出量を評価するためには，ここで紹介した CO_2 排出量低減値の算出方法のように，社会資本の整備（遡及分）に関する CO_2 排出量だけではなく，社会資本の利用（波及分）に関する CO_2 排出量の算定が必要となってくる.

一方，ある路線の道路建設は，周囲の路線の交通需要の増大（あるいは減少）をもたらし，周辺地域全体の平均旅行速度に影響を与えることで，CO_2 排出量に影響を与える可能性がある. このように道路を利用することにより排出される CO_2 排出量を検討する場合には，ネットワークレベルで検討することが重要となる．このような課題に対しての検討事例はまだ少ないため，適切な CO_2 排出量を算出するためには一層の情報収集と検討が必要であると考えられる．

2.2.8 水質汚濁

2.2.8.1 概要 [1)29)]

水質汚濁とは，きれいな水に異物が混入して，本来の状態から変化する状態を言う．水質汚濁の内容としては，有機汚濁，有害物質による汚染，富栄養化，無機懸濁物質による濁度の増加の 4 種類がある．

水質汚濁は，明治時代の足尾銅山事件をはじめに，1960 年代にイタイイタイ病，水俣病，第二水俣病など深刻な健康被害をもたらす公害病が多発した．また，同時期は，生活水準向上から生活排水が不十分な処理のまま放流され，多くの河川や湖沼が高濃度の BOD 成分により汚染され，生態系の破綻による魚類等の絶滅，生産性の衰退など被害が激化した．そのようなことを背景に，水質汚濁防止法が 1970 年に制定され，河川の BOD や海域の COD の数値は徐々に改善されていった．現在では，工場や事業所からの排水規制が進んでおり，生活排水と産業排水の比率では，約 70%が生活排水である．

2.2.8.2 水質汚濁の評価手法

(1) 水質汚濁防止法における規制

水質汚濁防止法では，特定施設を有する事業場（以下，特定事業場）から排出される水について，排水基準以下の濃度で排水することを義務づけている．排水基準により規定される物質は大きく２つに分類されており，ひとつは人の健康に係る被害を生ずる恐れのある物質（以下，有害物資）を含む排水に係る項目（以下，健康項目），もうひとつは水の汚染状態を示す項目（以下，生活環境項目）である．健康項目については 27 項目の基準が設定されており，有害物質を排出するすべての特定事業場に基準が適用される．生活環境項目については，15 項目の基準が設定されており，1 日の平均的な排水量が 50 m^3 以上の特定事業場に基準が適用される．道路関連施設では，生コンクリートプラントなどが該当する．

(2) 公共用水域における規制

環境基本法（平成 5 年法律第 91 号）第 16 条による公共用水域の水質汚濁に係る環境上の条件につき人の健康を保護し及び生活環境を保全するうえで維持することが望ましい基準と測定方法が定められている．

表-2.8.1　人の健康の保護に関する環境基準と測定方法の例 [28)] より抜粋

項目	基準値	測定方法
カドミウム	0.003mg／L 以下	日本工業規格K0102（以下「規格」という。）55.2、55.3又は55.4に定める方法
全シアン	検出されないこと。	規格38.1.2及び38.2に定める方法、規格38.1.2及び38.3に定める方法又は規格38.1.2及び38.5に定める方法
鉛	0.01mg／L 以下	規格54に定める方法
六価クロム	0.05mg／L 以下	規格65.2に定める方法（ただし、規格65.2.6に定める方法により汽水又は海水を測定する場合にあつては、日本工業規格K0170-7の7のa)又はb)に定める操作を行うものとする。）

（出典：環境省 人の健康の保護に関する環境基準, http://www.env.go.jp/kijun/mizu.html）

（最終アクセス日 2023 年 5 月 31 日）

人の健康の保護に関する環境基準に関する基準値の測定方法の一例を表-2.8.1 示す．環境省 HP には 27 項目の基準と測定方法が示されている．

(3) 舗装技術に対する水質汚濁測定方法

道路路面には，自動車の排ガス成分やタイヤの摩耗屑等が堆積している．これらに雨が降り，初期に流出する雨水（ファーストフラッシュ）では水質が悪化している場合もあることが確認されている．なお，ファーストフラッシュには，道路路面だけではなく，管渠内に堆積した汚染物質の影響も大きい．

汚染物質の流出は，路面排水を地下に浸透させることにより，50～90%削減されるという報告事例もある[29]．路面排水を浸透させる舗装技術としては，透水性舗装，緑化舗装，土系舗装，浸透トレンチ等の浸透施設を設置した舗装等が挙げられる．これらの舗装から流出した雨水や浸透した水を採取し，有害物質量を測定してその優位性を測定する方法が考えられる．世界的には多くの研究事例が存在するが，環境性能を測定する手法としてはいまだに標準的に確立されたものはない．

2.2.8.3 今後の発展への展望

水質汚濁は，環境問題で非常に重要な課題である．道路舗装はファーストフラッシュで環境基準を上回ることがあるが，定常時には大きな問題にならないことが確認されている．しかし，大気汚染物質や他由来の汚染物質が道路上に堆積し，雨水を浸透させる舗装技術等によって，水質汚濁を低減させる効果を持てる可能性はある．それらを適切に評価できるならば，舗装の環境性能を評価する有意な項目の一つになりうる．浸透した雨水の水質を調査する研究は多く実施されているので，それらの結果を整理して，有意な項目になり得るか検討する必要がある．

2.2.9 洪水抑制

近年，大気の状態が不安定になっている影響で，平成 17 年 9 月に東京都杉並区では降雨強度 112.0mm/h の局地的豪雨に見舞われ，道路が冠水するなどの被害が発生した．また，その他の地域でも，近年，局地的な豪雨に襲われ，河川の氾濫や道路の冠水，床上浸水などが相次いで発生している．

都市部では，コンクリート建造物やアスファルト舗装などにより地表面が被覆されているため，大雨が降った際に地中に雨水が浸透せず，排水能力を超えた雨水が下水道から河川へ流れ込み雨水が溢れて水害を起こす，いわゆる「都市型水害」が発生する．このような雨水流出抑制の対策の一つに「透水性舗装」があげられる．そこで本節では洪水抑制の性能評価手法について調べた結果を国内外の文献や事例で紹介する．

2.2.9.1　日本における評価手法

日本の洪水抑制の性能評価手法としては, 2004 年に施行された「特定都市河川浸水被害対策法」に対応するために土木研究所が透水性舗装における「流出雨水量」の求め方を示した [30]．

同法では，指定地域の道路新設工事のような開発行為を行う場合は，当該地域の 10 年確率降雨強度の 24 時間中央集中型降雨波形を対象とした降雨に対し，定められた雨水流出抑制効果を満足する必要がある．雨水流出抑制性能は，**図-2.9.1** に示すように降雨波形（ハイエトグラフ）の最大降雨量に対する流出雨水量波形（ハイドログラフ）の最大流出雨水量の比の値で示される．

日本道路協会では，舗装性能評価法別冊に最大降雨量と最大雨水流出量の比を「最大流出量比」と定めた [27]．その後，いくつかの文献で修正や加筆されている [例えば31)〜33)]．

写真-2.9.1　2003 年福岡市内洪水状況 [34]

（出典：国土交通省 HP,

https://www.mlit.go.jp/river/pamphlet_jirei/kasen/gaiyou/panf/tokutei/pdf/1-2.pdf）

(最終閲覧日 2023 年 5 月 31 日)

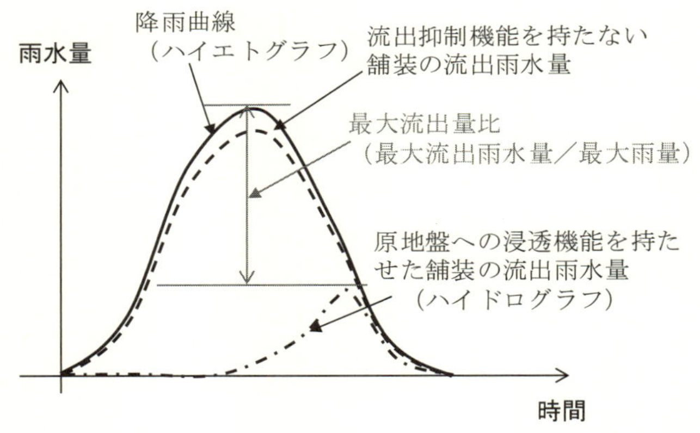

図-2.9.1　ハイエトグラフ，ハイドログラフおよび最大流出量比の概念 (出典元 [30]を改変)

2.2.9.2　海外における評価手法

海外で実施されている洪水抑制の性能評価については，透水性舗装は施工されているものの，その性能評価の事例は少ない．その中でも，性能評価が実施されている事例があるので紹介する．**図-2.9.2**に示すような高速道路の路肩に透水性舗装を施工し，その舗装の浸透性能の評価およびシミュレーション解析を実施し，舗装厚の設計を行っている[36]．

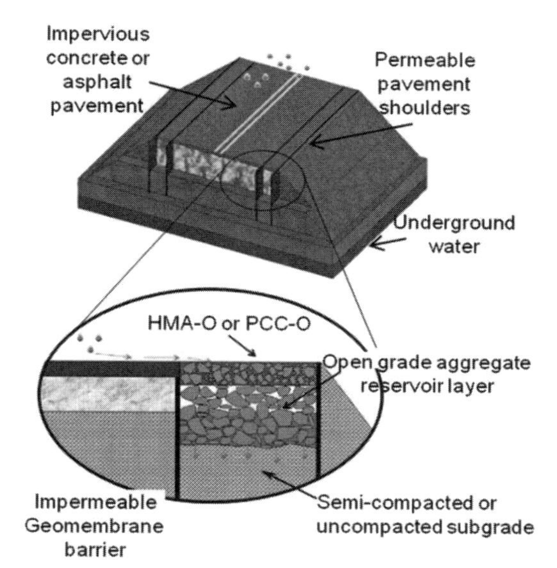

図-2.9.2　透水性舗装構造図

（出典：Lin Chai, Masoud Kayhanian, Brandon Givens, John T. Harvey and David Jones; Hydraulic Performance of Fully Permeable Highway Shoulder for Storm Water Runoff Management, 2012.）[35]

シミュレーションを行なうために使われる手順を**図-2.9.3**に示す．

ほとんどの入力データがこのシミュレーションで必要とされ，その幾つかは実験で得られた．これらの入力データは幾何学的な要素，雨量データ，飽和した水の浸透能力と下に記述された Van Genuchten モデル定数を含む．いくつかの仮定がシミュレーションで同じく行なわれている．

・　従来の交通車線が不浸透性である（ICPI 2006[36]； PCA 2007[37]）．貯留量を計算するために使われる雨の量は，不透水層と透水性の路肩に降る全体の雨量に基づいていた．
・　雨水は路盤を垂直に浸透する（すなわち，横流れしない）．改良された路肩の両側の不透水性被覆面も含め，これは仮定された．水を水平と垂直に流れさせることがこの舗装構造でさらなる水分保持を与えるという点で，この仮定は保守性を加える．
・　溢流発生箇所と浸透箇所の間の水の移動時間は無視された．溢流水移動のための時間が浸透時間と比較して小さいとすれば，これは合理的な仮定である．
・　地下水位は舗装体の下にあると考えられ，舗装への浸透層を妨げない．より厚い貯留層が地下水位の高いところでは必要であろう．（Yuan 他　2007[38]）
・　透水性舗装の材料の初期の含水量はその最小値 θr に近い．

シミュレーションに先立ち，各材料の透水試験および水分保持特性試験を行っている．

以上のような検討結果から，以下のような知見が得られている．

1)　当該舗装は，高速道路の表面排水を取り込む方法と最良の管理方法である．
2)　より多い雨量の方が厚い路盤層を必要とする．そして，雨量が多いと予想される地域の必要な最小路盤厚は，中間の雨量の地域で必要な厚さの 50%ほど厚くなる．
3)　路盤の飽和した水の浸透能力は，当該舗装の設計において最も重要な要因であり，この舗装がどこに適用することが可能かを示すものである．透水係数が 10^{-5}cm/s より低い土の場合は非実用的な層を必要とする．

4) ほとんどの例で，2〜4 車線までの増加が，路盤の厚さを増加させる必要がある．この結果から，雨量の多い地域でより層厚が大きくなることは明らかである．

5) 路盤の強度特性と幾何学的な要素と比較する時，α と n の van Genuchten のモデルパラメータの影響は重要ではない．また，路盤の締固め度の相違は，路盤の強度特性と飽和した土の水分量の程度より同じくそれほど重要ではない．

6) 各層（路盤を含めて）の最初の水の含有量は，路盤層の厚さの計算において考慮しなければならない．この計算を失敗すると，雨季，あるいは長時間の降雨の後に溢流を生じる可能性がある．

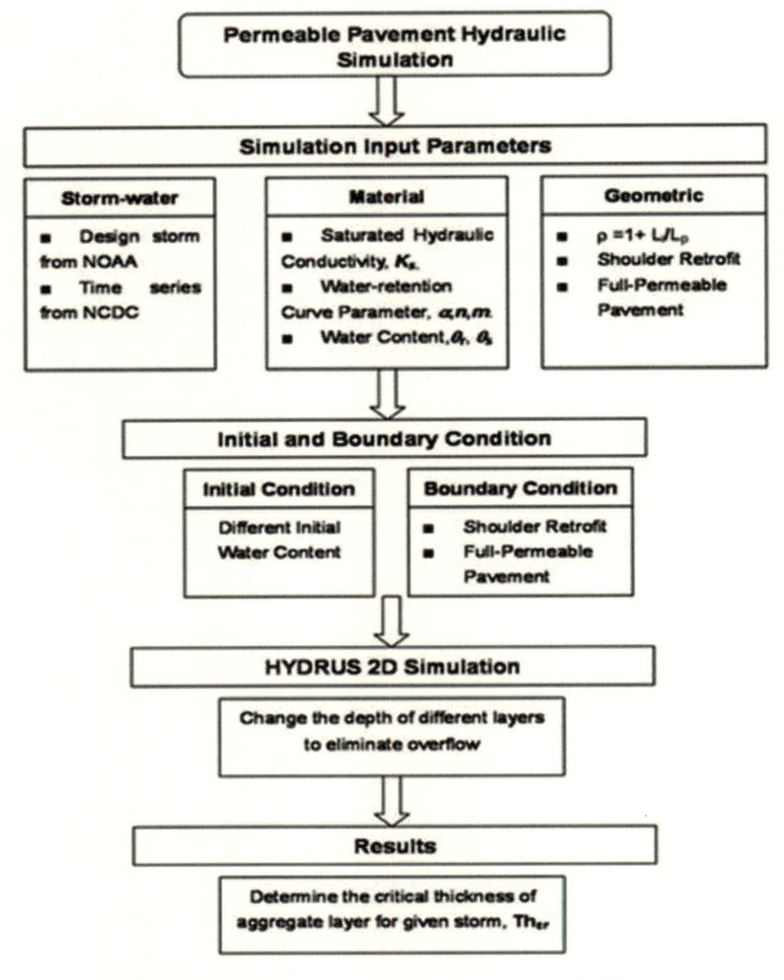

図-2.9.3 シミュレーションの手順 [38)]

（出典：Lin Chai, Masoud Kayhanian, Brandon Givens, John T. Harvey and David Jones; Hydraulic Performance of Fully Permeable Highway Shoulder for Storm Water Runoff Management, 2012.）

7) 当該舗装の設計は，溢流の可能性がある場合，24h のシミュレーションではなく，最低 1 年のシミュレーションに基づくべきである．表層と路盤の空隙量は，実際の豪雨の事象に必要な浸透能力と構造的な支持力の間のバランスを保証するように設計する必要がある．高い空隙量が，浸透能力には望ましいが，交通荷重により舗装の寿命を短くすることになる．

8) 当該舗装は，浸透能力の急激な低下により，その性能を失う可能性があるため，空隙の維持管理（すなわち，定期的な掃除）が必要である．

9) 実用的な面でも，シミュレーションは実際の交通荷重および交通条件の下で実施し，さらに舗装厚と構造的な安全性を確かめるために事前調査を行なうことが望ましい．

2.2.10 地下水涵養

2.2.10.1　概要

地下水涵養とは，降雨や河川水などが地下に浸透して帯水層（飽和層）に水が供給されることをいう．

近年は，市街化の進行に伴い，涵養機能の高い農地・林地・空き地などが減少し，地表面が人工構造物で覆われることにより，雨水などの浸透が阻害され，地下水涵養機能が低下しつつある．この結果，地下水の塩水化，河川の洪水などの被害が発生しやすくなっている．

地下水を人工的に涵養する方法としては，溜池や水田などの底面から地下に浸透させる方法（拡水法），井戸から地下帯水層に涵養する方法（井戸法）がある．道路としては，拡水法の一種となる透水性舗装・浸透トレンチ（みぞ）、緑化ブロックや井戸法の一種となる浸透ますなどの方法があり，普及が図られている．

地下水涵養による効果としては，1）道路冠水・家屋の浸水・河川洪水の防止，2）地盤沈下の防止，3）地下水塩水化の防止，4）地下水資源の確保，湧水やせせらぎの復活など自然環境の機能回復のほか，5）地中温度の上昇（ヒートアイランド現象）の緩和対策としても期待されている．

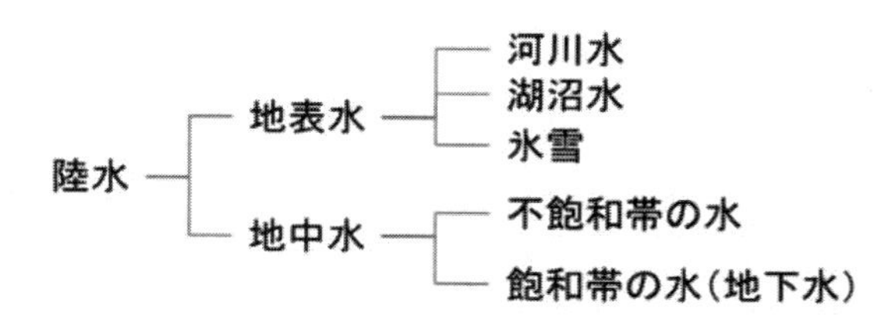

図-2.10.1　陸水の分類

2.2.10.2　現存する評価方法

地下水の涵養量を把握するためには，関係する水の移動を全て把握する必要がある．陸水は図-2.10.1 に示すように，地表水と地中水に分かれる．また，地中水は地下水である飽和帯の水と地表と飽和帯の間にある不飽和帯の水に分かれる．不飽和帯の水循環を把握することで，地下水涵養量が求められることになる．図-2.10.2 に不飽和帯の水循環を示す．このとき，不飽和帯の水収支は，

$$P=E+R_f+R_i+IG+\Delta S_u \quad \text{(式 2.7)}$$

となり，飽和帯の水収支は，

$$IG=R_g+ID+\Delta S_s \quad \text{(式 2.8)}$$

となる．一般に，R_i と ID は考慮しなくてもいい場合が多いので，

$$P=E+R_f+IG+\Delta S_u \quad \text{(式 2.9)}$$

$$IG=R_g+\Delta S_s \quad \text{(式 2.10)}$$

となる．式 2-2 および式 2-4 いずれにおいても地下水涵養量 IG が求められる．しかし，実際には R_g，ΔS_s の計測は，まだ技術的に難しい面もあるので，地下水涵養量は式 2-3 に従って求めるのが現実的である．従って，地下水涵養量を求めるには，降雨量，表面流出量，蒸発散量，土壌水分貯留量それぞれを求め，差し引きすることになる．また，雨水の集水面積に応じた浸透施設を設置した場合，推定涵養量の算出方法としては施設毎の係数を利用して算出する方法もある．

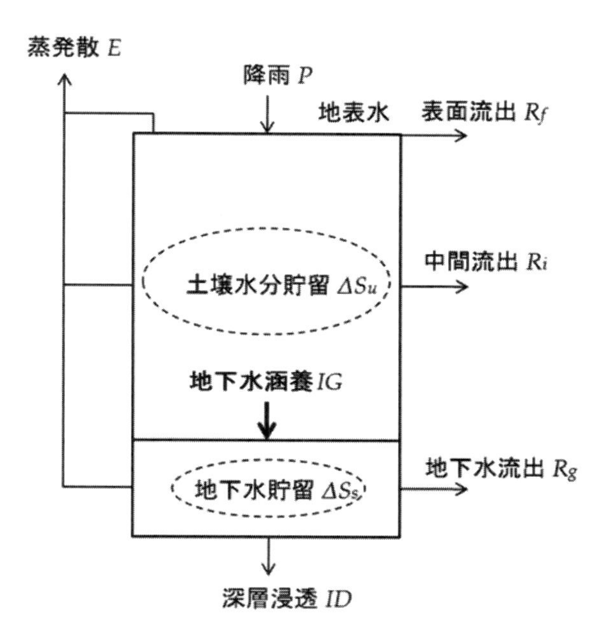

図-2.10.2　不飽和帯の水循環 [39)]

例）

涵養量＝（有効降雨量又は年間平均降水量）×集水面積×係数

＜施設毎の係数＞

施　　設		係　　数
雨水浸透ます	住宅用	０．９
	ビニールハウス	０．９５
雨水浸透トレンチ 浸透側溝 浸透型調整池		０．６５
透水性舗装 緑化ブロック		０．７

舗装の場合，上記を参考に考えていくことになるが，地下水面までの土壌水分貯留量を舗装の調査として求めることは通常は困難であり，地下水涵養量そのものを評価することは難しいものと考えられる．そこで，雨水と浸透能力に関して，評価したい内容により評価項目を変えるなどの検討が必要になる．例えば，以下のようなことが考えられる．

1) 道路冠水・家屋の浸水・河川洪水の防止を評価する場合は，最大流出量比を用いる
2) 地下水塩水化や地下水資源の確保などを評価する場合は，水の浸透能力に関する項目を評価する．例えば，路面の面積（透水性を有する部分）と路床透水係数，排水管があり排水が全て浸透する構造の場合の排水量などを用いて評価する．

これらの計算方法あるいは試験方法などは，文献[39]に紹介されている．

2.2.10.3　今後の適用および発展への展望

地下水涵養は，高度成長期に多数の工場が地下水を多量に利用したことによる地盤沈下が社会問題となったことから，注目を浴びた．しかし，現在では地下水利用に対する法整備がされ，地盤沈下問題はあまりみられなくなっている．

近年では，水の安全意識の高まりや非常時への対応など，より適正に地下水資源を利用していく機運が高まっている．熊本県[40]や山梨県，熊本市，安曇野市など多くの自治体で，地下水涵養のための条例が制定されたり，地下水総合保全管理計画等を策定し新事業が開始されたりしている．道路による積極的な貢献も考えられるため，浸透能力の評価方法の整備が必要である．

2.2.11　省資源・省エネルギー

2.2.11.1　省資源・省エネルギー舗装の概要

わが国ではオイルショックを契機に省資源・省エネルギーが強く認識され，それまでの資源エネルギー多消費型の産業構造から，省資源・省エネルギー型への変換を余儀なくされ，着実な対策が図られてきた．しかし，近年では，二酸化炭素による地球温暖化に関して環境保護の面から，省資源・省エネルギーを進めることが国際的にも求められている．

その中で，舗装技術は，道路利用者や地域住民の生活と密接に関連し，環境の調和を図りながら多様化・高度化するニーズに積極的に対応してきた．しかしながら，環境が人類共有の資産として認識されてきていることから，これまで以上に環境を保全しさらに良好な環境を創造する舗装技術が求められている．

この舗装技術としての地球環境，自然環境の保全に寄与する舗装の省資源・省エネルギー対策として，発生材の抑制やリサイクルの促進，及び省エネ型材料・工法の採用等が考えられる．

ここで，省資源舗装とは，限りある資源をできるだけ有効に活用して資源枯渇を防ぐため，舗装の資材となる天然資源の採取量を減らす，あるいは通常では廃棄する材料を有効活用し，天然資源の保全に役立つ舗装である．その評価として，使用する材料の数量と重量に換算して数量の大小で評価する方法などがある．

そして，省エネルギー舗装とは，従来の工法と比較して建設工事のエネルギー消費が少ないもの，といった相対的な比較によって判断されるものである．その評価法として，使用材料のエネルギー原単位，材料運搬，施工機械の運搬及び施工に要するエネルギーなどに分けて，エネルギー消費量として算出する方法などがある．省資源舗装や省エネルギー舗装の選択に当たっては，従来からのライフサイクルコストの他にライフサイクルアセスメントによる環境面での評価も重要になってきている．

本節では，省資源・省エネルギー舗装について，代表的な技術について以下に述べる．

2.2.11.2　舗装の再生技術

(1)　舗装の再生技術に関する概要

建設工事の全般で共通して言えることであるが，材料費の占める割合が70%程度と圧倒的に大きいため，材料を再生利用する再生舗装は省資源・省エネルギーとして非常に優れている．

舗装の再生技術には，プラント再生舗装工法，路上表層再生工法，及び路上路盤再生工法の3つの工法があり，概要を以下に示す．

①プラント再生舗装工法

舗装の補修工事で発生する舗装発生材などを再生して舗装に使用する工法のうち，適度に品質等を管理することができる常設の再生混合所を利用して，表・基層用アスファルト混合物あるいは路盤材料として再生利用を図る工法のこと．

②路上表層再生工法

路面性状や既設表層混合物の品質の改善を目的とし，路上において既設アスファルト混合物層を加熱，かきほぐし，混合（撹拌），敷均し，締固めなどの作業を連続的に行い，新しい表層として再生する工法である．一般的に2種類の施工方式があり，リミックス方式は，既設表層混合物の粒度やアスファルト量，旧アスファルトの針入度などを総合的に改善するものである．リペーブ方式は，既設表層混合物の品質を改善する必要のない場合または軽微な改善の場合に適用される．

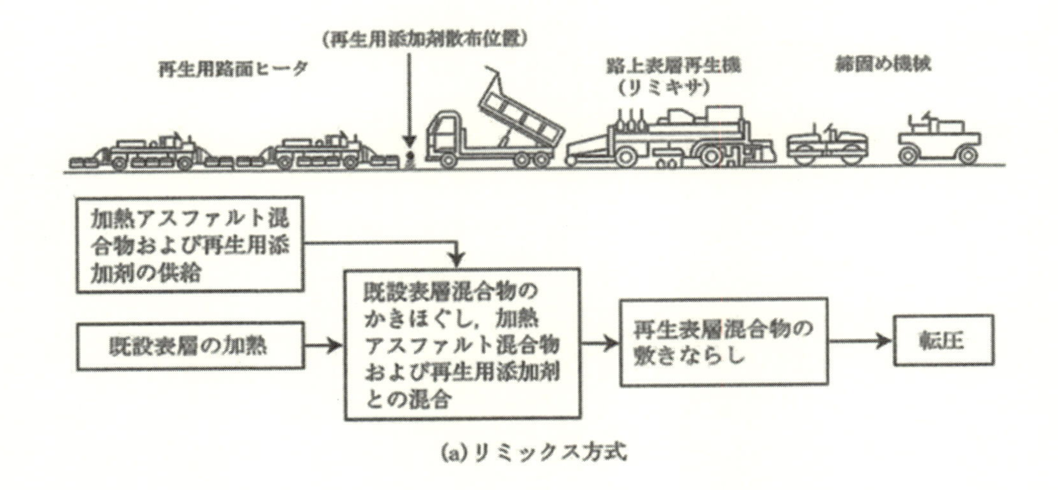

(a) リミックス方式

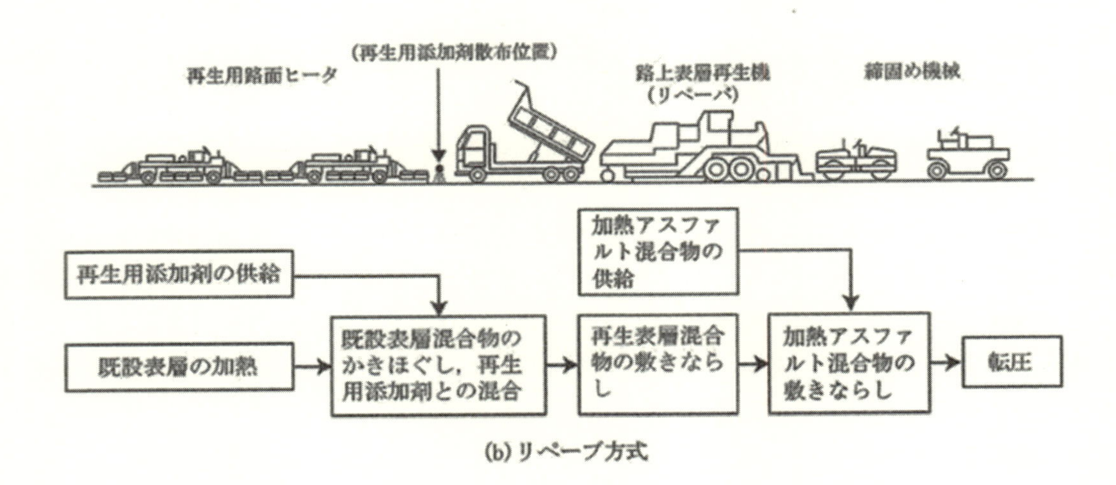

(b) リペーブ方式

図－2.11.1 路上表層再生工法の作業工程と機械編成の例[41)]
（出典：社団法人日本道路協会 舗装再生便覧（令和 6 年版 p117）を基に改変）

③路上路盤再生工法

路上において既設アスファルト混合物層を現位置で破砕し，同時にセメントや瀝青系材料（石油アスファルト乳剤またはフォームドアスファルト）などの安定剤と既設路盤材料とともに混合，転圧して新たに路盤を構築する工法，または，既設アスファルト混合物層の一部またはすべてを取り除き，既設路盤材に安定材を添加して新たに路盤を構築する工法のこと．既設舗装を再利用するため，舗装発生材料が少なく，発生材などの運搬量も少ないことから施工時の CO_2 排出量抑制が期待される．

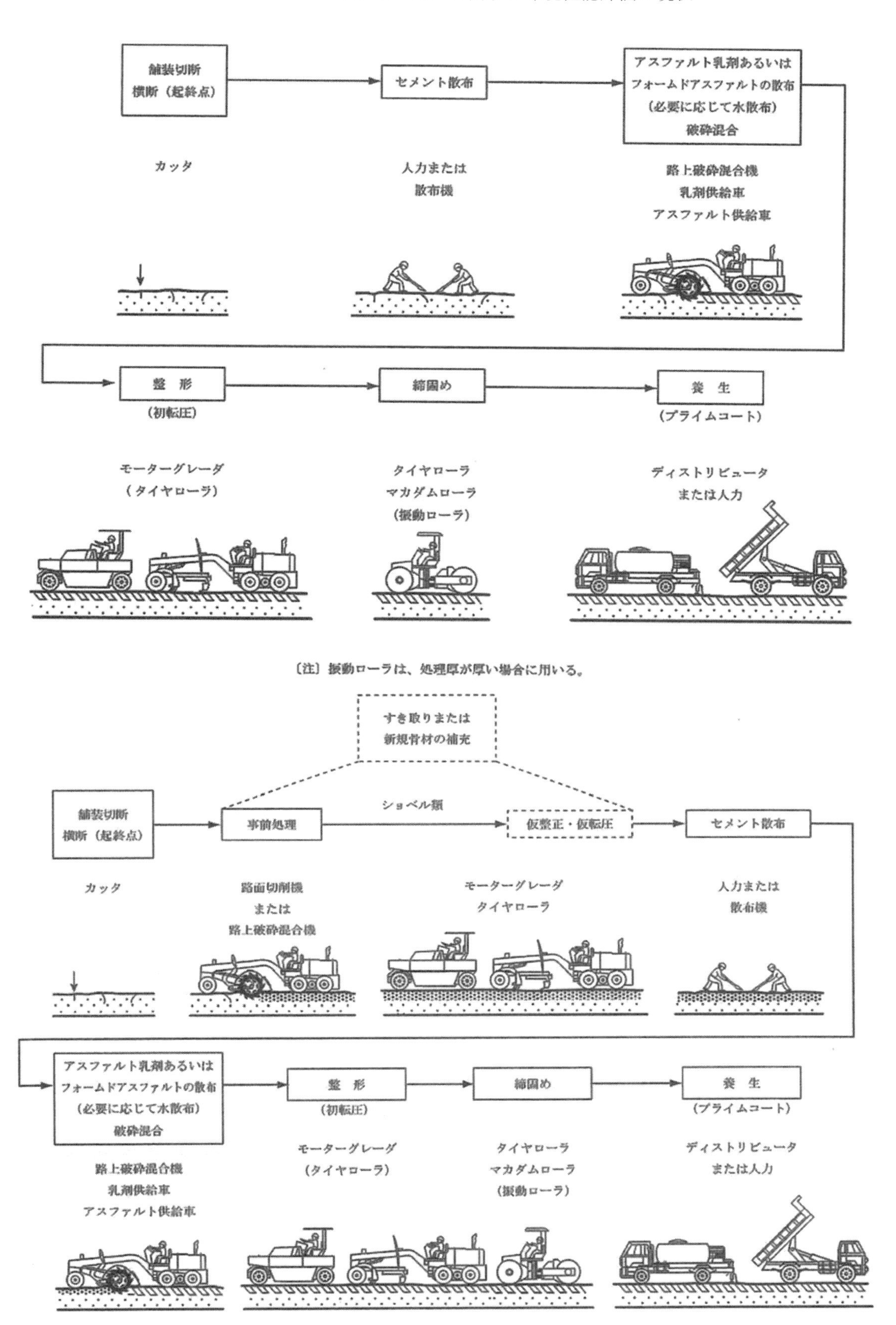

図－2. 11. 2　路上路盤再生工法の作業工程と機械編成の例 [41)]

（出典：社団法人日本道路協会　舗装再生便覧（令和６年版 p94, p97）を基に改変）

(2)　舗装の再生率に関する評価項目

舗装の再生技術の評価としては，資源効率や環境効率といった効率で評価する方法と，資源保全量で評価する方法，リサイクル率で評価する方法などがある．

(3)　舗装の再生技術に関する評価手法

1）資源効率・環境効率

資源効率（または資源生産性）とは，必要なサービス（あるいは価値，便益）を得るために，製造から廃棄，リサイクルに至るライフサイクルすべてに投入される資源やエネルギーの利用効率をいい，環境面から見た効率が環境効率である．持続可能な社会構築を目指すためには，資源効率，環境効率の双方を高めることが必要とされており，それぞれ下記の式で表される．

資源効率＝価値／資源投入量　(式 2.11)

効率＝価値／環境負荷量　(式 2.12)

これらは数値が大きいほど効率が良いことを示し，どちらも 4 以上とする主張（ファクター4）や 10 以上とすべきという主張（ファクター10）などがある[42)]．

2）資源保全量

資源保全量は，比較対象とした舗装種と比べてどれだけ天然資源の消費を抑制したかで評価する．その際，比較対象は評価する範囲などの条件を合わせるようにする．評価期間を設定する場合，評価期間あたりでの資源保全量を求める．期間の検討が不要な場合は，施工までの消費量で評価し，維持修繕などの消費量は省略してよい．さらに，天然資材の種類によっては存在量が異なり保全の効果も異なると考えられるため，評価にあたっては同じ天然資源同士を比較するようにする．資源保全量と評価期間の関係は，次式で求められる．

（資源保全量）／（評価期間 T）＝{（比較舗装の維持修繕を含めた当該天然資源消費量）－（求めたい舗装の維持修繕を含めた当該天然資源消費量）}／（評価期間 T）

(式 2.13)

3）リサイクル率

舗装発生材について，現状ではほぼ全てがリユースまたはリサイクルされており，リユース率やリサイクル率といった指標での評価が有効な場合が多い．またし，リユース，リサイクルの順に高い評価を行うため，リユース/リサイクル率を算出することも目安となると考えられる．

（リユース率）＝（リユース量）／（全廃棄物量）　(式 2.14)

（リサイクル率）＝（リサイクル量）／（全廃棄物量）　(式 2.15)

4）我が国の現状の舗装材料のリサイクル性について

平成 12 年に循環型社会形成推進基本法が制定され，①リデュース，②リユース，③リサイクル，④熱回収，⑤適正処分の順で廃棄物処理およびリサイクルが行われるべきと考えられている．特に，3R と呼ばれるリデュース，リユース，リサイクルについては，舗装のサービス水準を確保しつつ，省資源，省エネルギー対策に貢献できる技術である．
現在，我が国で使用されている舗装材料においては，特にリユースおよびリサイクル率が非常に高く，例えばアスファルト・コンクリート塊の再資源化率は平成24年度の調査で99.5%を確保している．よって，現状の舗装技術の水準においても，現在使用している舗装材料および技術は，十分にリサイクル性が高く，リサイクルしやすい材料を一般的に使用しているということが言える．

(4)　舗装の再生技術に関する現状と課題

再生を繰り返した混合を再生利用する場合，旧アスファルトの性状によって再生利用できない場合がある．このため，旧アスファルトの性状の評価に当たっては従来の針入度にかわり圧裂係数による方法が示されてはいるが，なかなか普及せずに路盤材への利用としているのが現状である．今後，再生，再々生舗装からの発生材増加や改質アスファルトの種類も多様化していることから，これらをアスファルト混合物に再生利用する手法が望まれる．また，ポーラスアスファルト混合物も同様に再生の検討がされているもののなかなか困難とされているため，こちらの再生に関する手法の確立も望まれる．

2.2.11.3　長寿命化舗装

(1)　長寿命化舗装の概要

長寿命化舗装とは，舗装の耐久性を高め，従来の舗装よりも設計期間を長期にとることによって，初期の建設費は高くても維持管理費を軽減し，かつこれらの工事に伴う発生材の削減，工事渋滞の軽減を目的とした舗装のことをいう．

長寿命化舗装の実現に向けては，構造面や材料面からのアプローチが必要であり，具体的には以下の3方法で検討されている．また，以下の方法に追加して舗装を適切な時期にメンテナンスすることにより，延命化することが重要となる．

1) 従来の設計法の延長による設計期間の長期化

アスファルト舗装の構造設計においては，必要とされる舗装厚さ（T_A）を次式によって求めている．

$$T_A=\frac{3.84N^{0.16}}{CBR^{0.3}} \qquad (式2.16)$$

ここでNは設計期間（n年）における累積49kN換算輪数であり，通常n＝10とするが，長寿命化舗装では10年を超える設計期間を設定し，その間の交通量を見積もることで舗装構造の強化を図る．この設計期間について，「舗装設計施工指針（平成18年版）（社団法人日本道路協会）」では例として，i）主要幹線道路における高速自動車国道は40年，国道は20年，ii）トンネル内舗装20～40年，iii）交通量の多い交差点部や都市部の幹線道路は20年以上とした目安を示している．

2) コンポジット舗装による基層以下の長寿命化

コンポジット舗装とは，表層（場合によっては基層を含む）にアスファルト混合物を用い，下層にセメント系の版（普通コンクリート版，連続鉄筋コンクリート版，転圧コンクリート版や半たわみ性混合物）を用いる舗装である．コンポジット舗装では，構造的な耐荷力はセメント系の版が受け持ち，アスファルト混合物層は主として走行性等の表面機能が期待されている．ここで，アスファルト混合物層は機能層として位置づけられているため機能が低下すれば補修の対象となるが，下層のセメント系の版はアスファルト舗装と比べて耐荷性が高く，長期の耐久性を期待できる．このため，基層以下は半永久的な耐荷力を持つ構造物として考えられており，補修はアスファルト混合物層のみと工事が比較的容易なことと考え合わせ，長寿命化舗装とみなされている．

3）新材料の開発による長寿命化

より高品位な改質アスファルト等の新材料の開発により，耐水性，耐流動性，摩耗抵抗性，骨材飛散抵抗性，耐疲労抵抗性やたわみ追従性等の舗装の耐久性を高め，長寿命化を図る．また，施工性改善型改質アスファルト等の適用により，現場でアスファルト混合物の品質を向上させることも長寿命化につながる．

（2）　長寿命化舗装の評価項目

長寿命化舗装の評価は，省資源・省エネルギーの観点からの評価事例は少なく，主にLCCの観点から評価が行われている．

ただ，一般社団法人日本道路建設業協会のアスファルト舗装部会では，長寿命化舗装に関する検討の一環として，舗装構造と設計期間を種々変化させてエネルギーを試算し，設計期間を10年から20年にしてもエネルギー消費量はほとんど変わらず，長寿命化舗装は省エネルギーに対してきわめて有効と評価した事例がある[43]．

（3）　長寿命化舗装の評価手法

コンポジット舗装のLCCの評価は，中部地方整備局が行った事例がある[44]．この事例によれば，コンポジット舗装の初期コストは若干高くなっているが，工事費・維持費をみると35年後には通常舗装の1/2程度となっている．

また，東京都では現行の舗装に比べて長期間にわたって補修工事が不必要な高耐久舗装を長期供用舗装（Long-term Service Pavements (LSP)）と呼び，**図－2. 11. 3**に示す断面にて解析区間を往復4車線道路のセンター側2車線1 km区間，ライフサイクルコスト解析期間40年とし，大規模工事の形態を2車線2工区同時，2車線2分割，1車線2分割，1車線4分割として解析を行っている．結果を**図－2. 11. 4**に示すが，①現行夜間工事では施工能率が著しく悪く，直接工事費が連続規制の2倍と割高となっている，②もっとも合理的な施工形態はトータルコストが最小の1車線2分割施工であり，現行の夜間工事に比べて約20%以上のコスト縮減が図られる，③大規模工事により工事日数を約80%，工事時間を約70%，施工継ぎ目を約70%削減し，路盤強化及び剛性の大きい基層の採用による振動軽減効果も期待できて多くのメリットがある，という評価をしている事例がある[45]．

現行70型	LSP①	LSP②	LSP③	LSP④	LSP⑤
5cm低騒音舗装	5cm低騒音舗装	5cm低騒音舗装	5cm低騒音舗装	5cm低騒音舗装	5cm低騒音舗装
30cm粗粒度改質II型混合物	25cm連続鉄筋コンクリート版（CRCP）	25cmローラー転圧コンクリート版（RCCP）	5cm高粘度改質	15cm高粘度（改質II型）半たわみ性舗装	15cm大粒径改質II型混合物
15cm粒度調整砕石	40cmセメント安定処理（路上再生）路盤	40cmセメント安定処理（路上再生）路盤	30cmプレキャストRC版	20cm高強度セメント処理混合物	20cmアスファルト安定処理
20cmクラッシャラン			30cmセメント安定処理（路上再生）路盤	30cmセメント安定処理（路上再生）路盤	30cmセメント安定処理（路上再生）路盤

図－2. 11. 3　現行舗装と長期供用可能な舗装形式の例（D交通，CBR3）[45]

（出典：関口幹夫ら，3-2 長寿命舗装，土木学会誌，vol.83-3，pp.23-24，1998.3.）

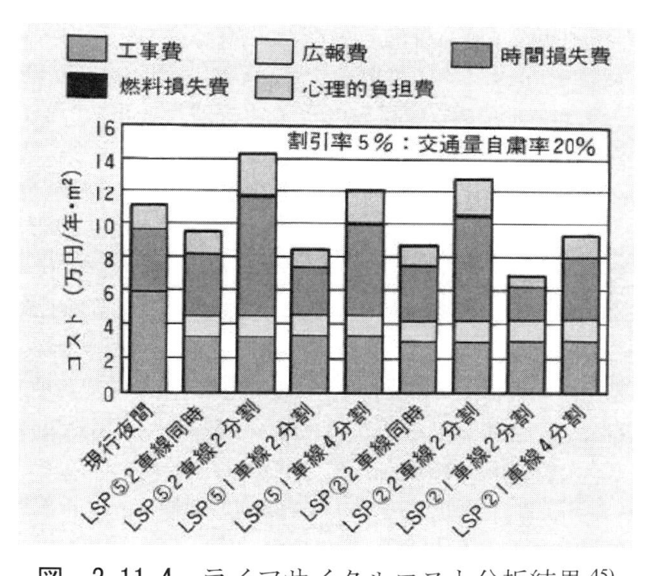

図－2.11.4　ライフサイクルコスト分析結果[45)]

（出典：関口幹夫ら，3-2長寿命舗装，土木学会誌，vol.83-3，pp.23-24，1998.3.）

(4)　長寿命化舗装の課題

長寿命化舗装ついては，実道において寿命の確認や舗装内部の詳細調査により破損状況の把握が現在も行われている．それらを踏まえて，今後は新たな設計方法の確立や新材料・混合物の開発を行い，長寿命化舗装の設計法や適用方針の確立が望まれる．

2.2.11.4　他産業再生資材の利用

(1) 他産業再生資材の概要

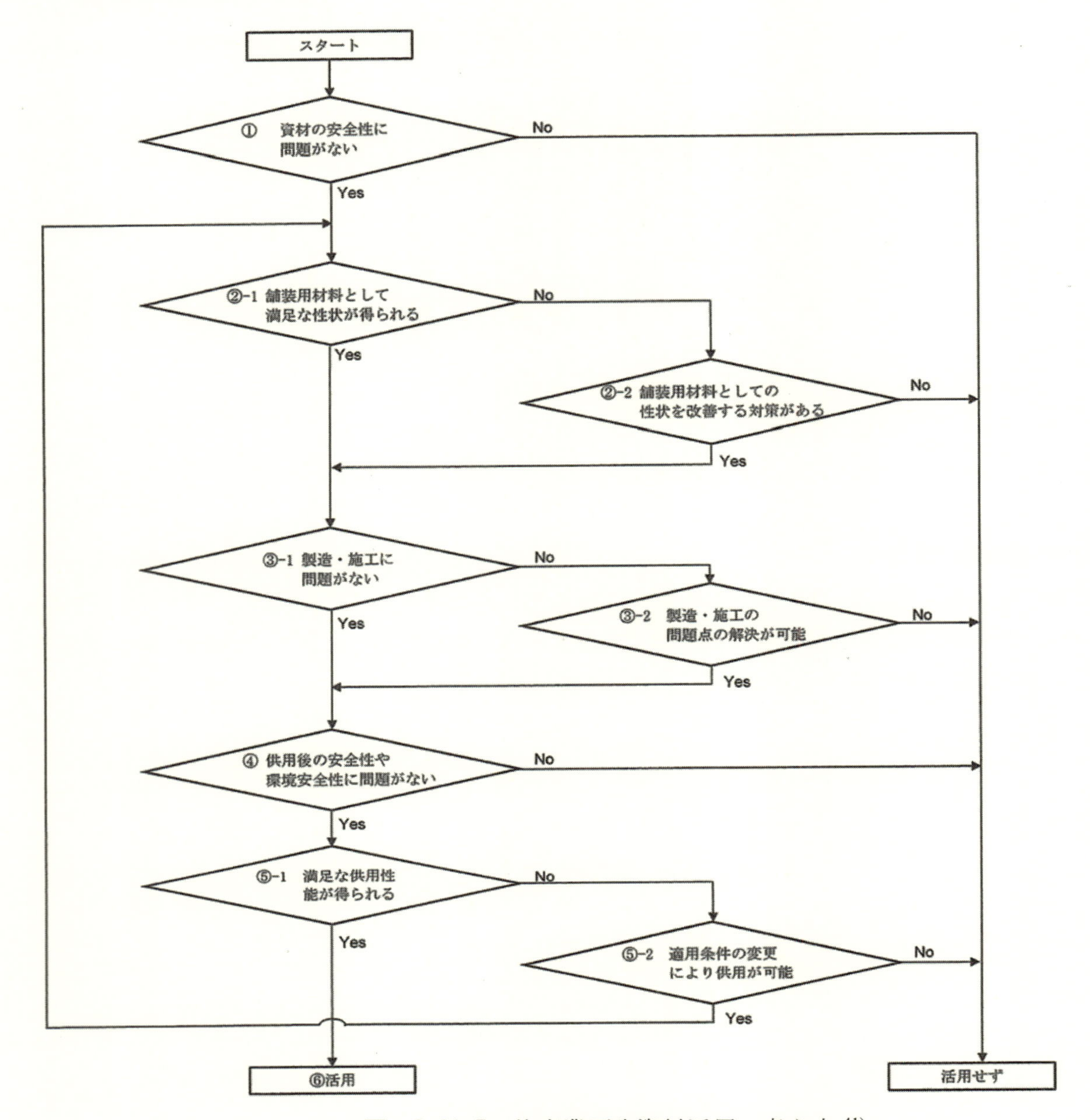

図－2.11.5　他産業再生資材活用の考え方[41)]

（出典：日本道路協会　舗装再生便覧（令和 6 年版））

廃棄物を処分する最終処分場には安定型，管理型，遮断型があり，それぞれ処分できる廃棄物の種類が定められている．2016 年 4 月 1 日現在，最終処分場の残余年数は 16.6 年と算出されており，さらに首都圏，近畿圏で排出される産業廃棄物をそれぞれの圏内で処分するとした場合，残余年数は首都圏で 4.8 年，近畿圏で 20.5 年と試算され，最終処分場はひっ迫した状況にある．

このため，他産業再生資材（建設産業以外から発生した廃棄物を原料とする再生資材のこと）の道路舗装への利用要請が高まっている．これまで廃棄処分となるものを原料とするため，これらを舗装材料として再利用することは最終処分場の抑制や資源の保全に有効である．ただし，他産業再生資材が「技術基準」に規定される要求性能を満足し，事前に有害物の含有や溶出等の問題がないことが確認されれば舗装材料として適用することができるが，その材料が舗装のリサイクルシステムに適合できなければ最終的により多くの廃棄物が発生することになるため，材料の選定においては十分な検討が必要である．ここで，他産業再生資材を舗装用材料として活用する場合の選択方法例を，**図－2. 11. 5** に示す．

また，他産業再生資材のうちのいくつかはすでに一般的に使用されているが，リサイクルの観点から言えば，新たな資材についても積極的に活用していくことが望ましい．産業廃棄物の例を**表－2. 11. 1** に，他産業再生資材の種類と用途を**表－2. 11. 2** に示す．

表－2. 11. 1　産業廃棄物の例[46)]

種　類	具　体　例
(1) 燃え殻	石炭がら、コークス灰、重油灰、焼却炉の残灰、炉清掃排出物、その他焼却残さ
(2) 汚泥	排水処理後および各種製造業生産工程で排出された泥状物、活性汚泥法による余剰汚泥、ベントナイト汚泥、生コン残さ、下水道汚泥、浄水場汚泥、洗車場汚泥、建設汚泥等
(3) 廃油	鉱物性油、動植物性油、潤滑油、絶縁油、洗浄油、切削油、燃料油、溶剤、タールピッチ等
(4) 廃酸	廃硫酸、廃塩酸、廃硝酸、廃クロム酸、廃塩化鉄、廃有機酸、写真定着廃液、各種の有機廃酸類等すべての酸性廃液
(5) 廃アルカリ	写真現像廃液、廃ソーダ液、金属せっけん廃液等すべてのアルカリ性廃液
(6) 廃プラスチック類	合成樹脂くず、合成繊維くず、合成ゴムくず（廃タイヤを含む）等固形状・液状のすべての合成高分子系化合物
(7) ゴムくず	生ゴム、天然ゴムくず
(8) 金属くず	鉄鋼または非鉄金属の破片、研磨くず、切削くず、空き缶、スクラップ等
(9) ガラスくず、コンクリートくずおよび陶磁器くず	ガラス類（板ガラス等）、製品の製造過程等で生ずるコンクリートくず、インターロッキングブロックくず、耐火レンガくず、廃石膏ボード、セメントくず、モルタルくず、スレートくず、陶磁器くず等
(10) 鉱さい	鋳物廃砂、電炉等溶解炉かす、ボタ、不良石炭、粉炭かす等
(11) がれき類	工作物の新築、改築または除去により生じたコンクリート破片、アスファルト破片その他これらに類する不要物
(12) ばいじん	大気汚染防止法に定めるばい煙発生施設、ダイオキシン類対策特別措置法に定める特定施設または産業廃棄物焼却施設において発生するばいじんであって集じん施設によって集められたもの
(13) 紙くず	建設業に係るもの（工作物の新築、改築または除去により生じたもの）、パルプ製造業、製紙業、紙加工品製造業、新聞業、出版業、製本業、印刷物加工業から生ずる紙くず
(14) 木くず	建設業に係るもの（範囲は紙くずと同じ）、木材・木製品製造業（家具の製造業を含む）、パルプ製造業、輸入木材の卸売業および物品賃貸業から生ずる木材片、おがくず、バーク類等
	貨物の流通のために使用したパレット等
(15) 繊維くず	建設業に係るもの（範囲は紙くずと同じ）、衣服その他繊維製品製造業以外の繊維工業から生ずる木綿くず、羊毛くず等の天然繊維くず
(16) 動植物性残さ	食料品、医薬品、香料製造業から生ずるあめかす、のりかす、醸造かす、発酵かす、魚および獣のあら等の固形状の不要物、ぬか、ふすま、おから、製造くず、減量かす
(17) 動物系固形不要物	と畜場において処分した獣畜、食鳥処理場において処理した食鳥に係る固形状の不要物
(18) 動物のふん尿	畜産農業から排出される牛、馬、豚、めん羊、にわとり等のふん尿
(19) 動物の死体	畜産農業から排出される牛、馬、豚、めん羊、にわとり等の死体
(20) 以上の産業廃棄物を処分するために処理したもので、上記の産業廃棄物に該当しないもの（例えばコンクリート固型化物）	

（出典：公益財団法人日本産業廃棄物処理振興センターホームページ；
https://www.jwnet.or.jp/waste/knowledge/bunrui/index.html）（最終アクセス日 2023 年 5 月 31 日）

表－2. 11. 2　他産業再生資材の種類と用途 [1)]

他産業再生資材	処理方法	一般名称	用途	
鉄鋼製造副産物	破砕処理	転炉スラグ	粗骨材	アスファルト混合物
		電炉スラグ	粗骨材	
		水砕スラグ	細骨材	
		高炉スラグ	粒状骨材	粒状路盤材
一般廃棄物 一般焼却灰	溶融固化	徐冷スラグ	粗骨材	アスファルト混合物，粒状路盤材
		空冷スラグ	粗骨材	粒状路盤材
		水砕スラグ	細骨材	アスファルト混合物
下水汚泥	溶融固化	水砕スラグ	細骨材	アスファルト混合物
	焼却灰	―	フィラー	
石炭灰	溶融固化	水砕スラグ	細骨材	アスファルト混合物
	石灰混合固化	―	粒状骨材	粒状路盤材
	焼成	―	粗骨材	アスファルト混合物
	粉砕処理	―	フィラー	アスファルト混合物
廃ガラス	粉砕処理	―	骨材	アスファルト混合物
	粉砕焼成処理	―		二次製品
木材	チップ粉砕処理	ウッドチップ	骨材	木質系舗装
	樹皮粉砕処理	樹皮		土系舗装
ゴム（廃タイヤ）	粉砕処理	―	バインダー	アスファルト混合物
			骨材	
		―	骨材	二次製品
プラスチック	粉砕処理	―	バインダー	アスファルト混合物
			骨材	
鋳物砂	粉砕処理	鋳物砂	細骨材	アスファルト混合物
		鋳物ダスト	フィラー	
ＦＲＰ	粉砕処理	―	骨材	アスファルト混合物
ペーパースラッジ	石灰混合固化	―	粒状骨材	粒状路盤材
廃油	―	―	添加剤	アスファルト混合物
貝殻	粉砕処理	―	骨材	樹脂混合物，アスファルト混合物

（出典：日本道路協会　環境に配慮した舗装技術に関するガイドブック，2009）

(2) 他産業再生資材の評価項目

他産業再生資材を利用するにあたって，一般の舗装材料に規定されている品質項目を満足しているかを検査することの他，環境安全性に関する項目についても検査することや，経済性，供給量等を確認しておく必要がある．なお，環境安全性に関する項目については「環境基準」等を参照し，個別資材の品質に関しては「独立行政法人土木研究所；建設工事における他産業リサイクル材料利用技術マニュアル，2006.4」を参照するとよい．

また，他産業再生資材は様々な発生材を原材料とするものもあり，環境安全性に影響を及ぼす可能性のある物質の混入が懸念されることもあることから，他産業再生資材の製造者が事前に環境安全性を保障したものを使用する．そして，他産業再生資材を用いた場合であっても，当然のことながら**表－2. 11. 3**に示すような舗装に要求される性能を満足するために必要な品質を有していることが不可欠である．

施工後の検査は，通常のアスファルト舗装やコンクリート舗装に準じて行うが，資源保全・最終処分抑制の効果は，資源保全量抑制量（式 2.11.3）や最終処分抑制量で評価する．

さらに，他産業再生資材が社会全体での環境負荷低減に寄与しているかを解明するため，資源の採掘から資材製造，建設，廃棄に至るまでの環境影響を評価する手法であるLCA（Life Cycle Assessment）で評価することもある．

表－2.11.3　アスファルト舗装材料への利用実績が少ない素材の品質管理項目例[41)]

種別	品質管理項目の例
素材評価	粒度，密度，吸水率，安定性，PI，呈色判定，単位容積質量，すり減り減量，損失率，水浸膨張比，水浸膨張率，水分量，剥離抵抗性など
材料評価	CBR，修正CBR，一軸圧縮強さ，一次変位量，曲げ強度，マーシャル安定度，動的安定度，はく離抵抗性など
〔注〕ここに示した品質管理項目例のほか，材料のJIS規格，利用規格，各種の手引きなどを参考に，品質管理試験項目を選定するとよい。	

（出典：公益社団法人日本道路協会；舗装再生便覧（令和6年版），2024.）

(3) 他産業再生資材の評価手法

1）資源保全量・最終処分抑制量

比較対象とした舗装種と比べて天然資源の消費抑制量を評価する資源保全量については式2.11.3で評価するが，比較するものが異なる天然資材を用いている場合には評価しにくいことがあるため，最終処分場から間接的に資源保全量を把握する方が実際的な場合がある．最終処分抑制量は，比較対象とした舗装種と比べてどれだけ最終処分量を抑制したかで評価する．最終処分抑制量と評価期間の関係を，式2.11.7に示す．

（最終処分抑制量）／（評価期間T）＝{（比較舗装の維持修繕を含めた総最終処分量）－（求めたい舗装の維持修繕を含めた総最終処分量）}／（評価期間T）　(式2.16)

2）LCA解析事例[47)]

新田らは，熱回収（サーマルリカバリー）も可能な廃タイヤ，廃プラスチックを取り上げ，再生利用（マテリアルリサイクル）とサーマルリカバリーの比較も含めたLCAによる環境負荷評価を行っている．

表－2.11.4　モデル都市空間[47)]

	設定条件
対象面積	570km^2
道路率	3.1%
道路面積	17.67km^2

備考1）道路率％＝250.32km^2（道路面積合計）
8006.87km^2（都市面積合計）
備考2）道路面積km^2=570km^2（対象面積）×3.1%（道路率）

（出典：新田・西崎；他産業リサイクル材を利用した舗装の環境負荷評価－廃タイヤ，廃プラスチックの利用の例，土木技術資料 vol.52-8，pp.38-41，2010.8）

LCA評価は，①評価モデルの設定（モデル空間の設定，舗装資材の需要量の算定等），②資源需要量の算定，③原単位補充，④負荷の算定の手順で行った．

まず，評価モデルの設定として，モデル都市空間の条件には，都市部での利用を想定して 14 の政令指定都市の平均値である**表－2.11.4** に示す値を用いた．また，評価対象範囲は，道路舗装事業に関連する原材料生産，資材製造，資材輸送，舗装工事，さらに廃タイヤ，廃プラスチックが舗装に利用されずにサーマルリカバリーされた場合の発電に関するものとした．また，検討ケースを**表－2.11.5** の通り設定した．

次に，リサイクル材への利用用途は混合物への混合に絞り，ストレートアスファルト使用混合物の耐用年数を 6 年，改質アスファルト使用混合物は 6 倍と仮定し，アスファルト混合物層は 10cm とした条件と，**表－2.11.4** に示したモデル都市条件から舗装資材の需要量を算出した．その結果，**表－2.11.6** の通りとなり，この舗装資材の需要量を基に必要な基本資材量を算出したところ，ケース 3～5 において必要となる最大廃プラスチック量は 4.00×10^4 t，廃タイヤは 1.05×10^3 t となった．

表－2.11.5　検討ケース [47)]

		ケース1（比較用）	ケース2（比較用）	ケース3	ケース4	ケース5
舗装部分	表層	密粒度アスファルト混合物13（ストレートアスファルト）	密粒度アスファルト混合物13（改質アスファルトII型）	密粒度アスファルト混合物13（ゴム粉15%アスファルト）	密粒度アスファルト混合物13（プラ骨材5%）	密粒度アスファルト混合物13（プラ骨材10%）
	基層	粗粒度アスファルト混合物20（ストレートアスファルト）	粗粒度アスファルト混合物20（改質アスファルトII型）	粗粒度アスファルト混合物20（ゴム粉15%アスファルト）	粗粒度アスファルト混合物20（プラ骨材5%）	粗粒度アスファルト混合物20（プラ骨材10%）
電力		廃プラスチック発電	廃タイヤ発電	公共電力	公共電力+プラスチック発電	公共発電

（出典：新田・西崎；他産業リサイクル材を利用した舗装の環境負荷評価－廃タイヤ，廃プラスチックの利用の例，土木技術資料 vol.52-8，pp.38-41，2010.8）

表－2.11.6　舗装資材の需要量 [47)]

混合物種	項目	認定値	単位	備考
ストレートアスファルト混合物	年間舗装面積	3,534,000	m^2/年	道路面積÷耐用年数
	アスコン需要量	353,400	m^3/年	年間舗装面積×アスコン層厚
改質アスファルト混合物	年間舗装面積	589,000	m^2/年	道路面積÷耐用年数
	アスコン需要量	58,900	m^3/年	年間舗装面積×アスコン層厚

（出典：新田・西崎；他産業リサイクル材を利用した舗装の環境負荷評価－廃タイヤ，廃プラスチックの利用の例，土木技術資料 vol.52-8，pp.38-41，2010.8）

表－2.11.7　燃料・資源等の環境負荷原単位 [47)]

	エネルギー（MJ）	CO_2（kg）	SOx（kg）	NOx（kg）	SPM（kg）
電力（kWhあたり）	9.58.E+00	4.46.E-01	8.36.E-05	2.39.E-04	3.50.E-06
重油（Lあたり）	4.04.E+01	2.83.E+00	1.40.E-03	8.32.E-04	1.03.E-04
軽油（Lあたり）	3.92.E+01	2.72.E+00	1.53.E-04	8.49.E-04	1.01.E-04
アスファルト（tあたり）	4.33.E+00	2.48.E+00	1.64.E-03	1.14.E-03	-
ポリマー改質アスファルトII型（tあたり）	6.04.E+00	4.74.E-01	1.57.E-03	1.12.E-03	2.02.E-06
新規骨材（tあたり）	8.89.E+01	5.39.E+00	8.35.E-04	2.02.E-03	1.52.E-04
新規混合物製造（tあたり）	4.44.E+02	2.89.E+01	1.26.E-02	9.57.E-03	9.23.E-04

（出典：新田・西崎；他産業リサイクル材を利用した舗装の環境負荷評価－廃タイヤ，廃プラスチックの利用の例，土木技術資料 vol.52-8，pp.38-41，2010.8）

そして，環境原単位は燃料などの一般的なものはこれまでに用いることとし，表－2.11.7に示す原単位を使用した．また，廃タイヤ再生資材（ゴム粉）・廃プラスチックの骨材原単位，及び発電に関する原単位は表－2.11.8 に示すものを使用した．

表－2.11.8 再生資材・発電の環境負荷原単位[47]

	エネルギー (MJ)	CO_2 (kg)	SOx (kg)	NOx (kg)	SPM (kg)
再生ゴム粉生産 (ビートワイヤ除去，切断，破砕，粉砕)(kg)	8.24.E-01	3.84.E-02	7.17.E-06	2.06.E-05	3.01.E-07
再生POペレット(kg)	7.14.E+00	5.90.E-01	1.78.E-05	1.86.E-04	1.62.E-05
廃プラ発電(t当たり)	2.93.E+04	2.83.E+03	1.40.E-01	1.63.E+00	-
廃タイヤ発電(t当たり)	3.32.E+04	1.77.E+03	-	-	-

（出典：新田・西崎；他産業リサイクル材を利用した舗装の環境負荷評価－廃タイヤ，廃プラスチックの利用の例，土木技術資料 vol.52-8，pp.38-41，2010.8）

これら設定した条件を基に，廃ゴム，廃プラスチックを舗装に使用した場合の環境負荷を算定したところ，エネルギー消費量について図－2.11.6 に示す結果が得られた．

廃プラスチック利用舗装のケース 4，5 はストレートアスファルトタイプ利用であることからケース 1 と比較したが，舗装部分（材料，舗装工，輸送）をみると廃プラスチックを利用することによりエネルギー消費が増大している．しかし，トータルでみるとサーマルリカバリーによる発電の負荷が大きくなり，廃プラスチック利用舗装の環境負荷が小さくなることが分かった．

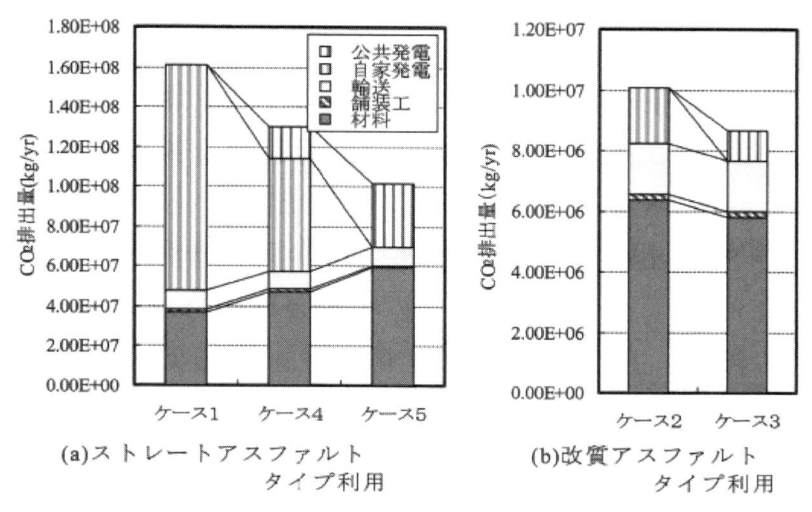

図－2.11.6　エネルギー消費量の算出結果[47]

（出典：新田・西崎；他産業リサイクル材を利用した舗装の環境負荷評価－廃タイヤ，廃プラスチックの利用の例，土木技術資料 vol.52-8，pp.38-41，2010.8）

また，廃ゴム利用舗装のケース 3 は改質アスファルトタイプの利用であるためケース 2 と比較したが，舗装部分だけをみても改質アスファルトを利用するよりゴム粉を利用することでエネルギー消費量が若干減少している．サーマルリカバリーによる発電までを考慮すると，環境負荷低減効果はさらに大きくなる．

これらのことから，廃タイヤ，廃プラスチックを利用した舗装では舗装部分だけをみると環境負荷が増大している場合があるが，舗装以外での利用までを考慮するとトータルコストでは環境負荷が減少する可能性が示された．

(4) 他産業再生資材の課題

他産業再生資材を利用する場合には，耐久性ばかりではなく材料の安全性を確認しておく必要がある．また，品質や耐久性，安全性が確認されたものであっても，舗装分野におけるリサイクルシステムに適合しなければ結果的に廃棄物量を大幅に増加させることとなるので，採用には十分な検討が必要である．さらに，通常廃棄されるものを原料としているために舗装分野での需要に対して供給が間に合わないことも想定されることから，他産業再生資材の供給量についても調査しておく必要もある．

2.2.11.5　バイオマス燃料の活用

(1)　バイオマス燃料の概要

舗装分野においては，アスファルト混合物を製造するアスファルトプラントや施工の際に使用する作業機械により多くの化石燃料を消費し，かつ多くの温室効果ガス（CO_2：二酸化炭素）を排出している．

近年，地球温暖化等の環境問題への関心が高まり，低炭素社会ならびに循環社会を構築する様々な省エネ技術が提案されているが，舗装分野においてもバイオマス燃料を化石燃料の代替燃料として使用することで省エネルギー，及び温室効果ガス排出量の低減について試みている．

このような化石燃料の代替燃料として，アスファルトプラントではエマルジョン燃料や古紙及び廃プラスチックを主原料とした固形燃料 RPF（Refuse Paper & Plastic Fuel），木質タール，廃グリセリン等が使用されており，作業機械にはバイオディーゼル燃料が使用されている．以下に，主な材料の概要を記す．

1）エマルジョン燃料[48)]

エマルジョン燃料は，燃料油（重油・軽油・灯油等）に水と界面活性剤（添加剤）を入れて混ぜ合わせたものである．アスファルトプラントでは，燃焼状態及び骨材温度の状態を確認しながら，油：水＝80：20 の混合比率としている．混合比率を設定する際に，①燃焼時の炎の安定性，②燃焼量と送風量のバランス，③連続運転時の安定性，④アスファルトプラント設備への影響，⑤骨材加熱温度の安定性，⑥水の添加率の安定性，⑦安定したエマルジョン燃料の供給などに配慮が必要である．

このエマルジョン燃料は水を包む外側の油が燃え，中の水が急激に沸騰して美爆発することにより微粒子化し，空気との接触面が飛躍的の増加するために理論空気量に近い空気で完全燃焼に近い燃焼となる．これより，通常燃焼に比べて空気量を大幅に絞ることができるため，加温するために使用される熱エネルギーを削減でき，大きな熱エネルギーを持つ排気ガスがゆっくり排出されることから潜熱の損出が減少する．その他にも窒素酸化物（NOx）の減少される．

エマルジョン燃料をアスファルトプラントに適用する場合，エマルジョン燃料製造装置（超音波とせん断機能を組み合わせた攪拌機で，乳化剤等は使用しない）を装着する必要がある．ただし，この装置は既存バーナーとの連動運転が可能で，運転装置を簡素化し，既存配管の途中に組み込むことによりインラインでエマルジョン燃料の製造から燃焼までを行うことが可能である．

2）古紙及び廃プラスチックを主原料とする固形燃料 RPF[49)50)]

RPF は，主産業系廃棄物のうち，マテリアルリサイクルが困難な古紙及び廃プラスチックを主原料とする固形燃料で，原料に廃プラスチックを使用しているため発熱量が高く，ハンドリングも容易である．また，品質が安定し，不純物混入が少ないため，塩素ガス発生による腐食やダイオキシン発生がほとんどないのが特徴である．

この RPF は，熱量変動の少ない再生ドライヤへ固形燃料熱風発生装置（SFC システム）を増設し，アスファルトプラントにおける骨材の加熱乾燥に利用されている．

3）木材チップ[52) 53)]

木材チップは，近年多くの分野でバイオ燃料として利用されてきており，建築廃材や製材残材をチップ化した建廃チップを使用する．発熱量が小さく，燃料として利用するために含水比管理や軽比重運搬効率が悪い等課題が多いが，多くの地域で生産されており，カーボンニュートラルの性質を持っているため CO_2 排出量削減対策と期待されるなど，環境負荷低減に有効な燃料である．

この木材チップも RPF 同様，SFC システムにより骨材の加熱乾燥に利用されている．

4）木質タール[51)]

木質タールとは，一般に有機物の熱分解によって生成する，褐色から黒色の粘稠性油状物質である．木質バイオマスガス化発電の発電過程において，木くずをガス化炉で熱分解する際に可燃ガス中に存在し，このガスを冷却するとガス中の水蒸気とともに凝縮されて回収される副産物である．この木質タールは，アスファルトプラントにおいて専用のバーナーを設けて通常燃料（A 重油）の代替燃料として使用され，CO_2 排出量の削減対策として用いられている．

5）廃グリセリン[51)]

廃グリセリンとは，植物性油脂（食用油，廃食用油など）等からバイオディーゼル燃料（BDF）を製造する過程で副産物として産出されるものをいう．この廃グリセリンも木質タール同様，アスファルトプラントにおいて専用のバーナーを設けて通常燃料（A 重油）の代替燃料として使用され，CO_2 排出量の削減対策として用いられている．

6）バイオディーゼル燃料

バイオディーゼル燃料（BDF）とは，植物・動物性油脂を原材料として生成された，生物由来の油から生成されたディーゼルエンジン燃料のことであり，一般には規格が定められている脂肪酸メチルエステル（Fatty Acid Methyl Ester：FAME）を指す．

このバイオディーゼル燃料は，軽油の代替として使用されている．

(2)　バイオマス燃料活用の評価項目

バイオマス燃料を活用する際の評価項目として，省資源・省エネルギーの観点からは燃料使用量の測定（流量計による）により比較化石燃料との使用量の比較があり，環境負荷軽減の観点からは CO_2 排出量低減効果が挙げられる．

(3)　バイオマス燃料活用の評価手法

1）燃料使用量の測定による方法

エマルジョン燃料の使用による効果の検証として，骨材加熱温度と流量計による燃料使用量の測定を行ったところ，通常燃料（A 重油）と同等の骨材加熱温度が得られており，燃料使用量についてはエマルジョン燃料を使用することによりA 重油使用量が 10～15％低減された事例がある[53)]．

また，RPF 使用により排ガス成分は通常燃料使用時と変わらないものの，RPF 燃焼においてA 重油使用量が平均 40％，最大 60％（瞬時値）の化石燃料削減効果が検証されている[50)]．

そして，木材チップについては，比重が軽く容積率が増えるため固形燃料RPF と同等の化石燃料削減はできないものの，A 重油使用量約 30％の化石燃料削減効果が検証されている[50)]．

さらに，バイオディーゼル燃料を 1 台当たりの廃棄量の多い除雪車などの大型車両や乗用車を用

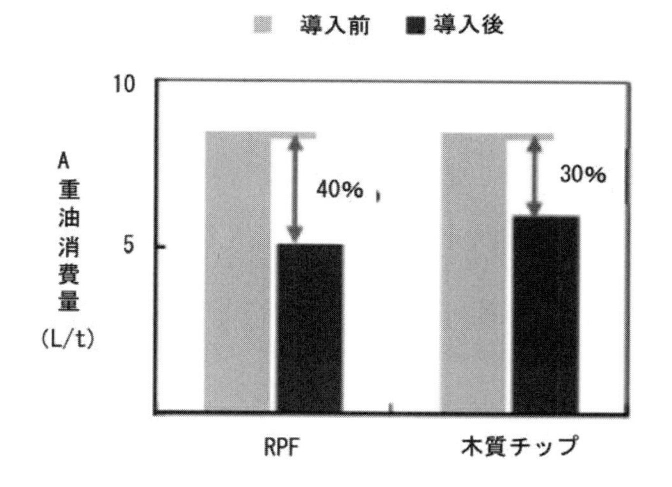

図－2.11.7　化石燃料削減量[50)]
（出典：相田・黒坂・曽根；固形燃料を併用した合材製造技術の開発，第 30 回日本道路会議，p.3068，2013.10）

いて積雪寒冷地域において検証を行った結果，燃料消費量は軽油に比べて28%増加したものの，排出ガス中の粒子状物質（PM）は60%減少するという事例がある[52].

2）CO_2排出量の削減による評価

バイオマス燃料をA重油の代替燃料としてアスファルトプラントで使用したところ，エマルジョン燃料を使用した場合はCO_2排出量が約10〜15%削減でき[47]，RPFや木材チップを代替燃料とし多場合はアスファルトプラント全体として約14%のCO_2排出量を削減され[48),49]，木質タールを使用した場合の製造に伴う燃料のみのCO_2排出量は約80%された事例[53]がある．また，廃グリセリンを燃料に3割に代替えすることによりCO_2排出量は約25%の削減となった報告もある.

(3) バイオマス燃料活用の課題

バイオマス燃料を化石燃料の代替燃料としてアスファルトプラントに適用する場合は，代替燃料ごとに燃料製造装置を用いるため，導入コスト等の問題がある．また，出荷するアスファルト混合物の品質や設備の不具合について，適宜確認していくことが必要である．そして，バイオマス燃料の使用量が生産量を上回らないように供給量について調査する必要もあるが，化石燃料使用量の削減やCO_2排出量の削減，さらにはバイオマスエネルギーの地産地消が叶えられる可能性があるため，さらなる発展や普及が期待される.

2.2.11.6 転がり抵抗が小さい低燃費舗装

(1) 転がり抵抗が小さい低燃費舗装の概要

近年，地球温暖化対策としてCO_2排出量削減が求められており，その中で自動車走行の燃料消費量（燃費）の割合は15%と高く社会的関心が高まってきている.

自動車の燃費を変動させる主要因として走行抵抗性が挙げられ，この走行抵抗性は自動車の進行方向と反対向きに作用する力であり，①転がり抵抗，②空気抵抗，③勾配抵抗，及び④加速抵抗により構成される.

ここで、②と④は自動車の形状や運転方法，③は道路幾何構造（縦断線形）に由来するものと考えられている．これら走行抵抗性を低減すれば燃費が向上すると考えられており，自動車関係メーカーでは自動車単体の燃費向上を目的としてハイブリッド車や転がり抵抗の小さいタイヤなどの開発・普及に努めている．これに対し舗装分野においては，舗装とタイヤが接触して発生する転がり抵抗について着目し，舗装種別や舗装材料，舗装構造，及び路面構築方法等が検討されている．なお，舗装におけるタイヤの転がり抵抗に与える影響として，縦断勾配，平たん性，及び路面のテクスチャ（粗さ，きめ）が考えられている.

また，舗装種別が舗装の燃費に及ぼす影響としては，1990年のFHWA（Federal Highway Administration；アメリカ連邦道路庁）の研究成果では，コンクリート舗装はアスファルト舗装に比べて荷重の大きい車両ほど燃料の節約ができるとしている.

1）コンクリート舗装

カナダの国立機関NRC（National Research Council Canada）の調査報告では，1998〜2003年にかけてカナダ国内の国道（Highway）のコンクリート舗装，アスファルト舗装，コンポジット舗装を対象に車両走行の燃費を実測したところ，路面性状（IRI（International Roughness Index）や縦断勾配）や風速等の条件を一定にした場合にコンクリート舗装のほうがアスファルト舗装よりも0.8〜6.9%燃費が優れた結果が報告されている．さらに，日本国内でも2006年頃から同様な調査が行われており，路面とタイヤの転がり抵抗を測定したところコンクリート舗装に比べてアスファルト舗装は5.9～19.4%低下し，重量車の燃費についてもアスファルト舗装は比較的低速な都市モードで0.8～3.4%，80km/hの一定速度での走行である都市間モードで1.4～4.8%低下する結果が得られている[53]．

2）アスファルト舗装

アスファルト舗装では，同一舗装種別においては路面のきめ（粗さ）が転がり抵抗に影響を及ぼすことを明らかにした[54]．これにより，転がり抵抗の低減とすべり摩擦抵抗の確保を両立したものとして，タイヤ/路面転がり抵抗の小さな低燃費アスファルト舗装としてネガティブテクスチャ（適度なキメ深さを確保しつつ，骨材を表面に緻密かつ平滑に並べた路面テクスチャ）を有する小粒径薄層舗装用アスファルト混合物（5）の開発がなされており，ポーラスアスファルト舗装（13）に比べてタイヤ/路面転がり抵抗が6～10%小さく，これにより自動車走行燃費が約2～3%向上した報告がある[55]．

（2）転がり抵抗が小さい低燃費舗装の評価項目

転がり抵抗の評価については舗装種別ごとに評価が異なり，コンクリート舗装における海外の事例では走行時の燃料の流量と車速をリアルタイムに収集して計測した瞬間燃費，及び風速やIRI，GPS等のデータ群を用いて統計解析ソフトにより多変量解析を行った結果による100km走行時の燃費（L）により評価している．また，国内では，JIS D 1012：2001「自動車－燃料消費量率試験法」の蛇行試験による測定方法に準拠して測定した路面とタイヤの転がり抵抗で評価している．

これに対しアスファルト舗装では，試験により求められた転がり抵抗から算出する転がり抵抗係数μrでの評価，すべり抵抗測定車により測定したタイヤ/路面転がり抵抗による評価等がある．

（3）転がり抵抗が小さい低燃費舗装の評価手法

前述の通り，転がり抵抗については舗装の種別に分かれて研究がなされており，評価手法が異なっている．ここでは，代表的な評価手法について紹介する．

1）北米における燃費の実測調査[56]

カナダでは，1998～2003年にかけてNRCを中心に自動車の燃費に対する舗装種別の影響について，カナダ国内のコンクリート舗装とアスファルト舗装を対象にして主に重量車による燃費の実測調査を実施している．その実測調査における試験条件，及び調査方法（調査①[56]及び調査②[57]）を以下に示す．

1）供試車両

調査①：後輪2軸駆動の全3軸トラクタと2軸のタンクタイプのセミトレーラを組み合わせた大型車両（車両A）

調査②：後輪2軸駆動の全3軸トラクタと53フィート（約16m）3軸のバンタイプのミトレーラを組み合わせた大型車両（車両B）

2）荷重/供試車両の質量

荷重は，i）積載なし（車両A：17,100kg，車両B：16,000kg），ii）実用レベルの積載（車両A：28,400kg，車両B：43,660kg），及びiii）満載（車両A：39,700kg，車両B：49,400kg）の3種類

3）車速

調査①：100km/h，75km/h，60km/h

調査②：80km/h，60km/h

なお，ドライバーの技量による影響を排除するため，速度の制御は自動車が搭載しているクルーズコントロールにより測定．

4）環境条件

通年の温度状況下（-20～25℃）

5）道路舗装

調査①：コンクリート舗装 4 路線，アスファルト舗装 6 路線

調査②：調査①の測定箇所に加え，コンクリート舗装 3 路線，アスファルト舗装 2 路線を追加.

6）測定条件

路面状態はドライで風速 10 km/h（2.8 m/s）以下，かつ道路舗装の縦断勾配が 0.5%以下の区間のデータを採択.

7）調査方法

測定は専用のコンピュータソフトウェアによりエンジンマネジメントシステムから走行時における燃料の流量と車速をリアルタイムに収集し，瞬間燃費を計測する．これに，車両走行から計測した風速や別途収集した IRI，GPS による地理情報などを組み合わせてデータ群を作成し，統計解析ソフトウェア Minitab により多変量解析を行い，100 km の距離を走行した時の燃料消費量（L）を推定して対象舗装で比較する.

2）走行抵抗試験

走行抵抗の測定は，JIS D 1012：2001「自動車－燃料消費量率試験法」の惰行試験による測定方法に準拠し，任意の一定速度（例として 55 km/h）まで測定車を加速させた後，ギアをニュートラルにして極力ハンドル操作を行わずに惰行させ，速度が 5 km/h に落ちるまでの時間を 0.1 秒毎に測定し，速度と経過時間の関係から式 2.17 及び式 2.18 により走行抵抗を算定し，比較対象舗装との走行抵抗の差が転がり抵抗の差となる.

$$F_j = -\frac{1}{3.6}\ (m+m_r)\ \frac{\triangle V}{\triangle T_j} \qquad (式 2.17)$$

F_j：車速 $V_j$km/h 時の走行抵抗（N）

m：試験時車両重量（kg）

m_r：車両駆動系の回転部分相当慣性重量（kg）で空車質量の 7%[18)]

$\triangle V$：車速の変化量で JIS D 1012：2001 では 10（km/h）

$\triangle T_j$：車速 V_j時の$\triangle V$に要する時間（s）

この車速 V_j（j＝10，20，30･･･（JIS D 1012：2001 の場合））とその時の走行抵抗性 Fj とを用いて次の 2 次式を回帰し，走行抵抗性 F と指定速度 V の関係式は次式で示される.

$$F = f_0 + f_1 \cdot V + f_2 \cdot V^2 \qquad (式 2.18)$$

f_0：走行抵抗の定数項（N）

f_1：走行抵抗の V の 1 次項の係数（N/（km/h））

f_2：走行抵抗の V の 2 次項の係数（N/（km/h））

3）平均牽引力測定[54)]

自動車が一定走行速度で走行する場合，空気抵抗と転がり抵抗及び自動車の機構内部の損失（軸の回転や摩擦損失等）の合計と同等の力が，駆動軸を介して路面に加

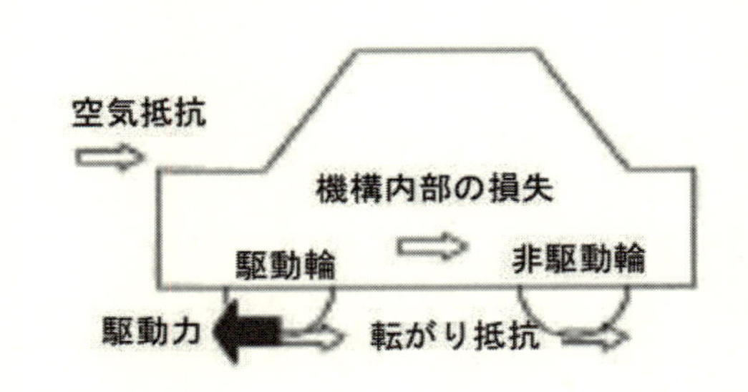

図－2. 11. 8　車両走行に働く力[54)]

（出典：渡邉・井谷・久保；路面の“きめ”と転がり抵抗の関係について，土木技術資料 54-3，pp.14-17，2012.3）

え続けられている（**図－2. 11. 8** 参照）．ここで，空気抵抗は車両の本体にかかること，自動車の機構内部の損失は車体内部の損失であることから，非駆動軸のみに着目すると転がり抵抗が測定できる．そこで，前輪駆動が普通自動車の左後輪へ車軸にかかる 6 方向の力（Fx，Fy，Fz，Mx，My，Mz）を計測できる測定器を取り付け（**図－2. 11. 9** 参照），一定速度となるように同一路面上を運転しながら対象路面を走行した時に当該輪にかかる抵抗力（Fx：転がり抵抗力）測定を行う．

転がり抵抗力は輪荷重となる鉛直方向の力（Fz）に比べて微小であること，及び各種路面間の差も微小であると考えられるため，また実走速度のばらつきの影響を軽減することを考え，測定間隔（サンプリング間隔）を 0.01 秒とし，指定速度（20，40，60 km/h）毎に 10 回繰り返し測定を行う．

この測定によって得られた転がり抵抗Rrを鉛直方向力で除算して転がり抵抗係数μrを算出(式2.17)し，絶対値ではなく，比較対象舗装間との傾向によって評価する．

転がり抵抗率　$\mu r = Rr／W$　（式 2.19）

Rr：転がり抵抗（＝牽引力 F）の平均（N）

W：鉛直方向力 Fz の平均（N）

4）惰性走行法 [55)]

自動車が一定速度で対象路面に進入し，当該路面を惰性走行すると，空気抵抗と転がり抵抗，及び自動車の機構内部の損失による抵抗力を受けながら速度が低下していく．この際，車両と速度，及び風速等の環境が一定である場合，路面を変化させると転がり抵抗によるもののみが変動する．そこで，JIS D 1015：1993「自動車－惰行試験法」を参考に，平均牽引力測定法で使用する測定車を用い，対象路面に指定速度で進入して同一路面を 80 m 惰性走行し，退出時の速度を計測して進入・退出速度の変化率を求める．なお，平均牽引力測定法と同様の理由から，指定進入速度は 20，40，60 km/h の 3 条件とし，速度毎に 10 回繰り返し測定する．

上記のように各進入速度毎の測定区間 80 m を通過するま

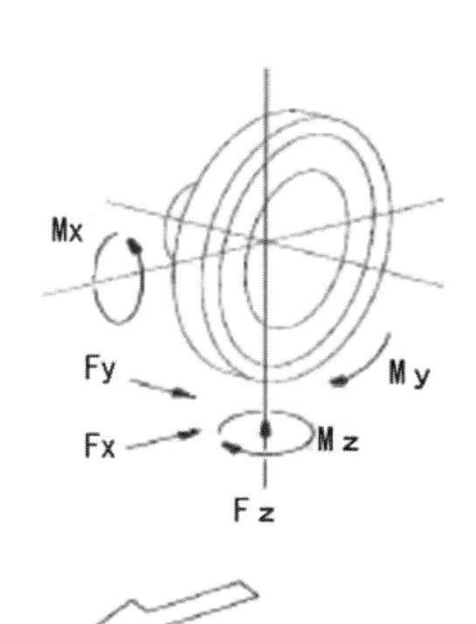

図－2. 11. 9　測定器の計測方向 [54)]
（出典：渡邉・井谷・久保；路面の“きめ”と転がり抵抗の関係について，土木技術資料 54-3, pp.14-17，2012.3）

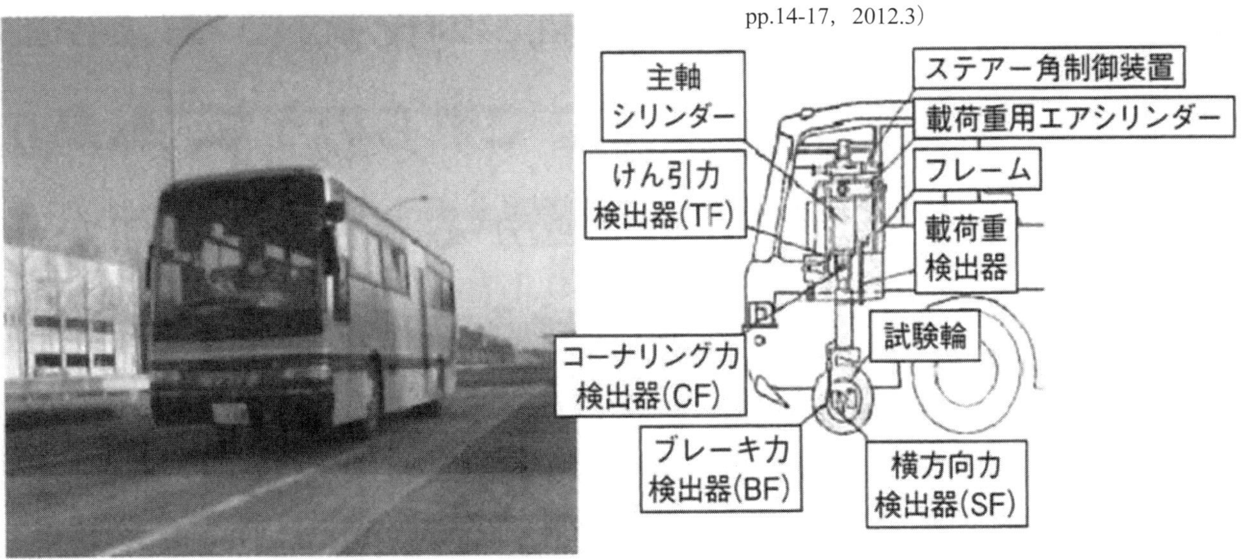

図－2. 11. 10　すべり抵抗測定車の概要 [58)]

での所要時間と減速度より走行抵抗を算出し，各進入速度の結果から最小二乗法により空気抵抗と転がり抵抗に分け，転がり抵抗を試験時車両重量で除算して求めた転がり抵抗係数により評価する．

5）タイヤ/転がり抵抗の測定方法[58)]

タイヤ/転がり抵抗とは，タイヤが路面を転がる際，路面から進行方向と反対向きにタイヤが受ける力をいう．このタイヤ/転がり抵抗はすべり抵抗測定車で測定するものとし，すべり抵抗測定車は，独立した試験輪を有し，この試験輪が制動装置で制動されたときに試験輪位作用する制動力を検出し記録できるものとする（**図−2.11.10** 参照）．

このすべり抵抗測定車において，測定輪を支える鉛直方向の軸に設置される牽引力検出器により車両進行方向の転動中のタイヤと路面の接地面に働く転がり抵抗 (F) を 0.01 秒のサンプリング間隔で取集する．また，タイヤに作用する鉛直荷重（W）の変動はタイヤ/転がり抵抗に影響を及ぼすことから，鉛直方向に設置された荷重検出器により転がり抵抗（F）と同様にサンプリング間隔 0.01 秒毎に測定し，タイヤ温度は接触式温度計により測定する．

タイヤ/転がり抵抗は，タイヤに作用する鉛直荷重に対してほぼ比例して増加する性質があるため，サンプリング間隔 0.01 秒毎に測定したタイヤ/転がり抵抗（F）を鉛直荷重（W）で除算して 0.01 秒毎のタイヤ/転がり抵抗係数 μr（＝F/W）を算出し，測定区間の μr の全データの二乗平均平方根（RMS）を測定区間のタイヤ/転がり抵抗係数 μr と定義して評価する．

（4）　転がり抵抗が小さい低燃費舗装の課題

転がり抵抗及び転がり抵抗係数について，国内ではコンクリート舗装は走行抵抗，アスファルト舗装では転がり抵抗係数で評価を行っており，舗装種別ごとに評価方法が異なっている．また，検討例もまだ少ないことから，タイヤや気温・路面温度の差異，路面状態（乾燥，湿潤，雪氷等），大型車を対象とした検討等，様々な条件下でのデータ蓄積が課題として残されている．

今後もさらなる検討が進められ，標準化された評価試験方法ができることが望まれる．

2.2.11.7　省資源・省エネルギー舗装の課題

省資源・省エネルギー舗装に関する評価については，従来工法や比較対象舗装との相対的評価で行っているのが現状である．今後，他産業再生資材の評価で行われた LCA 解析のような，定性的な評価が行われることが望まれる．

この他，省資源・省エネルギー舗装の代表的な技術に関する課題を，以下に述べる．

(1) 舗装の再生技術については，今後増加が見込まれる再生，再々生舗装からの発生材や改質アスファルトを用いたアスファルト混合物の再生利用する手法が望まれる．また，普及が広まっているポーラスアスファルト混合物も一部で検討は行われているが配合設計方法や現場検証の事例も少ないため，同様に再生に関する手法の確立が望まれる．

(2) 長寿命化舗装ついては，実道において寿命の確認や詳細調査による新たな設計方法・材料・工法の開発が現在も行われていることから，最新の検証結果事例等の情報を踏まえて設計法などを確立することが望ましい．

(3) 他産業再生資材を利用する場合には，耐久性ばかりではなく材料の安全性を確認しておく必要がある．また，舗装分野におけるリサイクルシステムに適合しなければ結果的に廃棄物量を大幅に増加させることとなるので，採用には十分な検討が必要である．さらに，舗装分野での需要に対して供給が間に合わないことも想定されることから，供給量について調査しておく必要もある．

(4) バイオマス燃料を化石燃料の代替燃料としてアスファルトプラントに適用する場合は，代替燃料ごとに燃料製造装置を用いるために導入コスト等の問題がある．また，出荷するアスファルト混合物の品質や設備の不具合について，適宜確認していくことが必要である．そして，バイオマス燃料の使用量が生産量を上回らないように供給量について調査する必要がある．
(5) 転がり抵抗について，国内ではコンクリート舗装とアスファルト舗装の舗装種別ごとに評価方法が異なっている．また，検討例もまだ少ないことから，タイヤや気温・路面温度の差異，路面状態（乾燥，湿潤，雪氷等），大型車を対象とした検討等，様々な条件下でのデータ蓄積が課題として残されている．

【参考文献】

1) 公益社団法人日本道路協会：環境に配慮した舗装技術に関するガイドブック，2009.
2) 公益社団法人日本道路協会：舗装性能評価法-必須および主要な性能指標編-，2013.
3) 岡部・林・門澤：タイヤ落下法による低騒音舗装の評価法について，第 23 回日本道路会議一般論文集 (C), pp.18-19,1999.
4) 渡辺・東海林：低騒音舗装の吸音レベル測定，雑誌舗装，Vol.33No.11，pp.9-12，1998.
5) 川眞田・山口・水野：排水性舗装の吸音特性と測定手法に関する一考察，雑誌舗装，Vol.33No.11，pp.13-17，1998.
6) 財団法人小林理学研究所：シリーズ「騒音に関わる苦情とその解決方法」-第 4 回音響の基礎：騒音の測定方法と対策方法-，www.soumu.go.jp/main_content/000145279.pdf.
7) 公益法人土木学会：舗装工学ライブラリ 12 道路交通振動の評価と対策技術，2015.
8) 道路環境整備マニュアル，社団法人 日本道路協会，1989.
9) 環境省：平成 18 年度ヒートアイランド現象の実態把握及び対策評価手法に関する調査報告書 https://www.env.go.jp/air/report/h19-02/chpt3.pdf (最終閲覧日 2023 年 5 月 31 日)
10) 設楽，川平，井上：舗装の熱収支による熱環境改善効果に関する検討，第 27 回日本道路会議論文集，P12068，2007.11
11) 廣島，小作，中村：数値シミュレーション解析によるヒートアイランド対策効果の検証，東京都土木技術研究所年報，VOL.2004，pp271-278，2004.10
12) 鶴賀電機株式会社ホームページ; https://www.tsuruga.co.jp/wbgt/wbgt_products#item1(最終アクセス日 2024 年 5 月 31 日)
13) 厚生労働省：職場のあんぜんサイト 安全衛生キーワード暑さ指数（WBGT 値），https://anzeninfo.mhlw.go.jp/yougo/yougo89_1.html（最終閲覧日 2024 年 1 月 31 日）
14) 環境省：土壌汚染対策法に基づく調査及び措置に関するガイドライン(改訂第 2 版)」，pp.15 https://www.env.go.jp/content/900396280.pdf（2023 年 5 月 31 日閲覧）
15) 石黒：臭気の測定と対策技術，オーム社，p.45，2002.7　　環境省：臭気対策行政ガイドブック，https://www.env.go.jp/content/900397296.pdf（2023.11.10 閲覧）
16) 環境省 水・大気環境局大気生活環境室：平成 30 年度悪臭防止法施行状況調査,
17) 環境省：臭気対策行政ガイドブック, https://www.env.go.jp/content/900397296.pdf（2023.11.10 閲覧）
18) 日本デオドール㈱ホームページ, https://www.deodor.co.jp/bousihou.htm　(2023.11.10 閲覧)
19) 環境省：土壌汚染対策法に基づく調査及び措置に関するガイドライン(改訂第 2 版)」
20) 独立行政法人環境再生保全機構ホームページ，https://www.erca.go.jp/yobou/taiki/taisaku/01_01.html，（最終閲覧日 2024 年 7 月 16 日）
21) 環境省 大気汚染・自動車対策, https://www.env.go.jp/air/osen/pm/info.html#ABOUT（最終アクセス日 2023 年 5 月 31 日）
22) 環境省，大気汚染・自動車対策, https://www.env.go.jp/air/osen/pm/info.html#ABOUT）（最終アクセス日 2023 年 5 月 31 日）
23) 環境省 大気環境・自動車対策，揮発性有機化合物排出インベントリ報告書（H29）（最終アクセス日 2023 年 5 月 31 日）
24) 田井ほか；CO_2 排出量に着目した舗装技術の方向に関する調査研究，アスファルト，Vol.43,No.204,2000
25) 蓬莱；アスファルトプラントの CO_2 削減技術,建設の施工企画, 2011.8

26) Reducing the life cycle carbon footprint of pavements; PIARC 4.2.3 report, 2016.
27) 日本道路協会：舗装性能評価法　別冊-必要に応じ定める性能指標の評価法編-，2008.
28) 環境省 人の健康の保護に関する環境基準, http://www.env.go.jp/kijun/mizu.html)，（最終アクセス日 2023 年 5 月 31 日）
29) 山本・松下・大城・並河・大西・大野；路面排水の環境影響予測手法の検討と環境保全措置による効果の試算，第 38 回環境工学研究フォーラム講演集，pp.106-108，2001.
30) 独立行政法人土木研究所：道路路面雨水処理マニュアル（案），2005.
31）社団法人日本道路協会：透水性舗装ガイドブック 2007．2007.
32) 社団法人日本道路協会，環境に配慮した舗装技術に関するガイドブック，2009.
33) 公益社団法人土木学会，環境負荷軽減舗装の評価技術，　2007.
34) 国土交通省　　特定都市河川浸水被害対策法制定の背景
https://www.mlit.go.jp/river/pamphlet_jirei/kasen/gaiyou/panf/tokutei/pdf/1-2.pdf (最終アクセス日 2023 年 11 月 24 日)
35) Lin Chai, Masoud Kayhanian, Brandon Givens, John T. Harvey and David Jones: Hydraulic Performance of Fully Permeable Highway Shoulder for Storm Water Runoff Management, 2012.
36) Interlocking Concrete Pavement Institute (ICPI). (2006). Permeable interlocking concrete pavements, selection, design, construction and maintenance, 3rd Ed., Herndon, VA.
37) Portland Cement Association (PCA). (2007). Hydrologic design of pervious concrete, Skokie, IL.
38) Yuan, R.M., Yang, Y.S., Qiu, X., and Ma, F. S.: Environmental hazard analysis and effective remediation of highway seepage, J. Hazard. Mater, 142(1-2), 381-388.
39) 日本地下水学会編：雨水浸透・地下水涵養，理工図書，2001.6
40) 地下水涵養指針（熊本県），別紙　重点地域（熊本地域）における地下水涵養の措置による推定涵養量の算出方法，http://www.pref.kumamoto.jp/kiji_569.html
41) 公益社団法人日本道路協会；舗装再生便覧（令和 6 年版），2024.
42) 山本；循環型社会　ファクター10，環境情報科学，Vol.27，No.2，pp．44-45，1998.6.
43) 坂田・田中；舗装の強化・長寿命化と省資源・省エネルギー，舗装，pp.10-16，1995.2.
44) 国土交通省中部地方整備局中部技術事務所；Project2005 平成 16 年度技術管理業務のあらまし，長寿命化舗装　コンポジット舗装によるライフサイクルコストの軽減，
http://www.cbr.mlit.go.jp/chugi/kanri/project2005/pdf/12.pdf　（2009.4 閲覧）
45) 関口・阿部；長寿命舗装，土木学会誌，vol.83-3，pp.23-24，1998.3.
46) 公益財団法人日本産業廃棄物処理振興センターhttps://www.jwnet.or.jp/waste/knowledge/bunrui/index.html
47）新田・西崎；他産業リサイクル材を利用した舗装の環境負荷評価－廃タイヤ，廃プラスチックの利用の例，土木技術資料 vol.52-8，pp.38-41，2010.8.
48）金子・伏谷；アスファルトプラントにおけるエマルジョン燃料の適用，土木学会第 66 回年次学術講演会，p.V-377，2011.9.
49）榊・相田；固形燃料併用型アスファルト合材製造技術の開発 アスファルト合材工場と SFC システムの併用化，建設機械施工 Vol.66　No.2，pp.50-54，2014.2.
50) 相田・黒坂・曽根；固形燃料を併用した合材製造技術の開発，第 30 回日本道路会議，p.3068，2013.10.
51）守安・関口・宮崎・傳田；バイオマス燃料を活用したアスファルト混合物の製造－カーボンニュートラルの概念に基づく CO_2 排出削減技術の確立－，舗装 45-11，pp.17-23，2010.11.

52）片野・山口・平；積雪寒冷地における建設施工のバイオディーゼル燃料の適合性調査，建設マネジメント技術，pp.61-67，2012.4.
53）吉本；コンクリート舗装と重量車の転がり抵抗・燃費，コンクリート工学 vol.48 No.4，pp.11-17，2010.4.
54）渡邉・井谷・久保；路面の“きめ”と転がり抵抗の関係について，土木技術資料 54-3，pp.14-17，2012.3.
55）雑誌舗装　Vol.52　No.12P.30　Part8　環境対応技術　No,16.
56）Effects of Pavement Structure on Vehicle Fuel Consumption －Phase III，National Research Council Canada，Canada，January 2006.
57）Additional Analysis of the Effect of Pavement Structure on Track Fuel Consumption，G.W.Taylor Consulting in collaboraition with Dr.Patrick Farrell and Anne Woodside，Carleton University，August 2002.
58）石垣・川上・白井・尾本・寺田・久保；タイヤ/路面転がり抵抗の小さな低燃費アスファルト舗装技術の開発，道路建設 25/9，2013.

第３章　国内外における環境評価の総合的評価手法

第3章　国内外における環境評価の総合的評価手法

3. 1 グリーンロード

3.1.1 概要

Greenroads Rating System®は，道路，高速道路，橋，線路，歩道などのインフラプロジェクトの持続可能性（Sustainability）を測定および管理するための評価システムである．2007 年，当時，先行して開発・運用されていた建築物の持続可能性を評価，認証するシステム LEED®を参考に，Sustainable Building アナリストの Martina Soderlund，ワシントン大学の Stephen T. Muench 教授，ワシントン州交通局研究マネージャーの Kim Willoughby らによって，開発された [1]．2010 年に持続可能性に関する教育と交通インフラへの取り組み推進を目的とし，非営利法人 Greenroads International（アメリカ国内では Greenroads Foundation で登録されている）が設立され，Greenroads Rating System®の開発，米国および国際的に持続可能な交通開発プロジェクトのための認証プロセスの管理を担っている．Greenroads Rating System®の現在（2020 年 6 月時点）のバージョンは 2015 年から始まった Ver. 2 であり，2020 年 8 月には Ver. 3 がリリースされている [2]．この評価システムの究極の目的は，環境，社会，経済の好循環をもたらす交通輸送プロジェクトの設計・建設における「グリーン」なアイデアを世界中で共有することである．対象となるプロジェクトは，以下の通り．

一般的な事例

- 街路の改善（新築，改築，修復，景観美化）
- 高速道路の改善（新築，改築，修復）
- 街路等における雨水利用の改善（例えば，雨水一時貯留公園の設置）
- 橋梁の更新（構造やアプローチ）
- 輸送関連施設や停留所の改善

パイロットプロジェクトに適した事例

- 鉄道プロジェクト
- 橋梁の改良
- 空気と水に関する改善プロジェクト（道路以外の施設）
- 未舗装の小道や乗馬施設
- 小規模な街路
- 駐車場やその他の駐車施設

Greenroads 評価プログラムは独立した第三者の専門家によって評価（採点）がおこなわれる．発表されるオフィシャルスコアには「パイロットプロジェクト」と「Greenroads 認証」の 2 つのタイプがある．「パイロットプロジェクト」はエビデンスの文書化が完全でなくてもインタビューで補うことができる非公式なオフィシャルスコアであり，教育的，広報的な価値があり，将来的に「Greenroads 認証」をめざすこともできる．一方,「Greenroads 認証」は文書化されたすべてのエビデンスを開示する必要があり，厳格な審査によって認定される．**表-3.1.1** に示すように，2020 年 7 月現在でアメリカとニュージーランドにおいて，シルバー認証 18 か所、ブロンズ認証 36 か所、計 54 か所が Greenroads 認証を獲得している．「パイロットプロジェクト」は，アメリカ，ニュージーランド，カナダ，台湾，イスラエル，アラブ首長国連保の 6 か国 34 か所が登録されている（2020 年 6 月時点）.

表-3.1.1 Greenroads シルバー認証の一例 2)より編集

Silver認証
Sandy Forks Road Widening ノースカロライナ州ローリー市のプロジェクト，既存の舗装を置き換えることに加えて，植栽中央分離帯，中央ターンレーン，自転車レーン，歩道を追加して，マルチモーダルアクセスを促進し，安全性を向上させた．新しい道路と周辺地域からの雨水流出を処理するために，3つのbioretention システムも構築された.
25th Street Pedestrian and Bicycle Improvements ワシントン州ベリンガム市のプロジェクト，既存の道路に沿った自転車，歩行者，および輸送施設を改善し，雨水の滞留と処理を提供し，安全性を向上させた.
Alaska Street Arterial Improvement ワシントン州タコマ市のプロジェクト，アラスカストリートの動脈改善プロジェクトは，大幅に改善された自転車と歩行者のアクセス，より効率的な車両輸送が含まれている．ユーティリティシステムが改善され，隣接する湖への汚染物質の負荷が軽減され，道路プログラム全体のガイドラインに準拠したアクティブな交通手段の設備が強化された.
Bagby Street Reconstruction テキサス州で最初のGreenroadsプロジェクト，ヒューストンの再開発地区．既存のアスファルト表面の改善に加えて，歩行者や駐車場施設の改善，および環境影響の少ない開発技術を提供した.
Todd Lane Improvements テキサスで2番目に認定されたオースティン市のプロジェクト，パイロットプロジェクトからの転換の成功例の１つ．プロジェクトでは，トッドレーンを再構築して，歩行者と自転車のアクセシビリティを改善し，統合されたグリーンインフラストラクチャで水資源を持続的に管理しながら，交通ニーズに対応した.
Cheney Stadium Sustainable Stormwater Project ワシントン州タコマ市のプロジェクト，チェイニースタジアムのメインパーキングエリアへの入り口であるシャイアンストリートの再建と，駐車場自体の改造を中心に行われた．マルチモーダルアクセスを改善し，雨水からの汚染物質の負荷を減らし，樹冠を増やした.

3.1.2 評価方法

グリーンロードの評価項目（Ver. 2）は，以下に示す 3 つの区分に分類される 3).

- Project Requirements（必須要件：カテゴリ PR）
- Core Credits（主要単位：EW,CA,MD, UC, AL,CE の 5 カテゴリ）
- Extra Credits（追加単位：カテゴリ CE）

Greenroads Rating System®は表-3.1.2 に示すように大きく 7 つのカテゴリに分類された 61 の評価項目がある．PR: Project Requirement は事業で最低限満たさなければならない要件であり，12 の必須要件がある．Core Credits は事業における主要単位であり，評価項目の記載内容の条件を満足すれば単位（ポイント）が取得できる．Ver. 2 では，Core Credits のうちいくつかの Credit は複数の方法（Path）が用意されるようになった．ある目的を達成するための方法がひとつではない場合に採用されており，どちらかの Path を選んで採点することになる．仮に複数の Path について単位が期待できる場合は，ひとつの Path については Core Credits で申請し，残りを Extra Credits として申請することができる．Extra Credits は事業者による独自の提案内容について審査が行われ，内容が認定されれば単位が取得できる．**図-3.1.1** に示すように単位の合計は 61 単位 130 ポイントであり，Core Credit に 115 ポイント，Extra Credit に 15 ポイントが割り当てられている．取得合計ポイント数の多い順に，①エバーグリーン（80 以上），②ゴールド（60 以上），③シルバー（50 以上），④ブロンズ（40 以上）と順位付けされ，事業の持続可能性（Sustainability）が評価される．

表-3.1.2　グリーンロードの評価項目と目的

評価項目	目的
事業必須要件	持続可能性を考慮した基本的な活動義務
Core Credits(EW)：主要単位（環境と水）	環境性能向上のための土地利用、生態、水、その他の自然資源に関する実践的取組の促進
Core Credits(CA)：主要単位（建設活動）	最低限の法令順守を超えた環境・社会・生態系に対する配慮の実践的取組の促進
Core Credits(MD)：主要単位（材料とデザイン）	低コスト、長寿命、省資源のための責任ある材料管理の実践的取組の促進
Core Credits(UC)：主要単位（電気・ガス・上下水道等と管理）	運用面の流動性や効率向上に向けた実践的取組の促進
Core Credits(AL)：主要単位（アクセスと住みやすさ）	生活の質向上のための実践的取組の促進（安全、健康、交通環境、社会的正義、場の創造）
Extra Credits：追加単位（創造性と努力）	独創性のある更なる取組の促進

項目	単位	配点
PR：事業要件	12	0
EW：環境と水	10	30
CA：建設活動	11	20
MD：材料とデザイン	6	24
UC：電気・ガス・上下水道等と管理	8	20
AL：アクセスと住みやすさ	10	21
EC：追加単位（創造性と努力）	4	15
合計	61	130

認証レベル	事業要件	得点
Bronze	全12単位	40以上
Silver	全12単位	50以上
Gold	全12単位	60以上
Evergreen	全12単位	80以上

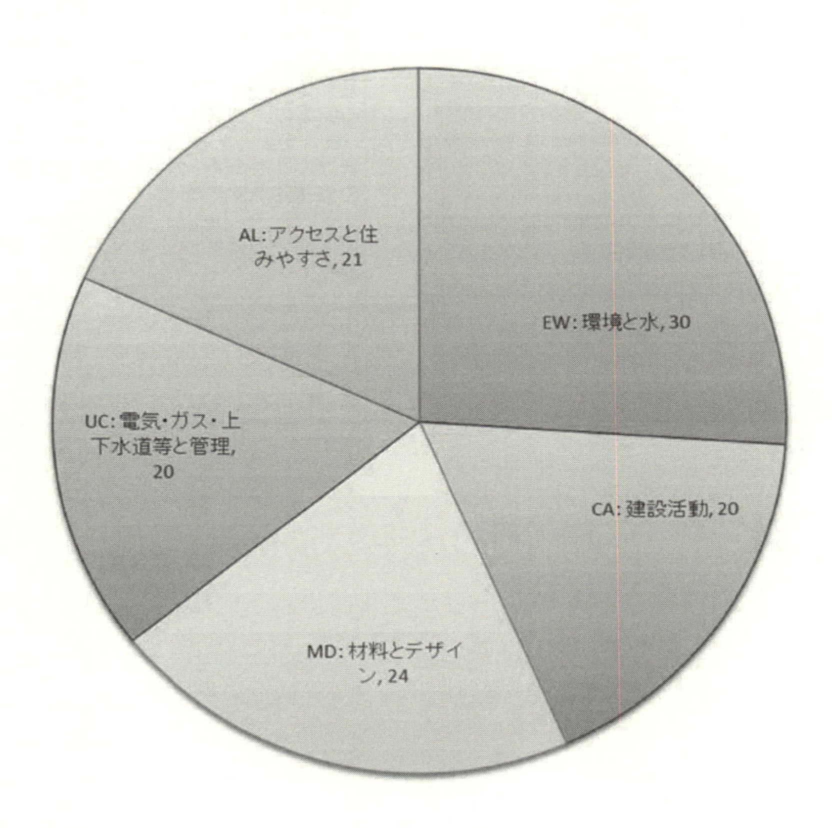

図-3.1.1　カテゴリ毎のクレジット，ポイント一覧

3.1.3　Project Requirements（事業要件）

PR: Project Requirements は事業要件と呼ばれ，**表-3.1.3** に示す 12 単位は必須項目でありプロジェクトのベースラインとなる．これらの 12 単位にはポイントは割り当てられていない．事業者は，これら事業要件について，指定されたマニュアル 2)に添い文書を作成する． 要件ごとに要求されている内容について記載する．また，関連する事例や研究なども参照して，事業が要求内容を満足していることを証明しなければならない．

表-3.1.3　カテゴリ PR：事業要件

PR-1	Title	Ecological Impact Analysis	環境影響分析
	Goal	プロジェクトのライフサイクル全体を通じて生態系に与える影響の総合的評価を奨励	
PR-2	Title	Energy & Carbon footprint	エネルギーと二酸化炭素に関するフットプリント
	Goal	建設材料と建設活動おけるエネルギーと排出物への説明責任を高める	
PR-3	Title	Low Impact Development	低負荷開発
	Goal	周辺影響をできるだけ小さくする雨水流出管理の実践を奨励	
PR-4	Title	Social Impact Analysis	社会影響分析
	Goal	プロジェクトのライフサイクル全体を通じて社会や地域利用コミュニティに与える影響の総合的評価を奨励	
PR-5	Title	Community Engagement	地域コミュニティとの契約
	Goal	地域コミュニティ、事業者、利害関係者のプロジェクト意思決定会合への積極的な参加を促進	
PR-6	Title	Lifecycle Cost Analysis	ライフサイクルコスト分析
	Goal	プロジェクト全体のライフサイクルコストの総合的評価を奨励	
PR-7	Title	Quality Control	品質管理
	Goal	建設期間中の系統的な質の管理実践を奨励	
PR-8	Title	Pollution Prevention	汚染防止
	Goal	建設活動による汚染の防止と削減	
PR-9	Title	Waste Management	廃棄物管理
	Goal	建設期間中の責任ある廃棄物の管理実践を奨励	
PR-10	Title	Noise & Glare Control	騒音・グレア抑制
	Goal	建設活動による周辺環境やコミュニティのかく乱防止と削減	
PR-11	Title	Utility Conflict Analysis	効用対立解析
	Goal	私的効用と公的効用の対立解析	
PR-12	Title	Asset Management	資産管理システム
	Goal	プロジェクト供用期間中の資産価値と環境の質の維持と保護	

3.1.4　Core Credits（主要項目）

Core Credit は，表-3.1.4 から表-3.1.8 に示す指定された 5 つの項目について事業者が任意で取組んだ単位にポイントを与えるものである．評価項目は，①環境と水（Environment & Water)，②建設活動（Construction & Activities)，③材料とデザイン（Material & Design)，④ 電気・ガス・水道などのユーティリティーと管理（Utilities and Controls)，⑤アクセスと住みやすさ（Access & Livability）である．これらは，それぞれ指定された内容について，既存の規格（ISO, AASHTO など）に沿い評価を行う．

表-3.1.4　カテゴリ EW：環境と水

ID		English	日本語
EW-1	Title	Preferred Alignment	優先される整合性
	Goal	生息地の喪失、劣化、分断や気候変動の危険性を引き起す要因の回避や最小化	
EW-2	Title	Ecological Connectivity	生態学的な連続性
	Goal	生息環境の分断を引き起す要因の削減と多様な生態系への改善	
EW-3	Title	Habitat Conservation	生息地保全
	Goal	オフサイトでの保全、創造、修復活動を通じて生息域への影響削減	
EW-4	Title	Land Use Enhancements	土地利用の機能強化
	Goal	人工的な景観の削減、緑化スペースの増加	
EW-5	Title	Vegetation Quality	植生品質
	Goal	侵略的な植生からの影響を削減を生物多様性の確保	
EW-6	Title	Soil Management	土壌管理
	Goal	盛り土や掘削による地盤改変を最小化し土壌の状態を改善	
EW-7	Title	Water Conservation	節水
	Goal	プロジェクトにおける携帯型水源要求の削減または除去	
EW-8	Title	Runoff Flow Control	流出流量制御
	Goal	プロジェクトによって発生する雨水流出の影響の削減	
EW-9	Title	Enhanced Runoff Treatment	強化された流出処理
	Goal	プロジェクトから流出する雨水の水質改善（通常の処理を超えて金属の除去）	
EW-10	Title	Oil & Contaminant Treatment	オイルと汚染物質処理
	Goal	プロジェクトから流出する雨水の水質改善（通常の処理を超えて油や非金属の除去）	

表-3.1.5　カテゴリ CA：建設活動

ID		English	日本語
CA-1	Title	Environmental Excellence	環境的な長所
	Goal	建設期間中に最低限の法令順守を超えた環境管理実践の奨励	
CA-2	Title	Workzone Health & Safety	職場の健康と安全
	Goal	建設期間中の健康と安全を脅かす要因の最小化	
CA-3	Title	Quality Process	品質プロセス
	Goal	建設の質に関する説明責任の改善	
CA-4	Title	Equipment Fuel Efficiency	機器の燃料効率
	Goal	建設機械のエネルギー効率を高める、または化石燃料を使用しない	
CA-5	Title	Workzone Air Emissions	現場からの排ガス
	Goal	建設機械からの排ガスの削減	
CA-6	Title	Workzone Water Use	現場での水使用
	Goal	建設期間中の責任ある水源管理の奨励	
CA-7	Title	Accelerated Construction	建設加速
	Goal	建設スケジュールの過密は最低限にし、工期の短縮	
CA-8	Title	Procurement Integrity	誠実な調達
	Goal	透明性の高い、道徳的な、フェアな契約手法による持続可能な調達の奨励	
CA-9	Title	Communication & Outreach	コミュニケーションと奉仕活動
	Goal	建設期間中の地元コミュニティやメディアとの取り決めの奨励	
CA-10	Title	Fair & Skilled Labor	フェアで熟練を育成する労働環境
	Goal	フェアな労働環境と教育機会の整備	
CA-11	Title	Local Economic Development	地域経済の発展
	Goal	地元の中小企業や労働者に平等な機会を与えることで地域が発展する	

表-3.1.6　カテゴリ MD：材料とデザイン

MD-1	Title	Preservation & Reuse	保存と再利用
	Goal	既存の材料を保存し再利用を奨励	
MD-2	Title	Recycled & Recovered Content	リサイクルおよび回収
	Goal	バージン材料の採取及び製造にかかる現場ニーズの削減、除去	
MD-3	Title	Environmental Product Declarations	環境製品の宣言
	Goal	建設材料や製品供給体制の環境影響に対する透明性の向上	
MD-4	Title	Health Product Declarations	健康製品の宣言
	Goal	建設材料や製品供給体制の健康影響に対する透明性の向上	
MD-5	Title	Local Materials	地元材料
	Goal	材料輸入による環境影響を削減、および地元経済を活性化	
MD-6	Title	Long Life Design	長寿命設計
	Goal	維持管理やライフサイクルコスト削減に貢献する長寿命設計の奨励	

表-3.1.7　カテゴリ UC：電気・ガス・上下水道と管理

UC-1	Title	Utility Upgrades	効用の向上
	Goal	地上あるいは地下の電気・ガス・上下水道などの性能向上	
UC-2	Title	Maintenance & Emergency Access	メンテナンスと緊急アクセス
	Goal	恒常的な施設管理や緊急時の活動における移動性、安全性向上	
UC-3	Title	Electric Vehicle Infrastructure	電気自動車インフラ
	Goal	低公害自動車やゼロエミッション自動車のインフラ整備による排出ガスの削減	
UC-4	Title	Energy Efficiency	エネルギー効率
	Goal	システム運用に伴うエネルギー消費の削減	
UC-5	Title	Alternative Energy	代替エネルギー
	Goal	システム運用に伴う化石燃料消費の削減、非化石燃料化	
UC-6	Title	Lighting & Controls	照明と制御
	Goal	制御システムと技術による環境性能の向上	
UC-7	Title	Traffic Emissions Reduction	交通排出の削減
	Goal	大気質、移動性、健康の向上を目的とした自動車等排出ガス削減	
UC-8	Title	Travel Time Reduction	移動時間の短縮
	Goal	移動性、利用者満足度の向上につながる業務遅延の削減	

表-3.1.8　カテゴリ AL：アクセスと住みやすさ

AL-1	Title	Safety Audit	安全監査
	Goal	既存あるいは潜在的な危険性を評価する仕組みづくりの奨励	
AL-2	Title	Safety Enhancements	安全性向上
	Goal	定量的な分析による既存かつ潜在的な運用上の危険性削減	
AL-3	Title	Multimodal Connectivity	マルチモーダルコネクティビティ
	Goal	さまざまな交通手段の接続性向上	
AL-4	Title	Equity & Accessibility	公平性とアクセシビリティ
	Goal	実質的な社会の利益につながること、コミュニティへの不均衡な影響の改善、ユニバーサルなアクセス性能を引き出すプロジェクトの奨励	
AL-5	Title	Active Transportation	アクティブな交通手段
	Goal	より健康なコミュニティ形成のための歩行者、自転車などの施設改善	
AL-6	Title	Health Impact Analysis	健康影響分析
	Goal	プロジェクトの運用や利用による健康影響の透明性確保	
AL-7	Title	Noise & Glare Reduction	ノイズ＆グレアリダクション
	Goal	プロジェクトの運用に伴う周辺環境やコミュニティのかく乱防止、削減	
AL-8	Title	Culture & Recreation	文化とレクリエーション
	Goal	地元の文化やレクリエーション資源への配慮	
AL-9	Title	Archaeology & History	考古学＆歴史
	Goal	地元の考古学、歴史的資源への配慮	
AL-10	Title	Scenery & Aesthetics	風景と美観
	Goal	現在の景色や美観向上を通して利用者の視覚体験を高める	

3.1.5　Extra Credits（追加項目）

Extra Credit は事業者が提案した内容について審査するもので，前述の①～⑤の 5 種類の Core Credit に加えて，**表-3.1.9** に示す⑥創造性と努力（Creativity & Effort）について単位を取得できる．革新的かつ持続可能な道路の設計・施工を創出することを目的に，これまでの事業で見られなかった取組みなどを評価する．

表-3.1.9　カテゴリ CE：創造性と努力

CE-1	Title	Educated Team	教育を受けたチーム
	Goal	教育を受けた総合的なプロジェクトチームへの報酬	
CE-2	Title	Innovative Ideas	革新的なアイデア
	Goal	設計や建設における斬新で革新的なアイデアへの報酬	
CE-3	Title	Enhanced Performance	パフォーマンスの向上
	Goal	要求水準を超える達成度への報酬	
CE-4	Title	Local Values	地域固有の価値
	Goal	サポート方針、戦略的目標、地域固有の価値に対する報酬	

3.1.6　まとめ

審査は専門の審査員によって厳格に実施され，単位を取得できた事業者の提案は Greenroads Rating System®のウェブサイトで紹介され，現地に銘板の掲示ができる．Greenroads Rating System®は，当初，米国の一部で運用されていた評価システムであったが，カナダ，ニュージーランド，台湾，南アフリカなどに普及し始めている．環境に関して具体的な評価項目を設定して運用しており，参考になる点が多い．昨今の地球温暖化や気候変動を背景に，全産業で環境負荷軽減や持続な社会構築に向けた取組みが求められるなか，わが国でも環境配慮型事業における総合評価方法の活用が急がれる．

なお，Griffiths, K.ら[4]によるアンケート調査によると，Greenroads Rating System®のような持続可能性の評価格付けシステムは，プロジェクト認証という本来の目的以外の使い方がされることも多く，個人や組織の持続可能性に対する認識の向上，ポリシーや慣習に影響を与える可能性が指摘されている。

【参考文献】

1) Muench, S. et al (2008), Green Roads: A Sustainability Rating System for Roadways, Proceeding of ISAP Symposium on Asphalt Pavement, pp. 611-622.

2) Greenroads ホームページ, https://www.greenroads.org/　（最終閲覧日：2020 年 7 月 12 日）

3) Greenroad RATING SYSTEM V2 マニュアル電子版, 2019.4

4) Griffiths, K. et al (2018), Beyond the Certification Badge - How Infrastructure Sustainability Rating Tools Impact on Individual, Organizational, and Industry Practice, Sustainability, 10(4), pp.1038-

3.2 CASBEE

3.2.1 概要

CASBEE®（建築環境総合性能評価システム）は，より優れた環境デザインを高く評価し，設計者や発注者に対するインセンティブを向上させることを目指した評価格付け手法である．建築物の省エネルギーや環境負荷の少ない資機材の使用，室内の快適性や景観への配慮なども含めた建物の品質を総合的に評価するシステムとなっている． 2001 年 4 月に国土交通省住宅局の支援のもと産官学共同プロジェクトとして開発が始まり，以降，継続的に開発とメンテナンスがおこなわれている．

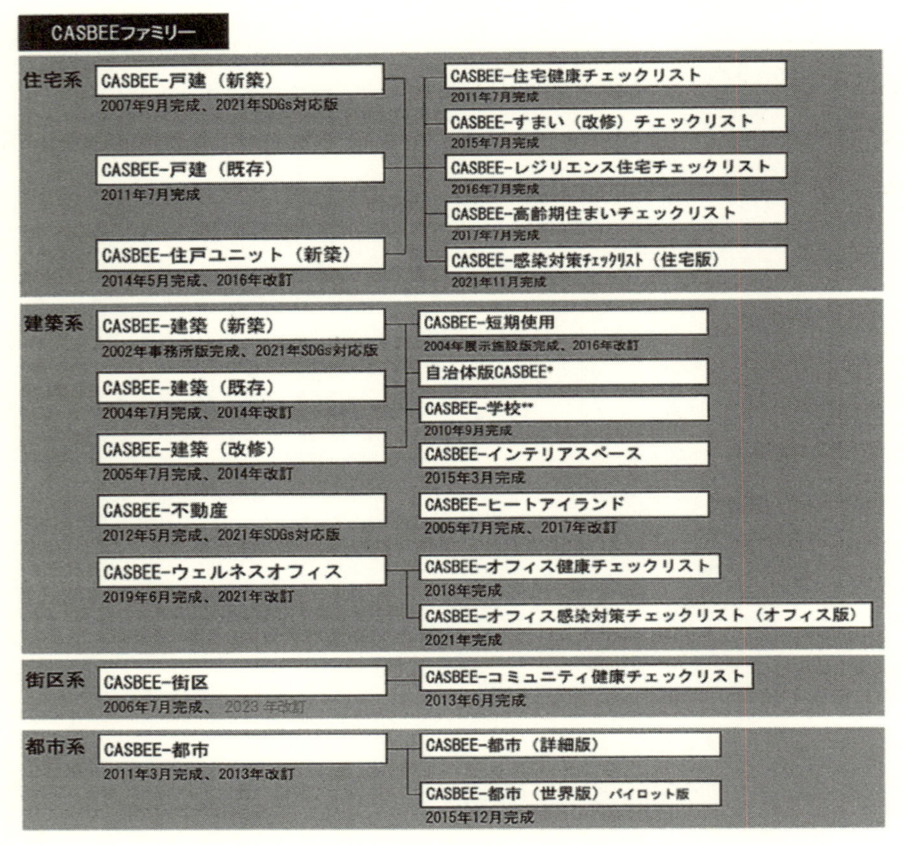

図-3.2.1　CASBEE ファミリーの構成 1)

（出典：日本サステナブル建築協会；CASBEE-街区　評価マニュアル 2023 年版, IBEC, p.5, 2023）

開発当初より，単体建築物のみならず建築群としての環境性能を評価する手法の開発が重要であると認識されており，CASBEE-戸建や CASBEE-建築のほかに CASBEE-街区や CASBEE-都市といった評価システム（**図-3.2.1**）を提供している．評価する対象のスケールに応じて住宅系，建築系，街区系，都市系に分類され，これらを総称して「CASBEE ファミリー」と呼んでいる．道路等の非建築敷地を含めた建築群総体としての環境性能を評価するには，CASBEE-街区（2023 年版）が適している．2012 年に制定された「都市の低炭素化の促進に関する法律（通称，エコまち法）」に準拠した方式の 2014 年版に比べて，2023 年版は持続可能な開発の内容をより多角的に評価することを念頭に大幅な改訂がおこなわれ，「マネジメント」「スマート化」「脱炭素」の側面が重視されている．

CASBEE の特徴は，建築物の環境に対する様々な側面を客観的に評価するという目的から，(1)建築物のライフサイクルを通じた評価ができること，(2)「建築物の環境品質(Q)」と「建築物の環境負荷(L)」の両側面から評価すること，(3)「環境効率」の考え方を用いて新たに開発された評価指標「BEE（建築物の環境性能効率，Built Environment Efficiency）」で評価すること，という３つの理念に基づいて開発されている．また，評価結果が「S ランク（素晴らしい）」から，「A ランク（大変良い）」「B+ランク（良い）」「B－ランク（やや劣る）」「C ランク（劣る）」という５段階のランキングが与えられることも大きな特徴である（**図-3.2.2**）．

建築物の環境効率（BEE）＝Q（建築物の環境品質）／L（建築物の環境負荷）

BEE を用いることにより，建築物や街区の環境性能評価をより簡潔・明確に示すことができる．縦軸に Q の値，横軸に L の値をプロットすると，原点と結んだ直線の傾きとして BEE 値が表示される．Q の値が高く，L の値が低いほど傾きが大きくなり，より持続可能性の高い建築物と評価される．

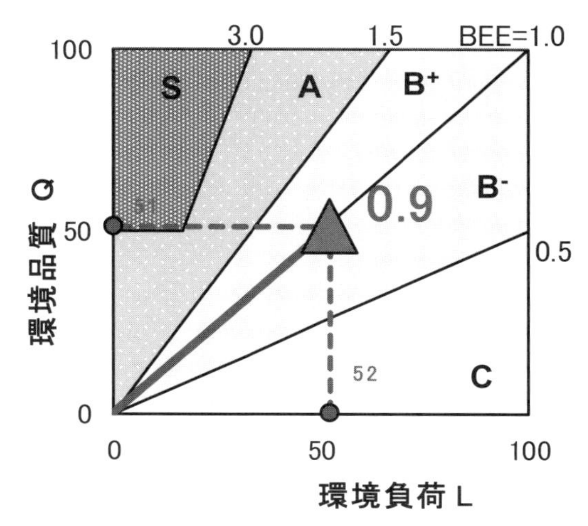

図-3.2.2　BEE に基づく環境ラベリング

Q=51, L=52, BEE=0.9, BEE ランク B-の例[2)]

（出典：CASBEE-街区　評価ソフト 2023 版 v.1.2.1）

3.2.2 CASBEE-街区での評価方法[2)]

CASBEE-街区の評価対象は，仮想境界により区切られた「対象区域」を事業者が設定し，この仮想境界内部の環境品質（Q_{UD}）と仮想境界の外側に対する環境負荷（L_{UD}）の両側面から評価する（**図-3.2.3**）．

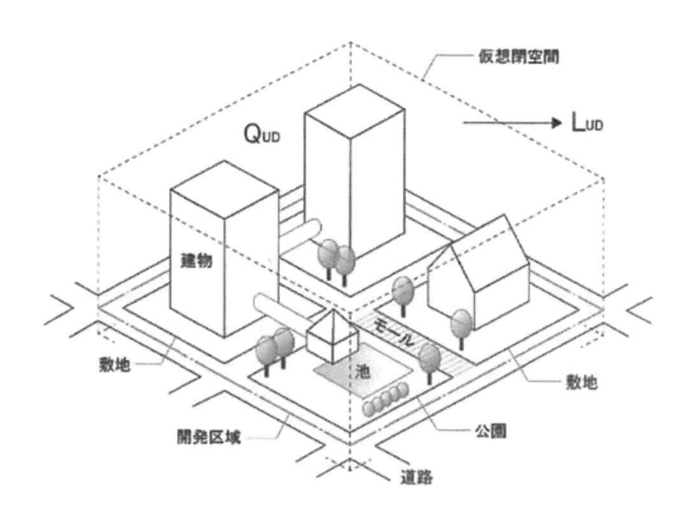

図-3.2.3　評価対象[1)]

（出典：日本サステナブル建築協会；CASBEE-街区　評価マニュアル 2023 年版, IBEC, p.12, 2023）

CASBEE-街区の主な活用法としては，以下の 4 つが考えられる．

- 面開発型プロジェクトにおける環境配慮計画ツールとしての活用
- 環境ラベリングツールとしての活用
- 街区／地区スケールでの省エネ改修などの計画・評価ツールとしての活用
- 都市計画を持続可能性の観点から補強するツールとしての活用

評価項目の構成は**表-3.2.1**～**表-3.2.6** に示す通り，街区に関わる環境品質（Q_{UD}）は，Q 1：環境，Q 2：社会，Q 3： 経済の三つの大項目に分類され，1.1 自然環境，1.2 生活環境，1.3 建築物における環境配慮，1.4 環境性能に関するスマート化，2.1 ガバナンス，2.2 生活利便，2.3 健康福祉，2.4 安全安心，2.5 包摂性，2.6 社会性能に関するスマート化，3.1 経済基盤，3.2 ヒューマンキャピタル，3.3 活性化方策，3.4 経済性能に関するスマート化について評価する．次に街区における環境負荷低減性（LR_{UD}）は 2023 年度版から大幅に変更されおり，LR1：エネルギー，LR2：資源・マテリアル，LR3：周辺環境の三つの大項目に分類し，1.1 都市・街区エネルギーの効率化，1.2 再生可能エネルギーの利用，1.3 未利用エネルギーの利用，1.4 エネルギーマネジメント，2.1 土地資源，2.2 水資源，2.3 資源循環，3.1 地球温暖化への配慮，3.2 交通負荷の削減，3.3 環境阻害の削減について評価する．

表-3.2.1 CASBEE-街区の環境性能（Q1 環境）の評価項目

Q-1 環境
1.1 自然環境
1.1.1 自然環境の保全
1.1.1.1 動植物の保全
1.1.1.2 地形の保全
1.1.1.3 土壌の保全
1.1.2 生物の生息空間の確保
1.1.2.1 生物の生息空間のまとまり
1.1.2.2 生物の生息空間の質
1）樹林
2）草地
3）水辺
1.1.2.3 地域性への配慮
1）木本（中高木）
2）木本（低木）・草本
1.1.2.4 エコロジカルネットワーク
1.2 生活環境
1.2.1 水と緑
1.2.1.1 地上部の水と緑
1.2.1.2 建物の緑

1）屋上緑化
2）壁面緑化
1.2.2 熱環境
1.2.2.1 日射の遮蔽
1.2.2.2 輻射熱・反射の抑制
1.2.2.3 風通しの確保
1.2.3 都市景観
1.2.3.1 街並み・景観形成への配慮
1.2.3.2 周辺との調和性
1.3 建築物における環境配慮
1.4 環境性能に関するスマート化

表-3.2.2 CASBEE-街区の環境性能（Q2 社会）の評価項目

Q-2 社会
2.1 ガバナンス
2.1.1 コンプライアンス
2.1.2 エリアマネジメント
2.1.2.1 運営・組織体制
2.1.2.2 資金力
2.1.2.3 維持管理
1) 街区施設等の維持管理
2) グリーンインフラの維持管理
2.2 生活利便
2.2.1 商業施設
2.2.2 公共交通施設
2.2.3 教育施設
2.2.4 行政施設
2.3 健康福祉
2.3.1 健康増進施設
2.3.2 福祉施設
2.3.3 医療施設
2.3.4 コミュニティ施設
2.4 安全安心
2.4.1 防災基本性能
2.4.1.1 災害への対応
2.4.1.2 各種インフラの防災性能

2.4.1.3 防災空地・避難路
2.4.2 発災後の対応性能
2.4.3 交通安全
2.4.4 防犯
2.5 包摂性
2.5.1 地域の歴史・文化との融和
2.5.2 多様な住宅の供給
2.5.3 ユニバーサルデザイン
2.6 社会性能に関するスマート化

表-3.2.3 CASBEE-街区の環境性能（Q3 経済）の評価項目

Q-3 経済
3.1 経済基盤
3.1.1 都市構造
3.1.1.1 周辺地域への貢献
3.1.1.2 スマートロケーション
3.1.1.3 適正な開発規模
3.1.2 交通インフラ
3.1.2.1 交通施設整備
3.1.2.2 公共交通指向型開発
3.1.2.3 モビリティサービス
3.1.2.4 物流システム
3.2 ヒューマンキャピタル
3.2.1 人口
3.2.1.1 常住人口（夜間人口）
3.2.1.2 滞在人口（昼間人口）
3.2.2 学習機会
3.3 活性化方策
3.3.1 雇用・働く場の創出
3.3.1.1 雇用創出
3.3.1.2 働き方の多様性
3.3.2 地域産業力の強化
3.3.2.1 地域産業の振興
3.3.2.2 魅力的なまちなかの形成
3.3.3 多様な主体の連携
3.4 経済性能に関するスマート化

表-3.2.4 CASBEE-街区の環境負荷低減性（LR-1 エネルギー）の評価項目

LR-1 エネルギー
1.1 都市・街区エネルギーの効率化
1.2 再生可能エネルギーの利用
1.3 未利用エネルギーの利用
1.4 エネルギーマネジメント
1.4.1 需給システムのスマート化
1.4.2 更新性・拡張性

表-3.2.5 CASBEE-街区の環境負荷低減性（LR-2 資源）の評価項目

LR-2 資源
2.1 土地資源
2.1.1 土壌汚染への対応
2.1.2 地盤沈下の抑制
2.2 水資源
2.2.1 上水使用量の削減
2.2.1.1 節水
2.2.1.2 雨水/井水利用
2.2.1.3 中水利用
2.2.2 下水道負荷の軽減
2.2.2.1 排水量削減
2.2.2.2 雨水流出抑制
2.3 資源循環
2.3.1 建材の選択
2.3.1.1 持続可能な森林の木材使用
2.3.1.2 リサイクル資材の使用 (躯体、非構造材料)
2.3.2 ゴミ等の処理負荷の軽減
2.3.2.1 ゴミの分別回収
2.3.2.2 ゴミの減容化、減量化、堆肥化
2.3.2.3 食品系のリサイクル・廃棄物削減

表-3.2.6 CASBEE-街区の環境負荷低減性（LR-3 周辺環境）の評価項目

LR-3 周辺環境
3.1 地球温暖化への配慮
3.2 交通負荷の削減
3.2.1 交通に関する広域的取組み

3.2.1.1 交通施設整備に関する上位計画との整合
3.2.1.2 交通需要マネジメント等の取組み
3.2.2 自動車交通量に関する配慮
3.2.2.1 他の交通手段への転換による自動車交通量の総量削減
3.2.2.2 周辺道路への負荷を抑制する動線計画
3.3 環境阻害の削減
3.3.1 ヒートアイランドの緩和
3.3.2 対象区域外に対する大気汚染の防止
3.3.2.1 発生源における対策
3.3.2.2 交通手段における対策
3.3.2.3 大気浄化に対する取組み
3.3.3 対象区域外に対する騒音・振動・悪臭の防止
3.3.3.1 騒音が対象区域外に及ぼす影響の軽減
3.3.3.2 振動が対象区域外に及ぼす影響の軽減
3.3.3.3 悪臭が対象区域外に及ぼす影響の軽減
3.3.4 対象区域外に対する風害の抑制
3.3.5 対象区域外に対する日照阻害の抑制
3.3.6 対象区域外に対する光害の抑制
3.3.6.1 照明・広告物等の光害の抑制
3.3.6.2 建物外壁や屋外構造物による昼光反射の抑制

評価者はCASBEE-街区の評価マニュアル[1)]に記載されている内容に従って評価を実施し，評価ソフト[2)]にその採点結果を入力する．各評価項目の評価結果はスコアシート上に示されたQ（環境品質），LR（環境負荷低減性）各分野の重み係数を掛けて合計した総合スコアやBEEが，結果シートに表される．評価結果表示シートは，スコアシートの得点を棒グラフ，レーダーチャート，BEE値のグラフ等を用い，評価結果をビジュアルに表示できる．2023年版からはホールライフカーボンやマネジメント性能，スマート性能も表示されるようになった．評価ソフト[2)]は日本建築サステナブル建築協会のホームページより，MS-Excel®のファイルがダウンロードできる．

3.2.3 道路環境への適用の可能性

Greenroads Rating System®と類似する評価項目も多いが，CASBEE-街区の環境性能の評価項目の多くは，人が働く街区（非住宅）あるいは住む街区（住宅）を前提にした評価項目であることから，あらゆる道路環境に適用できる指標とは言えない．ただし，道路を含む環境の総合評価指標としては有効である．

Greenroads Rating System®に比べると，CASBEE®は道路環境に特化した指標ではないが，CASBEE-街区に関しては建築物に関する評価の項目は少ないので，道路などの公的空間を中心とした面的な環境評価に活用することは可能である．評価する環境性能（Q）の項目のうち建築物に関する項目は，「Q1.3 建築物における環境配慮」の項目（CASBEE-建築などで評価された建物の有無を評価する）だけなので，比較的簡単に回答できる.

3.2.4 まとめ

CASBEE®は環境性能（Q）と環境負荷（L）を区別して評価する点が特徴的であり，各評価項目に重みをつけて得点を算出する仕組みになっているので，状況に応じて重み係数を変えることも可能である.現在，一部の地方自治体では，一定規模以上の建築物を建てる際に，環境計画書の届出を義務付けており，その際にCASBEE®による評価書の添付が求められている．CASBEE®は，各自治体の地域性や政策等を勘案し，各項目の重みをカスタマイズできることから，より地域の実態を反映した総合評価指標として運用することが可能である．LEED®やGreenroads Rating System®と比べると，CASBEE®は評価構造が明快で地域性が考慮できる柔軟性も併せもつ総合評価指標であり，道路環境の総合評価指標の確立に向けて参考なる評価指標であると言える.

【参考文献】

1)　日本サステナブル建築協会：CASBEE-街区　評価マニュアル2023年版，IBECs，2023
2)　日本サステナブル建築協会：CASBEE-街区（2023年版）評価ソフトCASBEE-UD_2023v.1.2.1，IBECs，2023

第４章　材料および工法の安全性とトレーサビリティ

第 4 章　材料および工法の安全性とトレーサビリティ

令和 4 年度の国土交通白書では,『第 8 章 第 2 節 循環型社会の形成促進』において「建設廃棄物は全産業廃棄物のうち排出量で約 2 割を占め, その発生抑制, 再利用, 再利用促進は重要な課題である. 平成 30 年度の建設廃棄物の排出量は全国で 7,440 万トン, 最終処分量は 212 万トンまで減少し, 再資源化・縮減量も 97.2%に上昇するなど, 維持・安定期に入ってきたと考えられるが, 今後も社会資本の維持管理・更新時代の到来への対応など, 更なる建設リサイクルの推進を図っていく必要がある」とあり, 建設廃棄物の再利用が求められている.

また, 令和 2 年 9 月に国土交通省における建設リサイクルの推進に向けた基本的考え方, 目標, 具体的施策を示す『建設リサイクル推進計画 2020～「質」を重視するリサイクルへ～』を策定し, 計画期間を最大で 10 年間（必要に応じて見直し）として各種施策に取り組んでいる. 具体的には, 維持・安定期に入ってきた建設副産物のリサイクルについて, 今後は「質」の向上が重要な視点と考え, 建設副産物の再資源化率等に関する 2024 年度達成基準値を設定して建設リサイクルを推進する. また, 主要な課題を, ①建設副産物の高い再資源化率の維持等, 循環型社会形成へのさらなる貢献, ②社会資本の維持管理・更新時代への配慮, ③建設リサイクル分野における生産性向上に資する対応等, の 3 つの項目で整理し, 実施主体を明確化して取り組むべき施策を実施している.

これらのこともあり, 舗装においては, 建設副産物であるコンクリート塊やアスファルト・コンクリート塊について 99%以上のリサイクル活用や, スラグや石炭灰等の他産業副産物の積極的な利用を行っている.

そして, 同じ令和 4 年度の国土交通白書の『第 8 章 第 6 節 大気汚染・騒音の防止等による生活環境の改善』では, ヒートアイランド対策や建設施工における環境対策が示されている. 舗装におけるヒートアイランド対策としては遮熱性舗装や保水性舗装があり, 舗装工事では排出ガス（NOx, PM）対策や騒音が低減された等の環境対策型建設機械を用いて施工する等, 舗装の工法や施工においても様々な環境対策を行っている.

そこで, 本章では舗装に係わる環境基準や環境に関する安全性, および舗装の材料や工法における環境対策等について述べる.

4.1　舗装に係わる環境基準と安全性

4.1.1　舗装に係わる環境基準

環境省が 2024 年 5 月に発表した第六次環境基本計画では, 以下に示す 6 つの重点戦略を設定し, 持続可能な社会としての「循環型共生社会」の構築を目指している.

① 「新たな成長」を導く持続可能な生産と消費を実現するグリーンな経済システムの構築
② 自然資本を基盤とした国土のストックとしての価値の向上
③ 環境・経済・社会の統合的向上の実践・実走の場としての地域づくり
④ 「ウェルビーイング/高い生活の質」を実感できる安全・安心, かつ健康で心豊かな暮らしの実現
⑤ 「新たな成長」を支える科学技術・イノベーションの開発・実証と社会実装
⑥ 環境を軸とした関絡的な国際協調の推進による国益と人類の福祉への貢献

また, 国土交通省でも, 平成 29 年国土交通白書において,「建設産業は社会資本の整備を支える不可欠の存在であり, 都市再生や地方創生など, 我が国の活力ある未来を築く上で大きな役割を果たす

とともに，震災復興，防災・減災，老朽化対策，メンテナンスなど地域の守り手として極めて重要な役割を担っている．一方，少子高齢化の進展に伴い，建設産業は高齢化の進行等の構造的な課題に直面しており，今後，これらの課題に対応し，持続的な建設産業を構築していく必要がある.」とし，建設産業においても持続可能な循環型社会の構築が必要としている．

そこで，舗装における持続可能な舗装システムを考える際，FHWA から出されている『Towards Sustainable Pavement Systems』を見ると，**図-4.1** のように舗装特性と人体や環境への影響が示されている．このような舗装の使用段階だけでなく，舗装材料の製造から使用終了後の再生までのシステムを考えると，**図-4.2** に示すような各段階で舗装と環境が係わっていることが分かる．

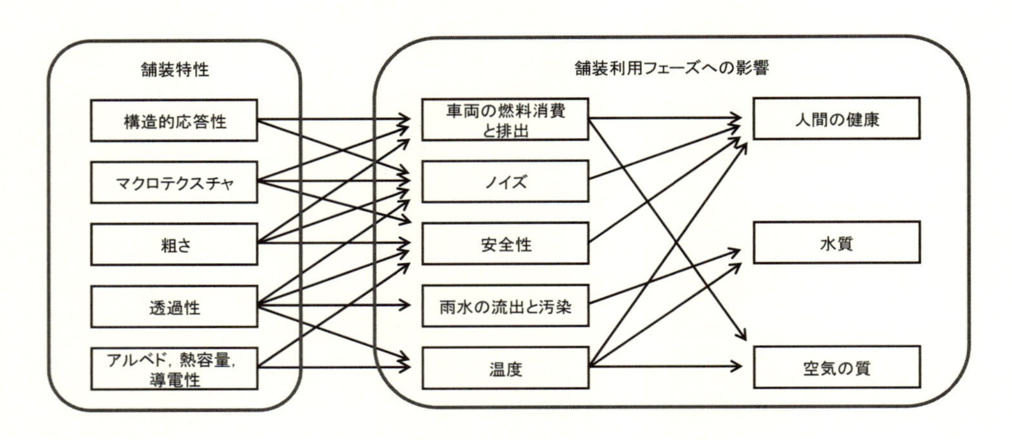

図-4.1.1 舗装特性と使用段階目標への影響 [1)]
（出典：FHWA：『Towards Sustainable Pavement Systems』）を基に改変

ここで，日本における環境基準は，環境省で「環境基本法 第三節 第十六条」に定めている．そこでは環境基準について，「政府は，大気の汚染，水質の汚濁，土壌の汚染及び騒音に係る環境上の条件について，それぞれ，人の健康を保護し，及び生活環境を保全する上で維持されることが望ましい基準を定めるものとする」と記されており，それぞれの項目に対する環境基準は，**表-4.1**～**表-4.7** のように定められている．

舗装においても，路盤では土壌の汚染に係る環境基準を満足する必要がある等，この環境基準値を満足することが求められている．

この環境基準は，個々の工場や事業場から排出される汚染物質の集積等によって生じる地域（水域）全体の環境汚染の改善目標を示すもので，行政によっては地域（水域）ごとに基準達成状況の監視が行われるものの，基準超過による罰則は定められていない．

ただし，環境に関する規制基準は，個々の工場、事業場等からの汚染物質の排出等を規制するために定められる，排出物等に含まれる汚染物質の許容限度であり，大防法，水濁法等規制法は，工場、事業等に規制基準の順守を義務付けており、規制基準違反には罰則が規定されているので混同しないように注意が必要である．

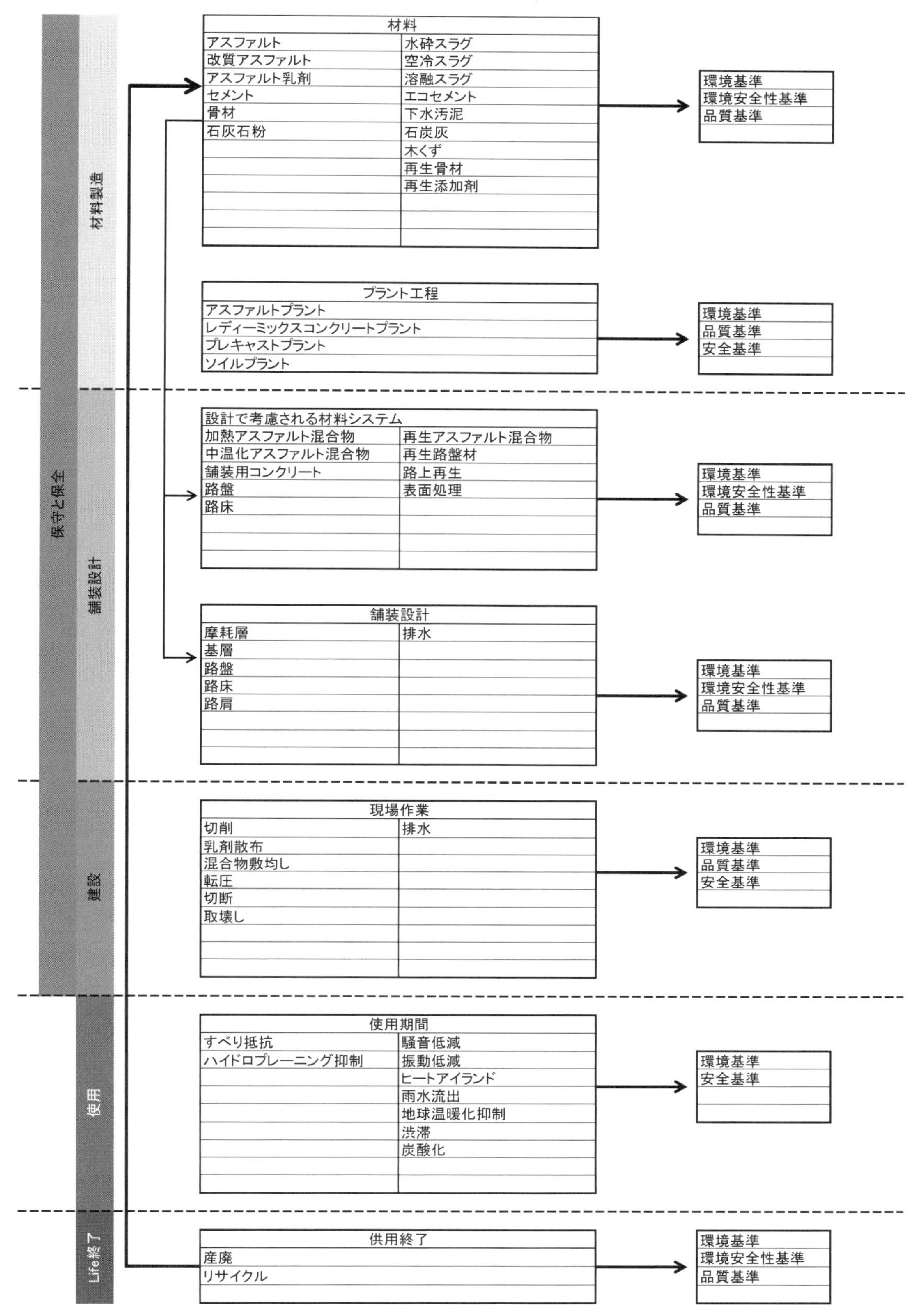

図-4.1.2 舗装の持続可能性に関するコンセプト[1]
（出典：FHWA：『Towards Sustainable Pavement Systems』）を基に改変

表-4.1.1 大気汚染に係る環境基準[2)]

物質	環境上の条件（設定年月日等）	測定方法
二酸化いおう（SO_2）	1時間値の1日平均値が0.04ppm以下であり、かつ、1時間値が0.1ppm以下であること。(48.5.16告示)	溶液導電率法又は紫外線蛍光法
一酸化炭素（CO）	1時間値の1日平均値が10ppm 以下であり、かつ、1時間値の8時間平均値が20ppm 以下であること。(48.5.8告示)	非分散型赤外分析計を用いる方法
浮遊粒子状物質（SPM）	1時間値の1日平均値が0.10mg/m3以下であり、かつ、1時間値が0.20mg/m3以下であること。(48. 5.8告示)	濾過捕集による重量濃度測定方法又はこの方法によって測定された重量濃度と直線的な関係を有する量が得られる光散乱法、圧電天びん法若しくはベータ線吸収法
二酸化窒素（NO_2）	1時間値の1日平均値が0.04ppmから0.06ppmまでのゾーン内又はそれ以下であること。(53. 7.11告示)	ザルツマン試薬を用いる吸光光度法又はオゾンを用いる化学発光法
光化学オキシダント（OX）	1時間値が0.06ppm以下であること 。(48.5.8告示)	中性ヨウ化カリウム溶液を用いる吸光光度法若しくは電量法、紫外線吸収法又はエチレンを用いる化学発光法

（出典元：環境省　大気汚染に係る環境基準 https://www.env.go.jp/kijun/taiki.html）
（最終閲覧日 2023 年 11 月 24 日）

表-4.1.2　有害大気汚染物質（ベンゼン等）に係る環境基準[2)]

物質	環境上の条件	測定方法
ベンゼン	1年平均値が0.003mg/m3以下であること。(H9.2.4告示)	キャニスター又は捕集管により採取した試料をガスクロマトグラフ質量分析計により測定する方法を標準法とする。また、当該物質に関し、標準法と同等以上の性能を有使用可能とする。
トリクロロエチレン	1年平均値が0.13mg/m3以下であること。(H30.11.19告示)	
テトラクロロエチレン	1年平均値が0.2mg/m3以下であること。(H9.2.4告示)	
ジクロロメタン	1年平均値が0.15mg/m3以下であること。(H13.4.20告示)	

（出典元：環境省　大気汚染に係る環境基準 https://www.env.go.jp/kijun/taiki.html）
（最終閲覧日 2024 年 7 月 31 日）

表-4.1.3 ダイオキシン類に係る環境基準[3)]

媒体	基準値	測定方法
大気	0.6pg-TEQ／m3以下	ポリウレタンフォームを装着した採取筒をろ紙後段に取り付けたエアサンプラーにより採取した試料を高分解能ガスクロマトグラフ質量分析計により測定する方法
水質 （水底の底質を除く。）	1pg-TEQ／l 以下	日本工業規格K0312に定める方法
水底の底質	150pg-TEQ／g以下	水底の底質中に含まれるダイオキシン類をソックスレー抽出し、高分解能ガスクロマトグラフ質量分析計により測定する方法
土壌	1,000pg-TEQ／g以下	土壌中に含まれるダイオキシン類をソックスレー抽出し、高分解能ガスクロマトグラフ質量分析計により測定する方法（ポリ塩化ジベンゾフラン等（ポリ塩化ジベンゾフラン及びポリ塩化ジベンゾ－パラ－ジオキシンをいう。以下同じ。）及びコプラナーポリ塩化ビフェニルをそれぞれ測定するものであって、かつ、当該ポリ塩化ジベンゾフラン等を2種類以上のキャピラリーカラムを併用して測定するものに限る。）

（出典元：環境省　ダイオキシン類による大気の汚染、水質の汚染（水底の底質の汚染を含む。）及び土壌の汚染に係る環境基準 https://www.env.go.jp/kijun/dioxin.html）（最終閲覧日 2023 年 11 月 24 日）

表-4.1.4 微小粒子状物質に係る環境基準[2)]

物質	環境上の条件	測定方法
微小粒子状物質	1年平均値が15μg/m3以下であり、かつ、1日平均値が35μg/m3以下であること。(H21.9.9告示)	微小粒子状物質による大気の汚染の状況を的確に把握することができると認められる場所において、濾過捕集による質量濃度測定方法又はこの方法によって測定された質量濃度と等価な値が得られると認められる自動測定機による方法

（出典元：環境省　大気汚染に係る環境基準 https://www.env.go.jp/kijun/taiki.html）
（最終閲覧日 2023 年 11 月 24 日）

表-4.1.5 騒音に係る環境基準（道路に面する地域）[4)]

地域の区分	基準値	
	昼間	夜間
A地域のうち2車線以上の車線を有する道路に面する地域	60デシベル以下	55デシベル以下
B地域のうち2車線以上の車線を有する道路に面する地域及びC地域のうち車線を有する道路に面する地域	65デシベル以下	60デシベル以下

（出典元：環境省 騒音に係る環境基準 https://www.env.go.jp/kijun/oto1-1.html）
（最終閲覧日 2023 年 11 月 24 日）

表-4.1.6 水質汚濁に係る環境基準のうち人の健康の保護に関する環境基準[5)]

項目	基準値	測定方法
カドミウム	0.003mg／L 以下	日本工業規格K0102（以下「規格」という。）55.2、55.3又は55.4に定める方法
全シアン	検出されないこと。	規格38.1.2及び38.2に定める方法、規格38.1.2及び38.3に定める方法又は規格38.1.2及び38.5に定める方法
鉛	0.01mg／L 以下	規格54に定める方法
六価クロム	0.02mg／L 以下	規格65.2に定める方法（ただし、規格65.2.6に定める方法により汽水又は海水を測定する場合にあつては、日本工業規格K0170-7の7のa)又はb)に定める操作を行うものとする。）
砒素	0.01mg／L 以下	規格61.2、61.3又は61.4に定める方法
総水銀	0.0005mg／L以下	付表1に掲げる方法
アルキル水銀	検出されないこと。	付表2に掲げる方法
PCB	検出されないこと。	付表3に掲げる方法
ジクロロメタン	0.02mg／L 以下	日本工業規格K0125の5.1、5.2又は5.3.2に定める方法
四塩化炭素	0.002mg／L以下	日本工業規格K0125の5.1、5.2、5.3.1、5.4.1又は5.5に定める方法
1,2-ジクロロエタン	0.004mg／L以下	日本工業規格K0125の5.1、5.2、5.3.1又は5.3.2に定める方法
1,1-ジクロロエチレン	0.1mg／L 以下	日本工業規格K0125の5.1、5.2又は5.3.2に定める方法
シス-1,2-ジクロロエチレン	0.04mg／L 以下	日本工業規格K0125の5.1、5.2又は5.3.2に定める方法
1,1,1-トリクロロエタン	1mg／L 以下	日本工業規格K0125の5.1、5.2、5.3.1、5.4.1又は5.5に定める方法
1,1,2-トリクロロエタン	0.006mg／L以下	日本工業規格K0125の5.1、5.2、5.3.1、5.4.1又は5.5に定める方法
トリクロロエチレン	0.01mg／L 以下	日本工業規格K0125の5.1、5.2、5.3.1、5.4.1又は5.5に定める方法
テトラクロロエチレン	0.01mg／L 以下	日本工業規格K0125の5.1、5.2、5.3.1、5.4.1又は5.5に定める方法
1,3-ジクロロプロペン	0.002mg／L以下	日本工業規格K0125の5.1、5.2又は5.3.1に定める方法
チウラム	0.006mg／L以下	付表4に掲げる方法
シマジン	0.003mg／L以下	付表5の第1又は第2に掲げる方法
チオベンカルブ	0.02mg／L 以下	付表5の第1又は第2に掲げる方法
ベンゼン	0.01mg／L 以下	日本工業規格K0125の5.1、5.2又は5.3.2に定める方法
セレン	0.01mg／L 以下	規格67.2、67.3又は67.4に定める方法
硝酸性窒素及び亜硝酸性窒素	10mg／L 以下	硝酸性窒素にあつては規格43.2.1、43.2.3、43.2.5又は43.2.6に定める方法、亜硝酸性窒素にあつては規格43.1に定める方法
ふっ素	0.8mg／L 以下	規格34.1若しくは34.4に定める方法又は規格34.1c)（注(6)第三文を除く。）に定める方法（懸濁物質及びイオンクロマトグラフ法で妨害となる物質が共存しない場合にあつては、これを省略することができる。）及び付表6に掲げる方法
ほう素	1mg／L 以下	規格47.1、47.3又は47.4に定める方法
1，4-ジオキサン	0.05mg／L以下	付表8に掲げる方法

（出典：環境省 水質汚濁に係る環境基準「人の健康の保護に関する環境基準」
https://www.env.go.jp/content/000077408.pdf）（最終閲覧日 2024 年 7 月 31 日）

表-4.1.7 土壌の汚染に係る環境基準[6)]

項目	環境上の条件	測定方法
カドミウム	検液1Lにつき0.01mg以下であり、かつ、農用地においては、米1kgにつき0.4mg以下であること。	環境上の条件のうち、検液中濃度に係るものにあっては、日本工業規格K0102（以下「規格」という。）55に定める方法、農用地に係るものにあっては、昭和46年6月農林省令第47号に定める方法
全シアン	検液中に検出されないこと。	規格38に定める方法（規格38.1.1に定める方法を除く。）
有機燐(りん)	検液中に検出されないこと。	昭和49年9月環境庁告示第64号付表1に掲げる方法又は規格31.1に定める方法のうちガスクロマトグラフ法以外のもの（メチルジメトンにあっては、昭和49年9月環境庁告示第64号付表2に掲げる方法）
鉛	検液1Lにつき0.01mg以下であること。	規格54に定める方法
六価クロム	検液1Lにつき0.05mg以下であること。	規格65.2に定める方法（ただし、規格65.2.6に定める方法により塩分の濃度の高い試料を測定する場合にあっては、日本工業規格K0170-7の7のa)又はb)に定める操作を行うものとする。）
砒(ひ)素	検液1Lにつき0.01mg以下であり、かつ、農用地(田に限る。)においては、土壌1kgにつき15mg未満であること。	環境上の条件のうち、検液中濃度に係るものにあっては、規格61に定める方法、農用地に係るものにあっては、昭和50年4月総理府令第31号に定める方法
総水銀	検液1Lにつき0.0005mg以下であること。	昭和46年12月環境庁告示第59号付表1に掲げる方法
アルキル水銀	検液中に検出されないこと。	昭和46年12月環境庁告示第59号付表2及び昭和49年9月環境庁告示第64号付表3に掲げる方法
PCB	検液中に検出されないこと。	昭和46年12月環境庁告示第59号付表3に掲げる方法
銅	農用地(田に限る。)において、土壌1kgにつき125mg未満であること。	昭和47年10月総理府令第66号に定める方法
ジクロロメタン	検液1Lにつき0.02mg以下であること。	日本工業規格K0125の5.1、5.2又は5.3.2に定める方法
四塩化炭素	検液1Lにつき0.002mg以下であること。	日本工業規格K0125の5.1、5.2、5.3.1、5.4.1又は5.5に定める方法
クロロエチレン	検液1Lにつき0.002mg以下であること。	平成9年3月環境庁告示第10号付表に掲げる方法
1，2－ジクロロエタン	検液1Lにつき0.004mg以下であること。	日本工業規格K0125の5.1、5.2、5.3.1又は5.3.2に定める方法
1，1－ジクロロエチレン	検液1Lにつき0.1mg以下であること。	日本工業規格K0125の5.1、5.2又は5.3.2に定める方法
1，2－ジクロロエチレン	検液1Lにつき0.04mg以下であること。	日本工業規格K0125の5.1、5.2又は5.3.2に定める方法
1，1，1－トリクロロエタン	検液1Lにつき1mg以下であること。	日本工業規格K0125の5.1、5.2、5.3.1、5.4.1又は5.5に定める方法
1，1，2－トリクロロエタン	検液1Lにつき0.006mg以下であること。	日本工業規格K0125の5.1、5.2、5.3.1、5.4.1又は5.5に定める方法
トリクロロエチレン	検液1Lにつき0.01mg以下であること。	日本工業規格K0125の5.1、5.2、5.3.1、5.4.1又は5.5に定める方法
テトラクロロエチレン	検液1Lにつき0.01mg以下であること。	日本工業規格K0125の5.1、5.2、5.3.1、5.4.1又は5.5に定める方法
1，3－ジクロロプロペン	検液1Lにつき0.002mg以下であること。	日本工業規格K0125の5.1、5.2又は5.3.1に定める方法
チウラム	検液1Lにつき0.006mg以下であること。	昭和46年12月環境庁告示第59号付表4に掲げる方法
シマジン	検液1Lにつき0.003mg以下であること。	昭和46年12月環境庁告示第59号付表5の第1又は第2に掲げる方法
チオベンカルブ	検液1Lにつき0.02mg以下であること。	昭和46年12月環境庁告示第59号付表5の第1又は第2に掲げる方法
ベンゼン	検液1Lにつき0.01mg以下であること。	日本工業規格K0125の5.1、5.2又は5.3.2に定める方法
セレン	検液1Lにつき0.01mg以下であること。	規格67.2、67.3又は67.4に定める方法
ふっ素	検液1Lにつき0.8mg以下であること。	規格34.1若しくは34.4に定める方法又は規格34.1c)（注(6)第3文を除く。）に定める方法（懸濁物質及びイオンクロマトグラフ法で妨害となる物質が共存しない場合にあっては、これを省略することができる。）及び昭和46年12月環境庁告示第59号付表6に掲げる方法
ほう素	検液1Lにつき1mg以下であること。	規格47.1、47.3又は47.4に定める方法
1，4－ジオキサン	検液1Lにつき0.05mg以下であること。	昭和46年12月環境庁告示第59号付表8に掲げる方法

（出典：環境省「土壌環境基準別表」https://www.env.go.jp/kijun/dt1.html）
（最終閲覧日 2024 年 7 月 31 日）

4.1.2　舗装に係る環境に関する安全性や環境安全品質基準

舗装に関する安全基準について，技術基準や指針等には明確に記されたものがなく，環境に対する安全性や環境安全品質基準の記載があるのみである．そこで本書では，舗装に係わる安全については，環境に対する安全性や環境安全品質基準を指すものとする．

ここで，石炭灰を例にとると，『石炭灰混合材料有効利用ガイドライン』においては，環境安全性に関して，施工後はほぼ永久的に利用され再利用が想定されない場合と，仮設盛土のように利用後に撤去され，別の用途での利用が想定される場合とで，それぞれ「配慮すべき暴露環境」を選定し，環境安全品質基準および試験方法を規定している．そのフローは，**図-4.1.3** に示す通りであり，用途に応じて「配慮すべき暴露環境」を判断し，**表-4.1.8** に示す項目の試験を実施する．

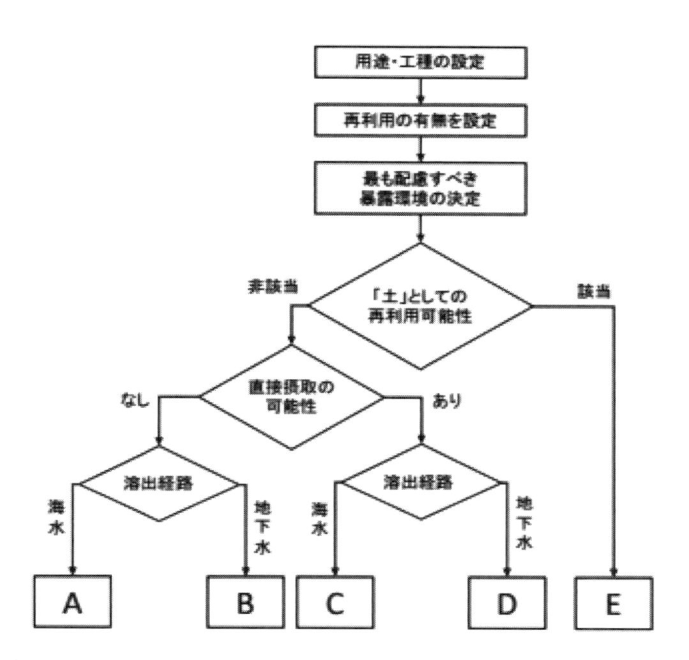

図-4.1.3 石炭灰混合材料の「配慮すべき暴露環境」の判断フローチャート [7)]
（出展：(一財)カーボンフロンティア機構：『石炭灰混合材料有効利用ガイドライン（統合改訂版）』）

類型				試験項目	試験方法	環境安全品質基準
記号	「土」としての利用	直接摂取可能性	溶出経路			
A	非該当	なし	海水	溶出量試験	JIS K 0058-1 の 5.	港湾用途溶出量基準
B	非該当	なし	地下水	溶出量試験	JIS K 0058-1 の 5.	一般用途溶出量基準
C	非該当	あり	海水	溶出量試験	JIS K 0058-1 の 5.	港湾用途溶出量基準
				含有量試験	JIS K 0058-2.	含有量基準
D	非該当	あり	地下水	溶出量試験	JIS K 0058-1 の 5.	一般用途溶出量基準
				含有量試験	JIS K 0058-2.	含有量基準
E	該当	あり	―	溶出量試験	H15 環境省告示第 18 号	一般用途溶出量基準
				含有量試験	H15 環境省告示第 18 号	含有量基準

表-4.1.8 石炭灰混合材料の試験方法と環境安全品質基準 [7)]
（出展：(一財)カーボンフロンティア機構：『石炭灰混合材料有効利用ガイドライン（統合改訂版）』）

また，産業副産物である石炭灰は，一般的には廃棄物としての性格を有することから，土木用資材として活用する際には関連法規・基準を遵守し，環境保全上の問題が生じないように対策を講じる必要がある．

わが国における環境保全に関連する法律、および産業副産物を使用する際に関係する法律としては**表-4.1.9** に示すものが考えられる。

この**表-4.1.9** に示す法律は，リサイクル材の有効活用に関するもの，廃棄物の適正処理に関するもの，および有害物質の拡散防止等の環境保全に関するものに大別される．即ち，石炭灰混合材料を有効利用する際には石炭灰の利用形態が廃棄物処理法上適正であることを確認し，周辺環境に悪影響を及ぼさないものであることを示す必要がある．

表-4.1.9 産業廃棄物活用に係わる法律一覧 [7)]

（出展：(一財)カーボンフロンティア機構：『石炭灰混合材料有効利用ガイドライン（統合改訂版）』）

法律名称	制定日
①廃棄物の処理及び清掃に関する法律(廃棄物処理法)	1970 年 12 月 25 日法律第 137 号
②資源の有効な利用の促進に関する法律(リサイクル法)	1991 年 4 月 26 日法律第 48 号
③環境基本法	1993 年 11 月 19 日法律第 91 号
④環境影響評価法	1997 年 6 月 13 日法律第 81 号
⑤国等による環境物品等の調達の推進等に関する法律(グリーン購入法)	2000 年 5 月 31 日法律第 100 号
⑥建設工事に係る資材の再資源化等に関する法律(建設リサイクル法)	2000 年 5 月 31 日法律第 104 号
⑦循環型社会形成推進基本法	2000 年 6 月 2 日法律第 110 号
⑧土壌汚染対策法（土対法）	2002 年 5 月 29 日法律第 53 号

また，高規格道路の盛土材として石炭灰混合材料を利用する場合には，**表-4.1.10** に示す技術指針等に従う必要がある．

表-4.1.10 関連する技術指針等 [7)]

（出展：(一財)カーボンフロンティア機構：『石炭灰混合材料有効利用ガイドライン（統合改訂版）』）

名称	編集・発行元	発行年
道路土工ー施工指針	社団法人日本道路協会	2003
道路土工ー盛土工指針（平成 22 年度版）	社団法人日本道路協会	2010
土工施工管理要領	東日本高速道路株式会社、中日本高速道路株式会社、西日本高速道路株式会社	2015
舗装設計施工指針（平成 18 年度版）	社団法人日本道路協会	2006
舗装施工便覧（平成 18 年度版）	社団法人日本道路協会	2006
アスファルト舗装要綱	社団法人日本道路協会	1992

ここまで石炭灰の例を示したが，材料選定時から施工時までの各段階において，環境に対する安全性を確認していく必要があることが分かる．これは建設副産物や他産業リサイクル材にも同様のことが言え，舗装の工法についても材料選定の段階から環境基準や環境に対する安全性について確認する必要がある．

このため，舗装に用いる各種の材料や工法において，環境基準や環境に関する安全性の基準について事前に調査し，満足する対応を行う必要がある．

4.2　舗装材料のトレーサビリティについて

トレーサビリティとは，「トレース（Trace:足跡をたどる）」と「アビリティ（Ability:できること）」の合成語で，もともとは工業製品などの商品の履歴，所在を追跡する方法の概念として使用されてきた．ISO9000:2000においては「考慮の対象となっているものの履歴、適用又は所在を適用できること」と定義されており，具体的には「処理の履歴」「材料及び部品の源」などが挙げられている．

建設業界では，「工事におけるISO認証取得を活用した監督業務等マニュアル（案）（平成17年2月，国交省）」により，トレーサビリティの用語解説として「考慮の対象（本工事材料，工場製品等）となっているものについて，その履歴，使用または所在を，記録された識別によってたどる能力．例えば工事材料の場合，製造メーカと保管場所及び使用先の履歴を工事日報，施工記録，納品書等に記録し，後でその所在を辿れるようにすること」とあり，トレーサビリティの管理を行う材料等の名称と管理方法を記載するトレーサビリティ管理計画を立てるように記載されている．

また，トレーサビリティの管理を行う材料は，発注者が当該工事の特徴を踏まえてISO活用工事の発注時に定めるとされ，**表-4.2.1**に示す材料名の例が記載されている．

表-4.2.1　トレーサビリティ管理の対象となる材料名（例）[8)]
（出展：工事におけるISO9001認証取得を活用した監督業務等マニュアル（案））

区　分	確認材料名
土	
石	ぐり石
	砂利、砕石、砂
鋼　材	構造用圧延鋼材
	プレストレストコンクリート用鋼材（ポストテンション）
	鋼製ぐい及び鋼矢板
セメント及び混和材	セメント
	混和材料
セメントコンクリート製品	セメントコンクリート製品一般
	コンクリート杭、コンクリート矢板
塗　料	塗料一般
その他	レディミクストコンクリート
	アスファルト混合物
	場所打ちぐい用レディミクストコンクリート
	薬液注入材
	種子・肥料
	薬剤
	現場発生品

また，レディミクストコンクリートでは，コンクリート舗装工事を対象として，ICタグを投入したコンクリートを施工することにより，製造から現場までの輸送，施工，供用を通したトレーサビリティ確保について検討した例がある．

そこで，本書においてもトレーサビリティを「考慮の対象（材料や工法等）となっているものについて，その履歴，使用または所在を，記録された識別によってたどる能力」と定義する．

舗装において持続可能な循環社会を構築するためには，**図-4.2.1**に示す各段階において**図-4.2.2**に示す項目に関する品質等のチェックをしながら，採取時から舗装の構造的寿命を迎えて打換えによるリサイクルされるまではもちろんのこと，リサイクルされた再生材のトレーサビリティを確保することが重要である．特に再生材のトレーサビリティについては，材料の行先の追跡はもとより，品質基準や環境に対する安全性が基準値を満たすことの確認も必要である．このような舗装材料のトレーサビリティが確保されていることで，舗装の破損や周辺地域への環境被害を防ぐことが可能となる．

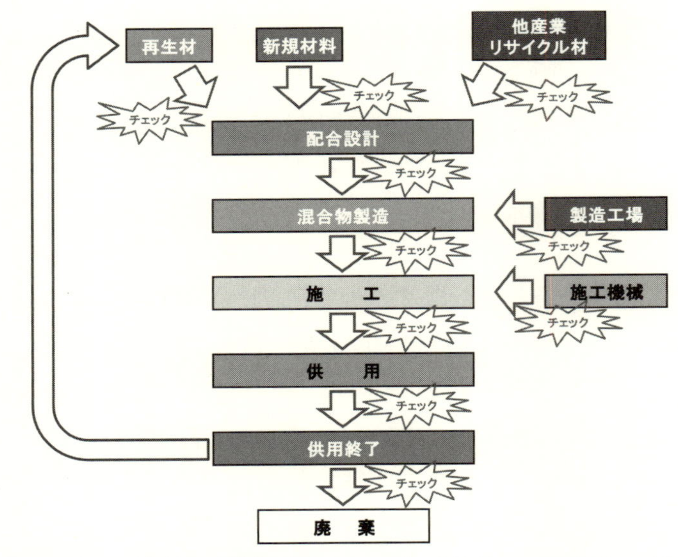

図-4.2.1 舗装に関するトレーサビリティのイメージ

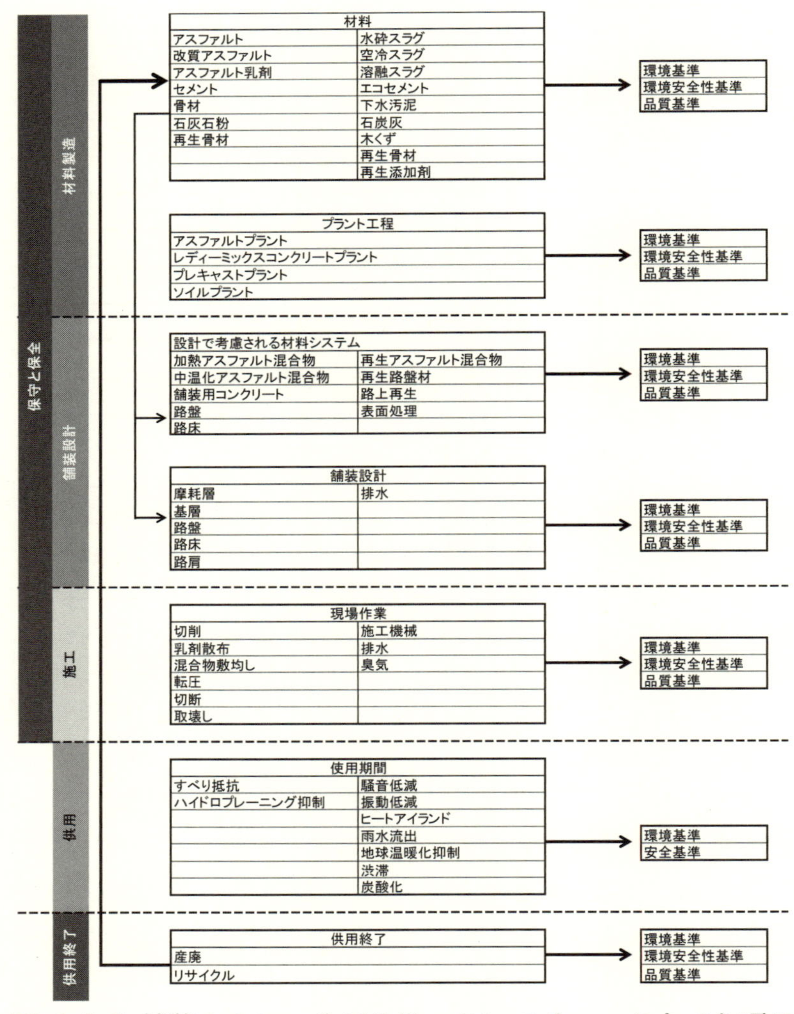

図-4.2.2 舗装のトレーサビリティおいてチェックすべき項目

このトレーサビリティ確保の例として，東日本高速道路（株）や中日本高速道路（株），西日本高速道路（株）の各社（以下，NEXCO）では，舗装工事の内容を管理部門へ引き継ぐため，工事記録調書により舗装情報を収集している．その舗装情報は，建設時には**図-4. 2. 3**，補修時には**図-4. 2. 4** に示す情報について，**図-4. 2. 5** に示すように本線工事の 1 工事毎，道路構造毎，舗装構成毎にデータを区分して作成している．これは新規材料について舗装構成層や工事個所への行先を管理している例であるが，このようなトレーサビリティ管理を舗装に関する材料全体で行うことが望ましい姿と言える．

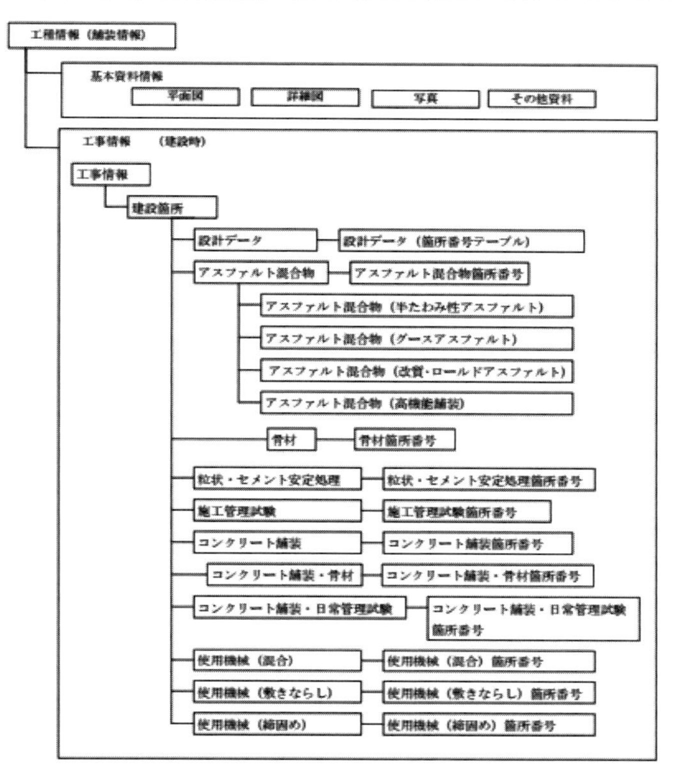

図-4. 2. 3 NEXCO 工事記録調書入力用舗装情報（建設時）[9)]

（出典：（株）高速道路総合研究所：『工事記録作成要領 工事記録作成要領（補足説明書）』）

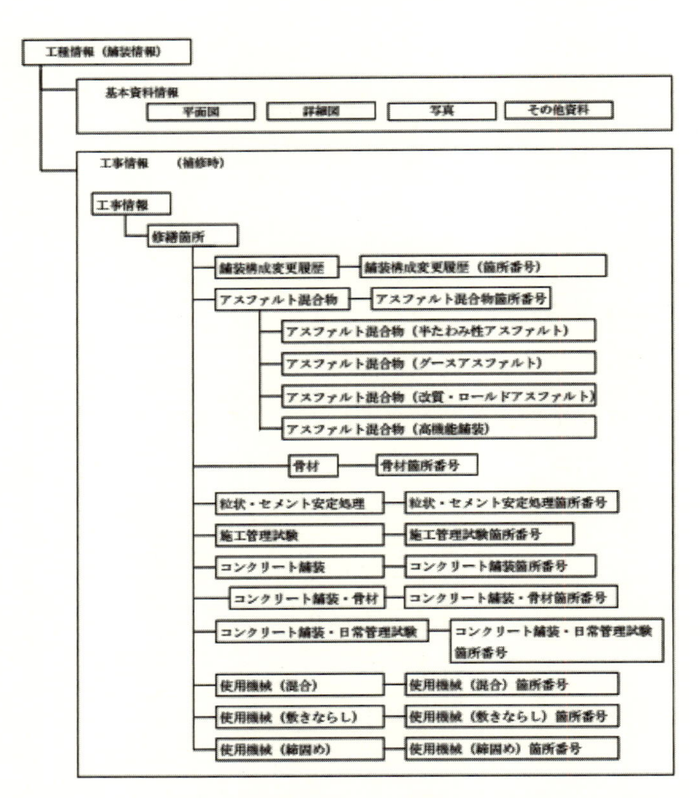

図-4. 2. 4 NEXCO 工事記録調書入力用舗装情報（補修時）[9]
（出典：（株）高速道路総合研究所：『工事記録作成要領 工事記録作成要領(補足説明書)』）

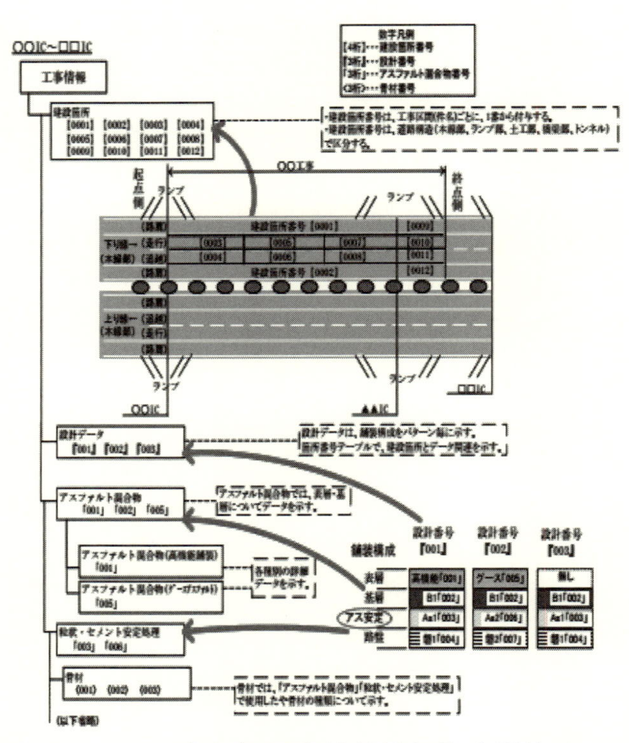

図-4. 2. 5 NEXCO 工事記録調書舗装情報作成単位のイメージ[9]
（出典：（株）高速道路総合研究所：『工事記録作成要領 工事記録作成要領(補足説明書)』）

4.3　舗装材料の取組み事例

本節では，舗装材料に関する環境対策への取組み事例について述べる．

4.3.1 一般廃棄物焼却灰

令和元年版環境・循環型社会・生物多様性白書[10]によると，2017年度における全国の一般廃棄物の排出量は，4,289万トン（東京ドーム115杯分）に達している．1人1日あたりのごみ排出量は920g．このうち，焼却，破砕・選別等による中間処理や直接の資源化等を経て資源化された量は868万トン，最終処分量は386万トンである．

4.3.1-1　一般廃棄物焼却灰（溶融固化処理：ごみ溶融スラグ）

一般廃棄物は，中間処理として焼却処理が行われており，焼却残渣（灰）は，最終処分場で埋め立て処分されている．しかし，現在使用している最終処分場の残余容量は次第に少なくなる一方，新たな最終処分場用地の確保も困難となりつつある．

溶融固化処理は，廃棄物を概ね1,200℃以上の高温条件下で融液状態とした後，水冷または空冷で冷却し，固形物にする処理方法である．溶融固化物はスラグと若干の金属が含まれており，その大部分を占めるスラグの主成分は，SiO_2，CaO，Al_2O_3の物質である．また，高温状態にすることで揮発分の分離・溶融による体積の減少および均質化・無害化，さらに固化物の有効利用を図る処理方法と位置づけられる．

スラグは，冷却方法によって区別され，水砕スラグと空冷スラグに大きく分かれる．水砕スラグは，水と直接接触させることで急冷により形成するものであり，ガラス質かつ砕砂状であることを特徴とする．空冷スラグは，スラグの形状を塊状にすることと，冷却時間を長くしてスラグを結晶化させるために，大気中で冷却したスラグである．図-1.1に溶融方式の分類を示す．

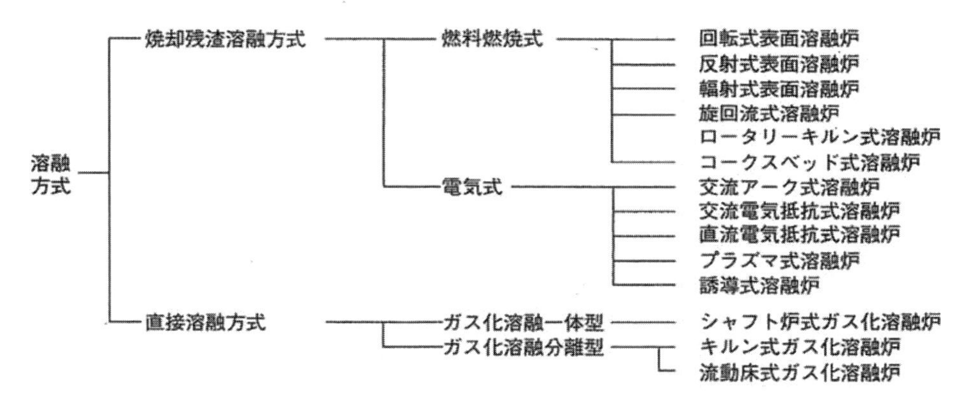

図-4.3.1　溶融方式の分類[11]

(1) 料選定時の基準値および留意点

1) 路盤適用の場合

路盤材料に用いる溶融スラグは，一般廃棄物またはその焼却灰を1,200℃以上の温度で溶融し，冷却固化したものである．溶融スラグは，路盤材料として実績があり，後記の環境安全性基準を満たすものでなければならない．

砂状の水砕スラグは，単体で下層路盤に使用されており，クラッシャラン等の他の材料と配合して下層路盤および上層路盤に使用されている．

溶融スラグが使用された道路舗装の設計交通量区分は，舗装計画交通量T＜1,000（台/日・方向）である．溶融スラグを安定処理路盤に適用する場合や，舗装計画交通量 T≧1,000（台/日・方向）に適用する場合，施工実績と試験施工結果によってその可否を判断する必要がある．

ⅰ）基準と試験方法

a）品質基準と試験方法

路盤材に用いる溶融スラグの物理性状は，「舗装設計施工指針[12)]」に示されるクラッシャラン・粒度調整砕石の品質基準に準ずる．

また，品質基準に定められた品質試験は，「舗装調査・試験法便覧[13)]」に示される方法に準ずる．

b）環境安全性基準と試験方法

イ）　安全性基準

有害物質の溶出量は，「一般廃棄物溶融固化物の再生利用の実施の促進について」（平成 10 年 3 月 26 日厚生省通達，生衛発第 508 号）（以下，溶融スラグ基準と記す）に示される 6 項目の溶出基準を満足しなければならない．有害物質の含有量は，「土壌汚染対策法施行規則」（平成 14 年 12 月 26 日環境省令第 29 号）第 18 条第 2 項に示されるもののうち，6 項目の含有基準（以下，含有量基準と記す）を満足しなければならない．**表-4.3.1** に有害物質の溶出量基準および含有量基準を示す．

表-4.3.1　有害物質の溶出量および含有量基準[11)]

項　目	溶出量基準	含有量基準
カドミウム	0.01　mg/ℓ 以下	150 mg/kg 以下
鉛	0.01　mg/ℓ 以下	150 mg/kg 以下
六価クロム	0.05　mg/ℓ 以下	250 mg/kg 以下
ひ素	0.01　mg/ℓ 以下	150 mg/kg 以下
総水銀	0.0005 mg/ℓ 以下	15 mg/kg 以下
セレン	0.01　mg/ℓ 以下	150 mg/kg 以下

ロ）試験方法

溶出試験方法は，「土壌の汚染に係る環境基準について」（平成 3 年 8 月 23 日環境庁告示第 46 号）に示される方法による．

また，含有量試験方法は，「土壌含有量調査に係る測定方法」（平成 15 年 3 月 6 日環境省告示第 19 号）に示される方法による．

ハ）安全性の管理

発注者は，対象となる溶融スラグを一定ロット毎に溶出試験を実施し，その結果が，品質表示されているスラグを使用しなければならない．

ⅱ）留意点

・溶融スラグ骨材を路盤材料に用いる場合には，このほかに修正 CBR 等，舗装路盤としての規格を満足しなければならない．

・溶融スラグの性状は，溶融固化処理施設や操業条件により異なるので，事前に使用する溶融スラグの品質を調査する必要がある．

・溶融スラグは，路盤材料として施工実績があるものの，長期間の環境安全性が確保されることを確認中の段階である．そのため，溶融スラグ単体の路盤材料の品質が良くない場合でも天然材料と混合するなどの性能に応じた利用方法を検討する必要がある.

・製造場所が限定されるため，生産性・運搬経路等についても調査する必要がある.

2）アスファルト舗装の表層および基層用骨材の場合

アスファルト舗装の表層および基層に用いる溶融スラグの骨材は，一般廃棄物またはその焼却灰を溶融し，冷却固化したものである.

溶融スラグには，塊状の徐冷スラグと砂状の水砕スラグがあり，表層および基層用の加熱アスファルト混合物の骨材の一部を置き換えることができる．徐冷スラグは粗骨材と細骨材の置き換えに，水砕スラグは，粗砂および細砂あるいは砕砂の代替として細骨材の一部と置き換えることができる．また，加熱アスファルト安定処理にも使用できる.

溶融スラグを表層および基層混合物の骨材として適用する例が増えてきており，使用実績が積み重ねられている．しかし，長期耐久性に関するデータは必ずしも十分ではない.

ｉ）基準と試験方法

a）品質基準と試験方法

溶融スラグを加熱アスファルト混合物の粗骨材または細骨材として用いる場合，「舗装設計施工指針[12)]」等の該当する骨材の品質規格に準ずる.

溶融スラグ骨材を用いた加熱アスファルト混合物の品質規格は，道路舗装に応じて「舗装設計施工指針[12)]」等の該当するアスファルト混合物の規格に準ずる.

品質基準に定められた品質項目の試験方法は,「舗装調査・試験法便覧[13)]」による.

b）環境安全性基準と試験方法

アスファルト舗装の表層および基層に用いる溶融スラグ骨材の環境安全基準と試験方法および安全性の管理は，4.3.1-1（1）1）ｉ）a）に準ずる．すなわち，6項目の溶出量試験，含有量試験を行ってその品質保証されているものを使用しなければならない.

ⅱ）留意点

溶融スラグは，加熱アスファルト混合物用の骨材として使用実績があるが，全ての溶融処理施設で製造されたスラグに関して実績があるわけでないため，個々で確認する必要がある.

3）現場打ちコンクリート用骨材の場合

一般廃棄物焼却灰および飛灰を 1,200℃以上の温度で溶融し，これを冷却することによって得られる汚泥スラグ骨材を現場打ちコンクリート用粗骨材または細骨材として用いる場合に適用する.

現場打ちコンクリート用骨材に用いる溶融スラグは，1,200℃以上で溶融しているため，塩素化合物のほとんどが分解し，ダイオキシン等の残留の可能性は低い．溶融スラグ骨材の物理・化学的品質は，焼却灰の組成と溶融方式・冷却方式等により大きく異なるため，現場打ちコンクリートに要求されるコンクリート骨材の品質と性能を満足しているものを適用する．なお，硬質な砕石・砕砂状のスラグでも必ずしもコンクリートに支障なく使用できる骨材とは限らない.

ｉ）基準と試験方法

a）品質基準と試験方法

現場打ちコンクリートに使用する溶融スラグ骨材の品質は，JIS A 5005「コンクリート用砕石」および砕砂等の性能と同等以上の性能を満足することを原則とする．これらの性能を確認する品質試験方法も同規格に示されるものを適用する.

b）環境安全性基準と試験方法

現場打ちコンクリートに使用する溶融スラグ骨材の環境安全性基準および試験方法は，4.3.1-1(1) 1）ｉ）a）に準ずる．コンクリート用溶融スラグのJISが制定された場合，その方法に従う．

ⅱ）留意点

・構造部材の現場打ちコンクリートに使用する場合は，性能を満足することを公的機関によって確認された骨材を使用する．

・現場打ちコンクリートに適用した実績は少ない．性能が確認された骨材を選定する．

・地域によっては，溶融スラグが生産されておらず，生産されていても市場にはほとんど出回っていないため，使用に当っては骨材入手の可能性を確認する．

（2）設計時の基準値および留意点

1）路盤適用の場合

溶融スラグ骨材を用いた路盤の設計は，「舗装設計施工指針[12)]」，「舗装施工便覧[14)]」等に示される方法と手順に準じる．ただし，舗装計画交通量T≧1,000（台/日・方向）の道路に使用する場合，そのような道路での施工実績のある溶融スラグ骨材を使用する．

2）アスファルト舗装の表層および基層用骨材の場合

溶融スラグ骨材を表層・基層用アスファルト混合物として利用する舗装は，舗装設計施工指針に示される方法と手順に準ずる．原則として，舗装計画交通量T＜1,000（台/日・方向）の道路に適用するとともに，混合物への溶融スラグ骨材の混合量は性能上問題のない範囲とする．

3）現場打ちコンクリート用骨材の場合

コンクリート構造物に溶融スラグ骨材を使用する場合，コンクリートの設計基準強度は一般には24N/mm^{2}以下とする．ただし，鉄筋コンクリートに使用する場合は，コンクリートへの使用実績のある骨材またはその性能について，公的機関による証明を得ている溶融スラグ骨材を使用しなければならない．

耐久性を要するコンクリートの水セメント比は55%以下とする．

耐凍害性が重要な場合には，使用する配合のコンクリートの耐凍害性を試験により確認する必要がある．

（3）施工時の基準値および留意点

1）路盤適用の場合

・溶融スラグを用いた路盤の施工は，路盤工法に応じて「舗装施工便覧[14)]」等に示される方法と手順に準ずる．

・空冷スラグは，鉄輪ローラの転圧などによって表面部分の粒子が破砕され，鋭利な稜角が露出する場合がある．この場合は，早めにその上の層を施工するなどの配慮が必要である．

2）アスファルト舗装の表層および基層用骨材の場合

・溶融スラグ骨材が，確実に供給できるかどうか確認しなければならない．

・溶融スラグ骨材が，他の材料と混同されないように配慮しなければならない．

・施工方法は，通常の骨材を使用した路盤の施工方法に準じて行う．

3）現場打ちコンクリート用骨材の場合
・溶融スラグ骨材が，確実に供給できるかどうかを確認しなければならない．
・溶融スラグ骨材が，通常の骨材と混同されないように配慮しなければならない．
・施工方法は，通常の骨材を使用したコンクリートの施工方法に準じて行う．

（4）供用後の留意点
1）路盤適用の場合
溶融スラグを用いた路盤を構築後，発注者は施工場所の平面図，断面図，数量表等の設計図書を，溶融スラグを用いた路盤材料の試験成績表および施工図面とともに保存する．

2）アスファルト舗装の表層および基層用骨材の場合
・溶融スラグ骨材を加熱アスファルト混合物として利用した場合は，発注者は使用材料調書（溶融スラグ骨材の試験成績表を含む），配合設計書，施工図面等の工事記録を保存する．
・繰返し再生利用および処分に際して，利用できるよう備える必要がある．

3）現場打ちコンクリート用骨材の場合
溶融スラグ骨材を使用した場合には，配合表等の記録に溶融スラグ骨材を使用したことを明記しなければならない．

4.3.1-2 一般廃棄物焼却灰（焼成処理：エコセメント）
近年開発されたエコセメントは，都市ごみ焼却灰（下水汚泥焼却灰も含む）等を原料として1,300℃以上で焼成し，セメントとして再資源化している．この焼却灰等に含まれるダイオキシン等の有害な有機物質を焼成工程で分解させるとともに，鉛等の重金属も塩化物として回収するため，ごみ処分負荷の軽減と環境安全性の向上に寄与する技術としてその普及が期待されている．ここで，エコセメントは，脱塩素化技術によって塩化物イオン量を0.1%以下に低減した普通エコセメントと，塩化物イオンを0.5～1.5%とした速硬エコセメントの2種類に分別される．

（1）材料選定時の基準値および留意点
1）現場打ちコンクリートへ適用の場合
i）基準と試験方法
a）品質基準と試験方法
エコセメントを現場打ちコンクリート（レディーミクストコンクリート）に使用する場合は，JIS R 5201およびJIS R 5202に示される試験方法により試験して，JIS R 5214に規定される品質を満たすエコセメントを使用しなければならない．

b）環境安全性基準と試験方法
エコセメントの環境安全性および試験方法は，普通ポルトランドセメントを用いる場合と同等に考えてよい．

2）留意点

・エコセメントの製造工場は，限られた地域にしかない．

・エコセメントの使用に当っては，エコセメントの規格を満足するセメントが，必要量確保できるかどうかを調査する必要がある．

（2）設計時の留意点

現場打ちコンクリートへ適用の場合

・普通エコセメントは，無筋コンクリートおよび鉄筋コンクリートに使用する．ただし，高強度・高流動コンクリートを用いた鉄筋コンクリートには使用しない．

・速硬エコセメントは，無筋コンクリートのみに使用する．

（3）施工時の基準値および留意点

現場打ちコンクリートへ適用の場合

・普通エコセメントを使用したコンクリート工場製品の取扱いは，普通ポルトランドセメントを使用したコンクリート工場製品と同様に扱ってよい．

・普通エコセメントを鉄筋コンクリートに使用する場合は，練上がり後のコンクリート中の総塩化物イオン量を 0.30kg/m^3 以下とする．

（4）供用後の留意点

現場打ちコンクリートへ適用の場合

・コンクリート構造物にエコセメントを使用した場合は，工事記録にエコセメントを使用したことを記録しておく必要がある．

・エコセメントを使用したコンクリートをコンクリート用骨材等に再生・再利用する場合は，通常のセメントを使用したコンクリートと同等と考えてよい．

4.3.2 下水汚泥

下水汚泥は，下水道処理場の浄化処理の行程で発生する沈殿物である．下水道の維持管理上，放流水の下水の発生汚泥を適正に処理処分することは，最も大きな課題となっている．

4.3.2-1 下水汚泥（溶融固化処理）

下水汚泥の処理は，汚泥中に含まれる有機物の安定化と減量化が基本となる．安定化には焼却と溶融固化が有効である．都市部などのような埋立地の確保が困難な地域や，焼却処理のみでは減量効果が十分でない大都市と広域処理事業等では，溶融固化処理が採用されることが多くなってきている．

なお，下水汚泥の溶融固化処理は，汚泥固形物中の有機物が分解したあとの無機物を，1,200℃以上の高温で融解し，その融液を除冷して固化物（スラグ）とする事が多い．溶融処理の方式には，表面溶融炉，旋回溶融炉，コークスベッド式溶融炉等の方法がある．

スラグを冷却方法で区分すれば，急冷スラグ（水砕スラグ，風砕スラグ），徐冷スラグ（空冷スラグ），結晶化スラグ等に分けられる．

（1）材料選定時の基準値および留意点

1）路盤適用の場合

下水汚泥または汚泥焼却灰を 1,200℃以上の温度で溶融し，これを冷却することによって得られる汚泥スラグ骨材を舗装の路盤材料として用いる場合に適用する.

a）基準と試験方法

イ）品質基準と試験方法

溶融スラグを用いた路盤材料の物理性状は,「舗装設計施工指針[12]」等に示されるクラッシャラン・粒度調整砕石の品質基準を満足しなければならない.

品質基準に定められた品質項目の試験は,「舗装調査・試験法便覧[13]」に示される方法による.

ロ）環境安全性基準と試験方法

溶融スラグを用いた路盤材料の環境安全性基準と試験方法は，4.3.1-1（1）1）ｉ）a）に準ずる.

b）留意点

・使用に当っては，汚泥スラグ骨材の品質をよく調査する必要がある.
・公的機関により確認された生産工場で生産された骨材，もしくは建設技術審査証明を得ている骨材を使用するのが望ましい.
・汚泥スラグを使用した路盤の施工実績は限られた地域にしかない.
・汚泥スラグ骨材の購入にあたっては，環境安全性を含む性能がよく確認された骨材を選定するのがよい.

2）アスファルト舗装の表層および基層用骨材の場合

下水汚泥または汚泥焼却灰を 1,200℃以上の温度で溶融し，これを冷却して得られる汚泥スラグ骨材をアスファルト舗装の表層および基層用骨材として用いる場合に適用する.

溶融温度を 1,200℃以上にして溶融固化したスラグは，溶出試験により重金属等の溶出のないことが確認されていれば，アスファルト表層および基層用骨材として使用することができる.

a）基準と試験方法

イ）品質基準と試験方法

アスファルト舗装の表層および基層に使用する溶融スラグ骨材の物理的品質は，「舗装設計施工指針[3]」で規定されている表層および基層用骨材の基準と同等の品質を有するものを使用する.

ロ）環境安全性基準と試験方法

アスファルト舗装の表層および基層に用いる溶融スラグの環境安全性基準と試験方法は，4.3.1-1（1）1）ｉ）a）に準ずる．また，6項目の溶出量試験，含有量試験を行わなければならない.

b）留意点

・使用に当っては，汚泥スラグ骨材の品質をよく調査する必要がある.
・公的機関により確認された生産工場で生産された骨材，もしくは建設技術審査証明を得ている骨材を使用するのが望ましい.
・汚泥スラグを使用した路盤の施工実績は限られた地域にしかない．溶融スラグが生産されていない地域も多い.
・汚泥スラグ骨材の購入にあたっては，環境安全性を含む性能がよく確認された骨材を選定するのがよい.

3）現場打ちコンクリート用骨材の場合

下水汚泥または汚泥焼却灰を 1,200℃以上の温度で溶融し，これを冷却することによって得られる汚泥スラグ骨材を現場打ちコンクリート用粗骨材または細骨材として用いる場合に適用する.

a）基準と試験方法

イ）品質基準と試験方法

現場打ちコンクリートに使用する溶融スラグ骨材の品質基準および試験方法は，4.3.1-1(1)1）ｉ）a）に準ずる．

ロ）環境安全性基準と試験方法

現場打ちコンクリートに使用する溶融スラグ骨材の環境安全性基準・試験方法は，4.3.1-1（1）1）ｉ）a）に準ずる．また，6項目の溶出試験，含有量試験を行う必要がある．コンクリート用溶融スラグのJISが制定された場合には，その方法に従う．

b）留意点

・使用にあたっては，品質を調査する必要がある．構造部材に使用するためには，性能を満足することを公的機関により確認された骨材を使用する．
・現場打ちコンクリートに適用した実績は少ない．性能が確認された骨材を選定する．
・溶融スラグが生産されていない地域も多い．使用に当っては，骨材の入手先を調査する必要がある．

(2)設計時の基準値および留意点

1）路盤適用の場合

・汚泥スラグ骨材を表層，基層用アスファルト混合物として使用する舗装は，「舗装設計施工指針[12)]」に示される方法と手順に順じて行う．
・原則として舗装計画交通量T＜1,000（台/日・方向）の道路に適用するとともに，混合物への溶融スラグ骨材の配合量は，性能上問題のない範囲とする．

2）アスファルト舗装の表層および基層用骨材の場合

・汚泥スラグ骨材を表層，基層用アスファルト混合物として使用する舗装は，「舗装設計施工指針[12)]」に示される方法と手順に順じて行う．
・原則として舗装計画交通量T＜1,000（台/日・方向）の道路に適用するとともに，混合物への溶融スラグ骨材の配合量は，性能上問題のない範囲とする．

3）現場打ちコンクリートへ適用の場合

・コンクリート構造物に溶融スラグ骨材を使用する場合，コンクリートの設計基準強度は一般に24N/mm^{2}以下とする．
・鉄筋コンクリートに使用する場合，コンクリートへの使用実績のある骨材もしくはその性能について，公的機関による証明を得ている溶融スラグ骨材を使用しなければならない．
・耐久性を要するコンクリートの水セメント比は55%以下とする．
・耐凍害性が重要な場合，使用する配合のコンクリートの耐凍害性試験により確認する．

（3）施工時の基準値および留意点

1）路盤適用の場合

・汚泥スラグ骨材が，確実に供給できるかどうかを確認しなければならない．
・汚泥スラグ骨材が，他の材料と混同されないように配慮しなければならない．
・施工方法は，通常の骨材を使用した路盤の施工方法に準ずる．

2）アスファルト舗装の表層および基層用骨材の場合
・汚泥スラグ骨材が，確実に供給できるかどうかを確認しなければならない．
・汚泥スラグ骨材が，他の材料と混同されないように配慮しなければならない．
・施工方法は，通常の骨材を使用した路盤の施工方法に準ずる．

3）現場打ちコンクリートへ適用の場合
・溶融スラグ骨材が，確実に供給できるかどうかを確認しなければならない．
・溶融スラグ骨材が，他の材料と混同されないように配慮しなければならない．
・施工方法は，通常の骨材を使用したコンクリートの施工方法に準ずる．

（4）供用後の留意点
1）路盤適用の場合
汚泥スラグ骨材を加熱アスファルト混合物として利用した場合，発注者は使用材料調書（溶融スラグ骨材の試験成績表を含む），配合設計書および施工図面等の工事記録を保存する．

2）アスファルトの表層および基層用骨材の場合
・汚泥スラグ骨材を加熱アスファルト混合物として利用した場合，発注者は使用材料調書（溶融スラグ骨材の試験成績表を含む），配合設計書および施工図面等の工事記録を保存する．
・汚泥スラグ骨材を使用した表層，基層を再生使用する場合，使用中に問題を生じなかった汚泥スラグ骨材であれば通常の骨材と同じと考えてよい．

3）現場打ちコンクリートへ適用の場合
溶融スラグ骨材を使用した場合，配合表等の記録に溶融スラグ骨材を使用したことを明記しなければならない．

4.3.3 石炭灰
石炭灰の発生量は，平成13年度で約880万トン（前年比4.5%増）であり，今後も石炭消費量の増大に伴い増加する見込みである．平成13年度における利用率は，81.4%（前年比0.8%）であり，残りの18.6%は埋立処分されている．
平成13年度の有効利用率を分野別にみると，セメント・コンクリート関連分野で占める割合が74.5%（前年比3.9%増）と高い．セメント製造においては粘土代替としての利用が多い．

4.3.3-1 石炭灰（セメント混合固化）
土質材料として使用する石炭灰のうち，環境安全性を満足できないものを無害化処理する方法には，溶融固化のような熱処理とセメント混合固化と薬剤処理のような化学処理がある．セメント混合固化処理は，石炭灰に質量比で数%程度のセメントと石こう，高炉スラグ微粉末などを水と添加・混合し，石炭灰を固化する方法である．固化処理材料は施工性に考慮し，固化したものを粉砕して一定粒度に調整または，固化材添加直後に一定粒度に造粒するなどの方法で粒状化し，養生して固化する方法で製造する．

（1）材料選定時の基準値および留意点

1）盛土・人工地盤材料に適用の場合

セメント混合固化石炭灰として製品化された石炭灰を道路盛土・造成盛土スーパー堤防，埋立，基礎地盤，構造物の埋戻し等に利用する場合に適用する．

ｉ）基準と試験方法

a）品質基準と試験方法

盛土，人工地盤材料には，工種毎の材料および施工管理に関する品質基準があり，各該当する品質規定を満たさなければならない．

b）環境安全性基準と試験方法

セメント固化粉砕した石炭灰は，以下の環境安全性を満足しなければならない．

有害物資の溶出量は，「土壌の汚染に係る環境基準について」（平成 3 年 8 月 23 日環境庁告示第 46 号）に示される 27 項目のうち銅を除いた 26 項目（「土壌汚染対策法施行規則」（平成 14 年 12 月 26 日環境省令第 29 号）第 18 条第 1 項および第 2 で定められた項目と同様）の溶出量基準を満足しなければならない．

溶出試験方法は，「土壌の汚染に係る環境基準について」（平成 3 年 8 月 23 日）環境庁告示第 46 号）に示される方法による．

有害物質の含有量は，「土壌汚染対策法施行規則」第 18 条第 2 項および別表第 3 に示される 9 項目の含有量基準を満足しなければならない．

含有量試験方法は，「土壌含有量調査に係る測定方法」（平成 15 年 3 月 6 日環境省告示第 19 号）に示される方法による．

ⅱ）留意点

・石炭灰の粒度・重金属含有・溶出量は，石炭灰を発生する火力発電所の構造と使用原料などにより異なり，それらは製造ロット毎にも異なる．
・セメント混合石炭灰は，重機転圧による圧砕・乾湿繰返しによるスレーキング（泥岩など吸水性の高い岩が，湿潤・乾燥を繰り返すことにより風化を促進し，粒度が小さくなることの影響が懸念される．
・建設技術審査，証明を得たもの以外の使用例は非常に少ない．
・石炭灰のセメント固化物の製造プラントは，石炭灰生産地に置かれるのが経済的であるが，石炭灰の生産は，火力発電所のある県に限定される．

2）路盤材料に適用の場合

・セメント固化粉砕による路盤材料は，砕石状に破砕してセメントを混合すれば現場において通常の下層路盤材料と同様の方法で施工できる．
・セメント固化粉砕による路盤材料は，セメント安定処理工法の基準を満足し，通常の材料を用いた安定処理工法による下層路盤と同程度の粒状材ができる．

ｉ）基準と試験方法

a）品質基準と試験方法

下層路盤材料としてのセメント固化石炭灰の品質規格は，「舗装設計施工指針 [12]」でのセメント安定処理下層路盤に準ずる．

b）環境安全性基準と試験方法

下層路盤材料としてのセメント固化石炭灰の環境安全性基準と試験方法は，4.3.1-1（1）1）ⅰ）a）に準ずる．すなわち26項目の溶出試験と9項目の含有量試験を行って環境安全性の確認を行う．

ⅱ）留意点

・石炭灰の粒度，重金属含有・溶出量は，石炭灰を発生する火力発電所の構造と使用原料などにより異なる．
・セメント混合石炭灰は，重機転圧による圧砕・乾湿繰り返しによるスレーキング（泥岩など吸水性の高い岩が，湿潤・乾燥を繰り返すことにより風化を促進し，粒度が小さくなること）の影響が懸念される．

（2）設計時の基準値および留意点

1）盛土・人工地盤材料（セメント混合固化）に適用の場合

石炭灰のセメント混合固化破砕物の最大粒径・粒度・コンシステンシーおよび盛土・土構造物の強度，含水比，締固め度，一層の仕上り厚等は，それぞれの工種の基準に準ずる．

2）路盤材料（セメント混合固化）に適用の場合

セメント固化粉砕による路盤材料を用いた舗装の構造設計は，「舗装設計施工指針[12)]」等に示す方法と手順に従って，路床条件，交通量，施工条件，経済性等を考慮して決定する．

（3）施工時の基準値および留意点

1）盛土・人工地盤材料（セメント混合固化）に適用の場合

・安定したセメント混合固化物が，確実に供給できるか確認しなければならない．
・セメント混合固化物を酸性水と接するような箇所へ使用する場合は，予め製造者と協議し，必要に応じて溶出試験条件を変えて安全性の確認を行わなければならない．
・施工方法は，通常の建設工事に準じて行う．

2）路盤材料（セメント混合固化）に適用の場合

セメント固化粉砕による路盤材料を用いた下層路盤の施工は，「舗装設計施工指針[12)]」等に示される施工方法に準じて行う．

（4）供用後の留意点

1）盛土・人工地盤材料（セメント混合固化）適用の場合

・石炭灰のセメント混合固化物を利用し，盛土・人工地盤等を構築した場合，発注者は施工場所の平面図，断面図，数量表等の設計図書を，リサイクル材料の試験成績表，施工図面とともに保存する．
・基準を満たすことを条件にすれば，石炭灰のセメント混合固化物を用いた盛土・人工地盤等を掘削し，盛土・地盤材料などに再利用してよい．

2）路盤材料（セメント混合固化）に適用の場合

石炭灰固化商品を路盤材料に使用した場合は，試験成績表および工事記録に残しておかなければならない．

4.3.3-2　石炭灰（石灰混合固化）

石炭灰は，脱硫スラッジまたは石灰中のカルシウム分と反応して硬化する性質がある．石灰混合固化材とは，石炭灰と排煙脱硫スラッジ（石こうまたは石こうと亜硫酸石こうの混合物）に，必要に応じて少量の石灰を添加して水分調整された紛体または粒状体である．

（1）材料選定時の基準値および留意点

路盤材料に適用の場合

石灰混合固化材を締固めて使用することにより，下層路盤材料・路床材料あるいは道路路体の盛土材等の土工材料として利用する場合に適用する．

ｉ）基準と試験方法

a）品質基準と試験方法

下層路盤材料としての品質規格は，「舗装設計施工指針[12)]」の石炭安定処理下層路盤に準ずる．

b）環境安全性基準と試験方法

環境安全性基準および試験方法は，4.3.1-1（1）1）ｉ）a）に準ずる.すなわち，26 項目の溶出試験と 9 項目の含有量試験を行って環境安全性の確認を行う．

ⅱ）留意点

・石炭混合固化石炭灰は，製造後長期間保存できないので，搬入後は速やかに使用する必要がある．
・使用にあたっては，石灰混合固化石炭灰の入手先を調査する必要がある．
・再利用するには，再度固化処理を実施する必要がある．

（2）設計時の基準値および留意点

路盤材料（石灰混合固化）に適用の場合

・下層路盤材料としての等値換算係数は，0.25 とする．
・路盤材料として，置き換えて使用する場合の CBR は，20%とする．

（3）施工時の基準値および留意点

路盤材料に適用の場合

石炭混合固化石炭灰の施工方法は，土砂と同様の施工方法を適用する．

（4）供用後の留意点

路盤材料に適用の場合

石灰固化処理石炭灰を，下層路盤・路床に使用したことを，試験成績表および工事記録に明記しておかなければならない．

4.3.3-3　石炭灰（焼結・焼成処理）

焼成フライアッシュは石炭灰を造粒した後，ロータリンキルン等の焼成炉を用いて，高温で温めて固形物としたものである．硬堅で密度は小さく，コンクリート用骨材としても強度が十分に大きいコンクリートの製造が可能となる．

（1）材料選定時の基準値および留意点

1）人工骨材に適用の場合

フライアッシュ人工骨材を，無筋および鉄筋コンクリート構造物もしくはプレストコンクリート構造物に用いる場合に適用する．

ｉ）基準と試験方法

a）品質基準と試験方法

フライアッシュ人工骨材は，吸水率と骨材強度が普通骨材と同等となるように，土木学会基準「コンクリート用高強度フライアッシュ人工骨材の品質規格（案）」を満足しなければならない．

b）環境安全基準と試験方法

フライアッシュ人工骨材の環境安全性基準と試験方法は4.3.1-1（1）1）ｉ）a）に準ずる．

ⅱ）留意点

・フライアッシュ人工骨材を用いたコンクリートを構造物に適用した実績は少ない．

・フライアッシュ人工骨材は生産量が少なく，供給は限定される可能性もあるため，使用する場合には，供給先をよく調査しなければならない．

（2）設計時の基準値および留意点

人工骨材に適用の場合

・フライアッシュ人工骨材を用いたコンクリートの配合設計は，骨材の密度が普通骨材に比べて小さいことに配慮し，実施しなければならない．

・フライアッシュ人工骨材を用いたコンクリート構造物の設計にあたっては，コンクリートの密度が，普通骨材を用いた場合よりも小さいことに配慮しなければならない．

（3）施工時の基準値および留意点

人工骨材に適用の場合

フライアッシュ人工骨材を用いたコンクリートをポンプ圧送する場合には，圧送性を確認してから実施しなければならない．

（4）供用後の基準値および留意点

人工骨材に適用の場合

・構造物にフライアッシュ人工骨材を使用した場合には，配合表などにそのことを明記しなければならない．

・コンクリート骨材として使用されたフライアッシュ人工骨材は，コンクリート中から人工骨材だけを抽出できないため再利用は困難である．

4.3.3-4　石炭灰（粉砕処理）

クリンカアッシュを細かく粉砕して粒度を整え，フライアッシュのようにして使用する新しい利用方法である．

（1）．材料選定時の基準値および留意点

アスファルト舗装用フィラーに適用の場合

・粉砕クリンカアッシュをアスファルト舗装用フィラーに使用する場合に適用する.
・粉砕クリンカアッシュを JIS フライアッシュの代わりに使用する場合に適用する.

ⅰ）基準と試験方法

a）品質基準と試験方法

粉砕クランカアッシュをアスファルト舗装用フィラーに適用する場合の品質基準は,「舗装設計施工指針[12]」・「舗装施工便覧[14]」の品質規格に準ずる.

b）環境安全性基準と試験方法

粉砕処理したフライアッシュをアスファルトフィラーに使用する場合の環境安全性基準と試験方法は, 4.3.1-1（1）1）ⅰ）a）に準ずる.

ⅱ）留意点

・通常使用する石粉などとは性能が異なることに配慮しなければならない.
・工事に必要な材料の量および貯蔵方法に配慮しなければならない.

（2）設計時の基準値および留意点

アスファルト舗装用フィラーに適用の場合

粉砕クリンカアッシュを使用するアスファルト混合物の混合設計は,「舗装設計施工指針に示される方法に準ずる.

（3）施工時の基準値および留意点

アスファルト舗装用フィラーに適用の場合

粉砕クリンカアッシュを使用するアスファルト混合物の配合と混合の方法は「舗装施工便覧[14]」に準ずる.

（4）供用後の基準値および留意点

アスファルト舗装用フィラーに適用の場合

粉砕クリンカアッシュを使用するアスファルト混合物を用いた場合, 発注者は材料調書・施工図面・配合設計書等の工事記録を保存する.

4.3.4　木くず

建設工事から排出される木材を建設発生木材と呼ぶ. この木材は, 山間部の建設工事による伐根と伐採材・街路樹剪定工事等から排出される枝葉・建築解体工事から排出される木くず・転用できなくなった型枠等がある.

木くずをリサイクルする一般的な方法は, チップに粉砕して利用する方法である. ここでは, 木くずの破砕処理の方法・チップ化後そのまま利用する方法・チップ化後堆肥に加工してこれを緑化基盤材へ適用する方法を示す.

4.3.4-1　木くず（破砕処理）

木質系破砕機は, 基本的に木質系の材料を対象として設計されている. しかし, 実際の現場では種々の木材以外の材料が混在しており, それらを木質系破砕機で破砕する場合, 破砕しやすい材料・破砕しにくい材料・破砕できない材料に区分される.

チップは, タブグラインダーおよび横型シュレッダー等で破砕処理が行われる.

（1）材料選定時の基準値および留意点

1）マルチング材，クッション材に適用の場合

木くずを破砕処理したチップを公園緑地・造成法面等におけるマルチング材または園路・広場などの遊器具周辺のクッション材として利用する場合に適用する．

ｉ）基準と試験方法

a）品質基準と試験方法

マルチング材とクッション材の品質は，原材料名と最大寸法・粒度等で表示し，必要に応じて品質基準と試験方法を設定して使用する．

b）環境安全基準と試験方法

原木の廃材以外に有害物を含むと思われる木くずを原料に使用する場合は，環境安全性の観点から．使用するチップについて環境安全性の調査をしなければならない．

イ）安全性基準

マルチング材とクッション材の安全性基準は，4.3.1-1（1）1）ｉ）a）に準ずる．

① 設計時の留意点

チップを，マルチング材およびクッション材として利用する場合の設計・施工上の規定は特に設定されていない．

② 施工時の留意点

チップを，マルチング材およびクッション材として利用する場合の設計・施工上の規定は特に設定されていないが，用途別に定めた形状や大きさのチップを概ね5～15cm程度の厚さで敷均しして利用する．

③ 供用後の留意点

・供用後のマルチング材，クッション材に適用する一般的な設計施工基準類は定められていない．
・施工例では，直径100mm程度のスクリーンで破砕したチップを10cm前後の厚さで敷設しているものが多い．

ロ）試験方法

溶出量試験および含有量試験方法は，4.3.1-1（1）1）ｉ）a）に準ずる．

ⅱ）留意点

・破砕処理したチップを，そのままの状態でマルチング材やクッション材として利用する場合，チップの分解工程で排出される灰汁による周辺環境への影響や，火災発生の危険性などに対する懸念がある．
・施工実績を蓄積，整理して，マルチング材，クッション材として利用する場合の設計基準と用途別のチップの品質規定などを明らかにしてゆく必要がある．
・既製のマルチング資材と比較した雑草抑止・乾燥防止等のマルチング効果の検証が必要である．

2）歩行者用舗装に適用の場合

チップ化した木質系材料を表層材料として，歩行者用道路を敷設する場合に適用する．

ｉ）基準と試験方法

a）品質基準と試験方法

チップ化した木質系材料の混合物が，歩行者用舗装材としての品質を満たしていることを確認する

ために評価項目は，①木質系材料の容積比，②歩行性，③耐久性，④経済性，⑤色彩等とする．

樹木をチップ化した木質系材料を使用し，園路・歩道舗装としての基本的な機能を有する工法の特徴と品質基準は，以下の通りである．

イ）舗装の表層は，歩行者等の安全な通行に応じた滑り抵抗値を有すること．

ロ）歩行の障害となる水たまりができないこと．

ハ）気象条件等により，ひび割れ・角かけ等の破損が生じにくいこと．

ニ）摩耗等の変形が生じにくいこと．

ホ）既存の歩行者用舗装道路に比べ施工費が著しく高くなく経済性に優れたものであること．

ヘ）景観との調和に富むものであること．

b）環境安全性基準と試験方法

チップ化した木質系材料の混合物の環境安全性基準と試験方法は，4.3.1-1（1）1）ｉ）a）に準ずる．

ii）留意点

歩道舗装としての機能を確認する環境安全性を確認するため，溶出試験および含有量試験等をどの程度の頻度で実施したらよいか検討する必要がある．

3）緑化基盤材に適用の場合

木くずを緑化基盤に使用する方法は，堆肥化しないウッドチップ（以下，生チップ）を土あるいは肥料と共に生育基盤材料の一部として活用する方法がある．

ｉ）基準と試験方法

a）品質基準と試験方法

生チップを法面緑化の生育基盤材料として適用する場合の品質基準は，法面保護工としての耐侵食性あるいは植生の生育判定基準等は，従来の法面緑化工法に要求される品質基準と同等の性能を有するものとする．

b）環境安全性基準と試験方法

生チップを法面緑化の生育基盤材料として適用する場合の環境安全性基準と試験法は,4.3.1-1(1) 1）ｉ）a）に準ずる．

ii）留意点

- 生チップを植物の生育基盤に利用する場合，稀に初期生育が遅い場合があるが，むやみに追播と追肥を行わないように注意しなければならない．
- 緑化目標によっては表土の選択と種子配合に十分配慮する必要がある．
- チップの原材料は,「木くず」に区分された産業廃棄物に指定されている．その取扱いは廃棄物処理法などの関連法規を遵守し，適正に行なわなければならない．
- チップ，表土などを利用して，造成された生育基盤は，時間経過とともに分解・自然同化してくるので繰り返し利用することはできない．

（2）設計時の基準値および留意点

1）マルチング材、クッション材に適用の場合

チップを，マルチング材およびクッション材として利用する場合の設計・施工上の規定は特に設定されていない．

2）歩行者用道路に適用の場合

木質系チップ舗装における路盤工は，「舗装設計施工指針[12)]」に準ずる．

3）緑化基盤材（生チップ緑化基盤材）に適用の場合

生チップを法面緑化の生育基盤材料として適用する場合の設計方法は，使用実績の多い設計例に準ずる．

（3）施工時の留意点

1）マルチング材、クッション材に適用の場合

チップを，マルチング材およびクッション材として利用する場合の設計・施工上の規定は特に設定されていないが，用途別に定めた形状や大きさのチップを概ね5～15cm程度の厚さで敷均しして利用する．

2）歩行者用道路に適用の場合

木材系チップ舗装の施工にあたっては，混合・敷均し・転圧・養生等について，適正な品質管理のもとに行なわなければならない．

3）緑化基盤材（生チップ緑化基盤材）に適用の場合

チップ表土まきだし緑化工法の場合，破砕したチップと現地発生土（表土）を主な原料として，現地で植物の生育に適した生育基盤材を製造し，法面に巻出して施工する．

（4）供用後の留意点

1）マルチング材、クッション材に適用の場合

・供用後のマルチング材，クッション材に適用する一般的な設計施工基準類は定められていない．
・施工例では，直径100mm程度のスクリーンで破砕したチップを10cm前後の厚さで敷設しているものが多い．

2）歩行者用道路に適用の場合

雨などに備えて舗装面全体を養生シートで覆い，端部をアンカーで固定する．養生期間は，夏季で12時間程度，冬季で24時間程度とする．

3）緑化基盤材（生チップ緑化基盤材）に適用の場合

リサイクルしたチップの樹種名，広葉樹・針葉樹の区分け，現地発生土の種類（表土または掘削残土），汚泥の利用の有無等についての情報は、施工後の生育基盤の状態や植物の生育状況と合わせて多くのデータを蓄積する必要があるので，施工記録として保存する．

4.3.5 廃ガラス

ガラスくずは，主として建物解体により発生する窓ガラスくず，ガラス製造工程で発生するくず，

不良品，卸・小売業で発生する使用済みの容器である．

4.3.5-1 廃ガラス（粉砕処理）

ガラスカレットは，ガラスびんを分別し細かく砕き粒度選別したものである．ガラスの原料として利用される他，建築材料，土木材料，工業用品など多方面に活用されている．

(1) 材料選定時の基準値および留意点

1) 路盤材料に適用の場合

・ガラスカレットを下層路盤用骨材として用いる場合に適用する．

・舗装計画交通量T≧1,000(台/日・方向)以上の道路に適用する場合は，実績か試験施工を実施して判断する必要がある．

i) 基準と試験方法

a) 品質基準と試験方法

ガラスカレットを用いた路盤材料の品質基準は，適用する道路舗装の種類に応じて「舗装設計施工指針[12)]」・「舗装施工便覧[14)]」等の品質規格に準じる．

b) 環境安全性基準と試験方法

路盤材料に使用するガラスカレットの環境安全性基準と試験方法および管理は，4. 3. 1-1 (1) 1) i) a) に準ずる．すなわち，6 項目の溶出試験・含有量試験を行わなければならない．

ii) 留意点

ガラスカレットを舗装の路盤材料として使用した場合は，施工性，耐久性，経済性等のデータを蓄積し，長期供用性の把握に努める．

(2) 設計時の基準値および留意点

路盤材料に適用の場合

ガラスカレットを用いた路盤の設計は，「舗装設計施工指針[12)]」に示される方法と手順に準ずる．

(3) 施工時の基準値および留意点

路盤材料に適用の場合

ガラスカレットを用いた路盤の施工は,「舗装設計施工指針[12)]」等に示される方法と手順に準ずる.

(4) 供用後の基準値および留意点

路盤材料に適用の場合

・ガラスカレットを用いて路盤を構築した場合には，発注者は施工図面，数量表等の設計図書を，ガラスカレットを用いた路盤材料の試験成績表とともに保存する．

・ガラスカレットは，使用により通常その性質が大きく変化しないため，再利用しても特に支障はない．

4.3.5-2 廃ガラス（粉砕焼成処理）

再生ごみカレットを原料とするガラス再資源化タイルとブロックの製造工程は，以下のとおりである．1,000℃（従来は 1,200℃程度）の低温焼成が可能である．

（1）材料選定時の基準値および留意点

タイル・ブロックに適用の場合

ガラスカレットを原料とする舗装と土木構造物の表面仕上げ用タイル・ブロック・レンガ・道路用境界ブロック等に適用する．

ｉ）基準と試験方法

a）品質基準と試験方法

以下の JIS に示される寸法と強度等の品質を満足するものでなければならない．

イ）タイルについて

JIS A 5209　「陶磁器質タイル」に準ずる．

ロ）レンガ，ブロックについて

JIS R 1250「普通レンガ」・JIS A 5371「プレキャスト無筋コンクリート製品」のⅠ類「舗装用平板」・「道路用境界ブロック」に準ずる．

b）環境安全基準と試験方法

原料となる，廃ガラスから製造したガラスカレットの環境安全性基準と試験方法は，4.3.1-1（1）1）ｉ）a）に準ずる．すなわち，6 項目の溶出量試験・含有量試験を実施して，指定された有害物質に対し溶出量が環境基準以下でなければならない．

ⅱ）留意点

・同種の他建材と比較して，同等以上の性能を有しているため問題は少ない．
・ガラスカレットを使用する場合に，異物と有害物が含有しないように注意しなければならない．
・使用にあたっては使用実績のある製造プラントで生産された製品を選定する．

（2）設計時の基準値および留意点

タイル・ブロックに適用の場合

タイルの設計は，特記仕様書または建築工事標準仕様書・同解説 JASS19「陶磁器質タイル張り工事」に準ずる．

（3）施工時の基準値および留意点

タイル・ブロックに適用の場合

タイルの設計は，特記仕様書または建築工事標準仕様書・同解説 JASS19「陶磁器質タイル張り工事」に準ずる．

（4）供用後の基準値および留意点

タイル・ブロックに適用の場合

・タイル製品梱包物等には，再生材であることを明示するとともに，使用した場合には設計書等に記録を残さなければならない．
・一度使用したガラス再資源化タイルを，将来再資源化タイルの原料として再利用する場合は，通常のタイル材料と同等のものと考えて再利用してよい．

4.3.5-3 廃ガラス（溶融・発泡）

発泡廃ガラスは，ガラスびんから製造した計量新材料である．ガラスびんを破砕して添加剤を加えて混合し，この混合物を焼成炉内に入れる．ガラスの軟化点以上に加熱することにより得られる発泡廃ガラスは，添加剤である発泡材の種類・量により気泡の大きさと数により，吸水性と絶乾密度の異なるものが得られる．また，昇温過程での温度と継続時間により，気泡が独立したものと連続したものが得られる．

(1) 材料選定時の基準値および留意点

盛土材に適用の場合

・発泡廃ガラスを単体で軽量盛土材として使用する場合について適用する．

・発泡廃ガラスは，埋戻し材や裏込め材等の盛土材のほか，緑化保水材，湧水処理材，地盤改良材，軽量骨材等，土木資材として多方面の分野への適用が可能である．

ⅰ) 基準と試験方法

a) 品質基準と試験方法

発泡廃ガラスは，清浄堅硬かつ耐久性が高く，ごみ・泥・薄い石片・細長い石片・有機不純物を含まない清浄なものでなければならない．

発泡廃ガラスを軽量盛土として使用する場合は，粒度・絶乾密度・吸水率の品質について規格を満たすものでなければならない．

b) 環境安全性基準と試験方法

溶融・発泡廃ガラスを使用する場合の環境安全性基準と試験方法は，4..3.1-1（1）1）ⅰ）a）に準ずる．すなわち，6 項目の溶出量試験・含有量試験を実施し，指定された有害物質に対して溶出量が環境基準値以下でなければならない．

ⅱ) 留意点

・溶融，発泡廃ガラスは，使用する添加剤・発泡材お種類と量，製造設備，管理方法などにより出来上がる製品の性能差が生じるため，良質な製品であることが確認された製品または建設技術審査証明を得た製品を使用する．

(2) 設計時の留意点

盛土材に適用の場合

・原則として，地下水位より上部での使用が望ましい．

・地下水位以下に用いる場合には，浮力による浮き上がりに対する検討を行う．

・使用目的，施工位置における地下水の条件等を考慮し，適切な設計定数を設定して安定計算を実施する．

(3) 施工時の基準値および留意点

盛土材に適用の場合

・発泡廃ガラスは，重機などで転圧する際に破砕する特性があるため，転圧重機の選定および転圧回数を設定するに時には，これらに十分注意が必要である．

・一層の敷均し厚さは 30cm とし，転圧機械は 10t 級湿地ブルドーザあるいは，1t 級振動ローラを使用した施工を標準とする．

・締固め密度は，乾燥密度で 0.3 t/㎥以上とする．

・材料分離および締固めた発泡廃ガラスの間隙内に土砂が混入することを防ぐため，発泡廃ガラスと土との境界には透水土木シートを敷設することが望ましい．

(4) 供用後の基準値および留意点

盛土材に適用の場合

・発泡廃ガラス製品を使用する場合には，梱包物あるいは袋に再生材であることを明示させるとともに，設計図書等に記録を残さなければならない．

・掘削，掘り起こした発泡廃ガラスは，繰り返し耐久性にも優れているため，同種の軽量盛土材・埋戻し材として再利用できる．

4.4 建設工事における環境対策の取組み

建設工事では，建設機械の稼動によって道路環境に影響を及ぼすことから，事業の計画段階で予測に必要な気象条件の設定や建設機械の選定，建設機械の稼動時における各種影響要因を予測することが重要である．そこで，本節では建設工事で実施されている施工機械の環境保全措置を述べるとともに，環境対策実施されている「排ガス対策」，「地球温暖化対策」，「騒音・振動対策」における建設機械の認定制度や法律などを述べる．

4.4.1 環境影響評価の技術手法[15)]

(1) 環境アセスメントによる予測・評価

環境アセスメントでは，予測・評価を行うための基礎資料として，**表-4.4.1** に示す地形（起伏等）の状況や土地利用の状況等の資料を収集し，事例の引用（**表-4.4.2** 参照）または解析により，建設機械の稼動時における環境影響の予測を行う．調査および予測手法の詳細は「道路環境影響評価の技術手法[12)]」を参照のこと．

表-4.4.1 基礎資料例[15)]

（出典:国土技術政策総合研究所資料土木研究所資料:道路環境影響評価の技術手法(平成24年度版)）

項目	主な内容
事業特性の把握	・　対象事業実施区域の位置 ・　対象事業の工事計画の概要（工事区分・工種等）
地域特性の把握	・　自然的状況（気象・大気質・地形・地質・騒音・振動等） ・　社会的状況（土地利用の状況，学校・病院等配置や住宅の配置等，環境保全の法令等）
項目設定	・　環境影響が受けるとおそれがあると認められる地域[*1]内の保全対策の有無 ・　都市計画上及び土地利用上から将来の立地が計画されている場合

*1「環境影響が受けるとおそれがあると認められる地域」とは，建設機械の稼動に係る環境問題の影響範囲をいう．

国土技術政策総合研究所，独立行政法人 土木研究所「道路環境影響評価の技術手法（平成24年度版）」平成25年3月，p13-2-3を参考に編集作成

表-4.4.2 地域特性の項目と資料の例[15)]
（出典：国土技術政策総合研究所資料土木研究所資料：道路環境影響評価の技術手法(平成24年度版)）

地域特性の項目	文献・資料名	抽出する内容	発行者等
気象	気象月報，気象観測結果 日本気候表	年間の風向，風速	各気象官署 気象庁
大気質	日本の大気汚染状況 道路周辺の大気汚染状況 都道府県環境白書 市町村環境白書	二酸化窒素等の濃度状況 環境基準の状況	環境省 都道府県 市町村
地形	地形図	地形の分布状況	国土地理院
地質	土地分類基本調査表層地質図 土地分類表層地質分類図	地質の区分及び分布状況	国土交通省 産業技術総合研究所地質調査総合センター
騒音・振動	都道府県環境白書 市町村環境白書	騒音・振動の状況	都道府県，市町村

国土技術政策総合研究所，独立行政法人 土木研究所「道路環境影響評価の技術手法（平成 24 年度版）」平成 25 年 3 月，p2-6-7（表 2.6.1），p6-1-8（表 6.1.1），p4-2-8（表-4.2.2）を参考に編集作成

(2) 環境保全措置

環境予測の結果より，環境に及ぼす影響がある場合は，建設機械の選定を含めて環境保全措置の検討を行う必要がある．環境保全措置の例，効果の内容等を**表-4.4.3** に示す．

表-4.4.3 環境保全措置の例，効果の内容等[15)]
（出典:国土技術政策総合研究所資料土木研究所資料:道路環境影響評価の技術手法(平成24年度版)）

項目	環境保全措置の例	環境保全措置の効果	実施に伴い生ずるおそれがある他の環境への影響
二酸化窒素および浮遊粒子状物質	排ガス対策型建設機械の採用（国交省直轄工事では排出ガス対策型建設機械の使用を原則とする）	排ガス対策型建設機械の採用により，窒素化合物および浮遊粒子状物質が抑制される.	他の環境要素への影響はない.
	建設機械を保全対象から離す	拡散による濃度の低減が期待できる	騒音・振動への緩和される.
	作業方法への配慮 （停車中の車両等のアイドリングを止める，建設機械の複合同時稼動・高負荷運転を極力避ける等）	窒素化合物（または浮遊粒子状物質）の排出量あるいは最大排出量の低減が見込まれる.	他の環境要素への影響はない.
騒音	低騒音型建設機械及び超低騒音型建設機械の採用（「低騒音型・低振動型建設機械の指定に関する規程[8)]」に基づき指定された建設機械）	騒音の発生の低減が見込まれる.	他の環境要素への影響はない.
	低騒音工法への変更	騒音の発生の低減が見込まれる.	他の環境要素への影響はない.
	遮音壁などの遮音対策	遮音による低減効果が見込まれる.	大気質への影響が緩和される. 日照阻害に対する影響が生じるおそれがある.
	建設機械を保全対象から離す	距離減衰による騒音低減が見込まれる.	大気質，振動への影響が緩和される.
	作業方法の改善 ① 作業者に対する資材の取扱いの指導 ② 停車中の車両等のアイドリングを止める. ③ 建設機械の複合同時稼動，高負荷運転を極力避ける. ④ 不要な音の発生を防ぐ	騒音の発生の低減が見込まれる.	他の環境要素への影響はない.
振動	低振動型建設機械の採用（「低騒音型・低振動型建設機械の指定に関する規程」に基づき指定された建設機械）	振動の発生の低減が見込まれる.	他の環境要素への影響はない.
	低振動工法への変更	騒音の発生の低減が見込まれる.	他の環境要素への影響はない.
	建設機械を保全対象から離す	距離減衰による騒音低減が見込まれる.	大気質，騒音への影響が緩和される.
	作業方法の改善 ① 作業者に対する資材の取扱いの指導 ② 建設機械の複合同時稼動，高負荷運転を極力避ける.	騒音の発生の低減が見込まれる.	他の環境要素への影響はない.

国土技術政策総合研究所，独立行政法人 土木研究所「道路環境影響評価の技術手法（平成24年度版）」平成25年3月，p2-5-25（表2.5.12），p6-1-8（表6.1.1），p4-2-30（表-4.2.5），p6-2-23（表-6.2.5）を参考に編集作成

4.4.2　施工機械の環境対策

(1) 排出ガス対策

1) 排出ガスの現状と法律

建設機械から発生する排出ガスは，窒素酸化物（NO_x）や粒子状物質（PM）等の割合が多く，**図-4.4.1** に示すように建設機械からの排出ガスの割合が大きくなっている[16]．この排出ガスである，NO_x は高濃度で呼吸器である喉，気管，肺などに影響を及ぼすほか，酸性雨および光化学オキシダントの原因物質になるといわれている．また PM は大気中に長時間滞留し，高濃度で肺や気管等に沈着し呼吸器疾患やガンなどに影響を及ぼすといわれている．そのため，地球環境や人々の健康に悪影響を及ぼす原因として大きな社会問題となっている．

建設機械の区分は，公道を走行する「オンロード車」，公道を走行しない「オフロード車」に分かれ，平成 12 年度において前者は道路運輸車両法により規制（自動車全体の排出量に占める割合 NO_x：約 7.3%, PM：約 3.2%）されているが，後者は未規制（自動車全体の排出量に占める割合　NO_x：約 25.1%, PM：約 11.8%）であった．現在まで，平成 18 年 10 月 1 日以降に製作されたオフロード車に対して「特定特殊自動車排ガスの規制等に関する法律」（以下，オフロード法）[16]が開始されている．

建設機械は使用状態（燃料，点検整備，運転・使用等）によって排ガス性状が変化するため，抑制指針（平成 18 年国土交通省告示第 1152 号）に基づき，排出ガスの排出抑制に取り組む必要がある．そのため，**表-3.4.4** に示すように製作メーカー（エンジン・車両），使用者がそれぞれの役割分担に基づき，責務を果たすことによって担保される．

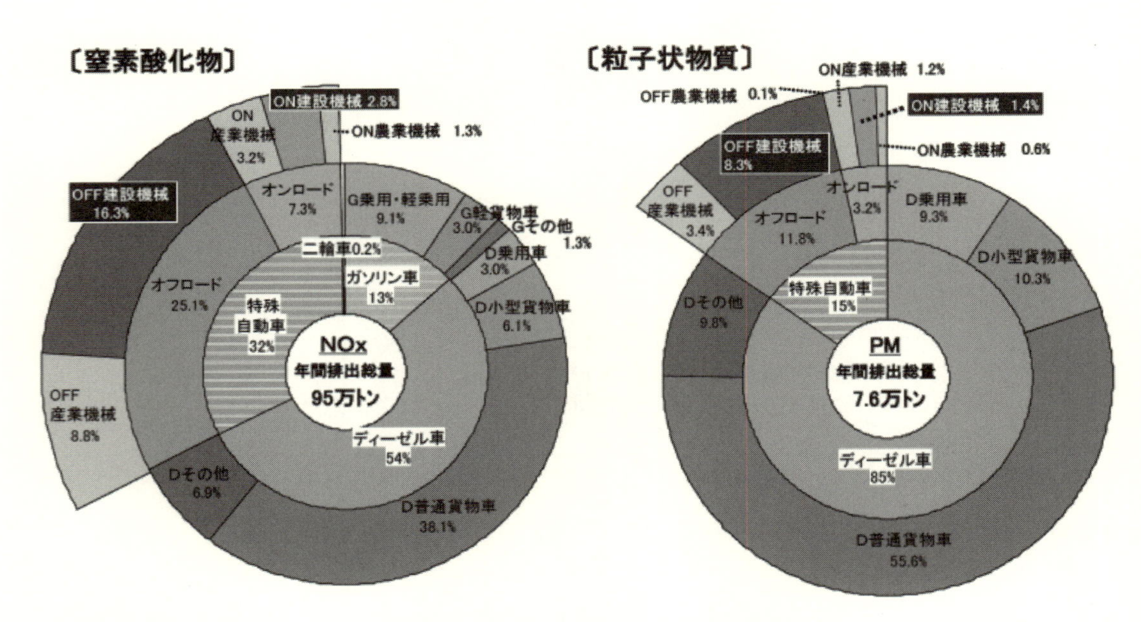

図-4.4.1 オフロード車における NOx および PM の現状（平成 12 年度）[16]
（出典：国土交通省 website：オフロード法 地方ブロック 使用者向け説明会資料）

（注釈）特殊自動車：建設現場または路上等で専ら作業を行うことを主目的として製作された「作業用自動車」．エンジンにより走行できる建設機械のほとんどが規制の対象となる．

表-4.4.4 オフロード法の枠組み[16)]
（出典：国土交通省 website：オフロード法 地方ブロック 使用者向け説明会資料）

	担うべき役割	法の枠組みの概要
エンジンメーカー	・基準適合エンジンの技術開発 ・製作・販売	・型式指定特定原動機の供給
車体メーカー	・基準適合エンジンを搭載した建設機械の製作・販売・普及	・型式指定特定原動機を搭載した車両の供給 車両（新車）に基準適合表示を貼付
使用者	・基準適合機械の使用 ・点検整備の実施により適正な排出ガス性能の維持 ・適正燃料の使用	・基準適合表示を貼付した車両の使用 平成18年10月以降の買換時に、基準適合表示を貼付した車両を購入 現在使用中のものは規制対象外 ・抑制指針の遵守 （適正燃料の使用、点検整備の実施等）
国等	・基準適合機械の使用促進策 ・基準適合機械に係る監督	・税制の特例措置、融資制度 ・技術基準の策定 ・報告徴収、立入検査　等

また，大気環境改善として，オフロード法排出ガス規制の対象外となる機種について排出ガス対策が必要である．国土交通省では，図-3.4.2に示すオフロード法排出ガス制の対象外となる可搬式建設機械（発動発電機等）や小型建設機械（エンジン出力が19kW未満）等について「排出ガス対策型建設機械指定制度」で指定し，直轄工事での使用原則化や低利の融資制度などを行い，環境にやさしい建設機械の普及を図るとしている．

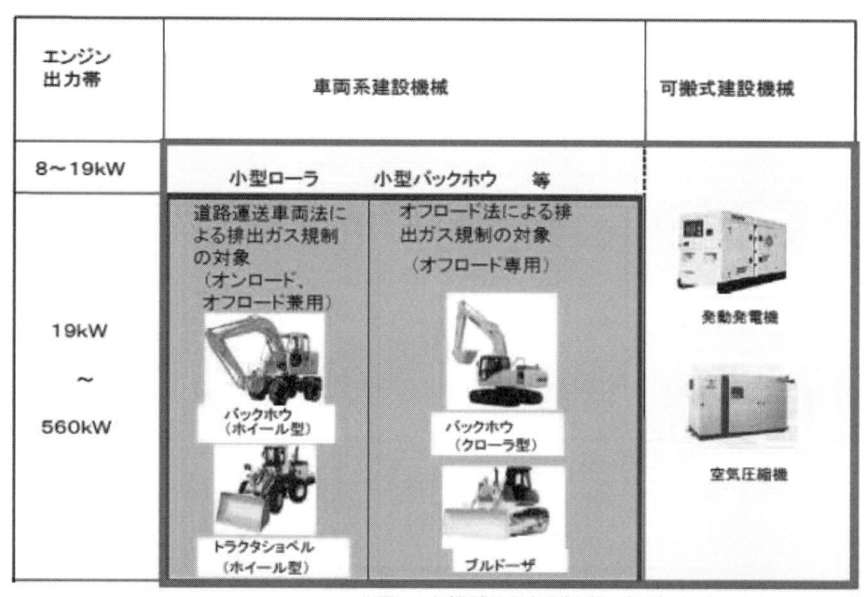

図-4.4.2 排出ガス対策型建設機械（第3次基準）指定制度[16)]
（出典：国土交通省 website：オフロード法 地方ブロック 使用者向け説明会資料）

2）オフロード法の指定制度の表示

オフロード法の基準を満たした建設機械に張られる表示は以下のとおりである．

【基準適合表示】（**図-4.4.3**）

- 表示可能な車両：平成 18 年 4 月以降新たに製作等された建設機械
- 手続き：メーカーから国に届出後、表示を付すことが可能
- 要件：フロード法で定められた技術基準（**表-4.4.5，表-4.4.6**）を満たすまたは道路運送車両法で定められた同等の技術基準を満たすこと

図-4.4.3　特定特殊自動車　排ガス基準[16)]

（出典：国土交通省 website：オフロード法 地方ブロック 使用者向け説明会資料）

表-4.4.5 軽油を燃料とする特定原動機のディーゼル特定原動機 8 モード法による排出ガス基準値[16)]

（出典：国土交通省 website：オフロード法 地方ブロック 使用者向け説明会資料）

特定原動機の種別	一酸化炭素	炭化水素	窒素酸化物	粒子状物質	ディーゼル黒煙
定格出力が19kW以上37kW未満のもの	5.00 g/kWh	1.00 g/kWh	6.00 g/kWh	0.40 g/kWh	40%
定格出力が37kW以上56kW未満のもの	5.00 g/kWh	0.70 g/kWh	4.00 g/kWh	0.30 g/kWh	35%
定格出力が56kW以上75kW未満のもの	5.00 g/kWh	0.70 g/kWh	4.00 g/kWh	0.25 g/kWh	30%
定格出力が75kW以上130kW未満のもの	5.00 g/kWh	0.40 g/kWh	3.60 g/kWh	0.20 g/kWh	25%
定格出力が130kW以上560kW未満のもの	3.50 g/kWh	0.40 g/kWh	3.60 g/kWh	0.17 g/kWh	25%

表-4.4.6　軽油を燃料とする特定特殊自動車の無負荷急加速黒煙試験による黒煙基準値[16)]

（出典：国土交通省 website：オフロード法 地方ブロック 使用者向け説明会資料）

特定原動機の種別	ディーゼル黒煙
定格出力が19kW以上37kW未満のもの	40%
定格出力が37kW以上56kW未満のもの	35%
定格出力が56kW以上75kW未満のもの	30%
定格出力が75kW以上130kW未満のもの	25%
定格出力が130kW以上560kW未満のもの	25%

【基準適合表示】（図-4.4.4）

- 表示可能な車両：平成 18 年 4 月以降新たに製作等された建設機械
- 手続き：メーカーからの申請を国が承認後、表示を付すことが可能
- 要件：年間の製作または輸入台数が 30 台以下
  - ① 規制適用日前に製作したものと同一のモデル（表-4.4.7）
  - ② 継続生産車の規制適用日前に輸入したものと同一のモデル（表-4.4.8）
  - ③ 海外の排出ガス基準に適合したもの（表-4.4.9）

図-4.4.4　特定特殊自動車　少数特例基準[16)]
（出典：国土交通省 website：オフロード法　地方ブロック　使用者向け説明会資料）

表-4.4.7 軽油を燃料とする特定原動機のディーゼル特定原動機 8 モード法による排出ガス基準値[16)]
（出典：国土交通省 website：オフロード法 地方ブロック 使用者向け説明会資料）

定格出力	規制適用日
19kW以上37kW未満	平成19年10月1日
37kW以上56kW未満	平成19年10月1日
56kW以上75kW未満	平成20年10月1日
75kW以上130kW未満	平成19年10月1日
130kW以上560kW未満	平成18年10月1日

表-4.4.8 継続生産車の規制適用日前に輸入したものと同一のモデル[16)]
（出典：国土交通省 website：オフロード法 地方ブロック 使用者向け説明会資料）

定格出力	規制適用日
19kW以上37kW未満	平成20年9月1日
37kW以上75kW未満	平成21年9月1日
75kW以上130kW未満	平成22年9月1日
130kW以上560kW未満	平成20年9月1日

表-4.4.9 海外の排出ガス基準に適合したもの[16)]
（出典：国土交通省 website：オフロード法 地方ブロック 使用者向け説明会資料）

定格出力	基準
19kW以上37kW未満	Tier 2, Stage IIIA
37kW以上560kW未満	Tier 3, Stage IIIA

【表示がない建設機械】

〈個別にオフロード法の排ガス検査を受けた機種〉

- 対象車両：平成 18 年 4 月以降新たに製作等された建設機械
- 手続き：平成 18 年 10 月以降に個別に製作または輸入された建設機械
- 要件：オフロード法で定められた技術基準（黒煙濃度）を満たすこと

〈継続生産車〉

- 対象車両：オフロード法の技術基準が定められている建設機械
- 手続き：特になし
- 要件：オフロード法使用規制（平成 18 年 10 月以降）開始前から継続して製作されている建設機械

〈排出ガス規制の対象外である建設機械〉

- 対象車両：排出ガス規制を受けていない建設機械
- 手続き：特になし
- 要件：オフロード法技術基準が設定されていない（可搬式建設機械・小型建設機械等），オフロード法規制適用開始前に製作等されている

※その他：道路運送車両法の排出ガス検査を受けた特殊自動車（ナンバープレート装着）が有り

第 3 次排出ガス対策型建設機械指定制度における「第 3 次排出ガス対策型建設機械」または「トンネル工事用排出ガス対策型建設機械」としての技術基準を満たした建設機械に貼られる表示

〈排出ガス対策型建設機械〉

- 対象車両：オフロード法または道路運送車両法により排出ガス規制を受けていない建設機械（発動発電機，小型バックホウ等
- 手続き：メーカーからの申請を国土交通省が指定後，表示を付すことが可能
- 要件：第 3 次排出ガス対策型建設機械指定制度で定められた技術基準を満たすこと．法に基づく規制ではない．

<トンネル工事用排出ガス対策型建設機械>

- 対象車両：第 3 次排出ガス対策型建設機械指定制度の指定を受けた，またはオフロード法，道路運送車両法 平成 18 年規制の指定を受けた排出ガス対策型建設機械
- 手続き：メーカーからの申請を国土交通省が指定後，表示を付すことが可能
- 要件：第 3 次排出ガス対策型建設機械指定制度で定められた技術基準を満たすこと．黒煙濃度を 1/5 以下に低減する黒煙浄化装置を装着している．法に基づく規制ではない．

図-4.4.5　「第 3 次排出ガス対策型建設機械」または「トンネル工事用排出ガス対策型建設機械」[16]
（出典：国土交通省 website：オフロード法 地方ブロック 使用者向け説明会資料）

(2) 地球温暖化対策

建設施工分野における CO_2 排出は建設機械からの排出が大きな割合を占めており，建設機械の燃費性能の向上が求められる．国土交通省では，建設施工現場の省エネルギー化の推進や低炭素型社会の構築に取り組んでおり，「低炭素型建設機械認定制度」や「燃費基準達成建設機械認定制度」等，CO_2 排出ができる限り抑制された建設施工を目指していくなどの対策を推進している．

1)　CO_2 削減の目標 [14)]

建設機械から排出される CO_2 総排出量は 1990 年時点で約 1,400 万 t，2002 年時点で約 1,100 万 t と推定されており，国内総生産の約 1%を占めている．そのため，建設業では建設工事（施工）段階を取り上げ，**図-4.4.6** に示す数値目標を掲げ CO_2 の削減に取組んでいる．数値目標である CO_2 排出量は，生産活動の規模（＝施工高）に大きな影響を受けて削減活動の実態が把握しにくいため，施工高あたりの原単位（t-CO_2/億円）を目標値としている（**図-4.4.7** 参照）．

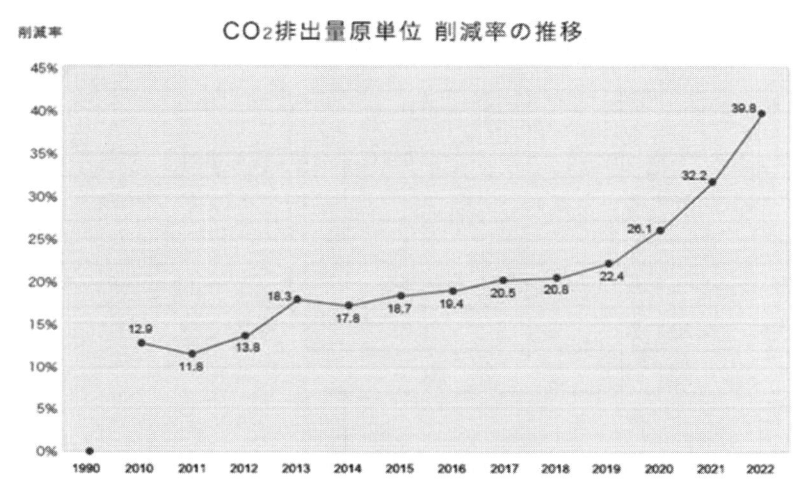

図-4.4.6　CO_2 排出量原単位　削減率の推移 [17)]
（出典：日本建設業連合会「施工段階における CO_2 排出量削減活動実績の把握」）

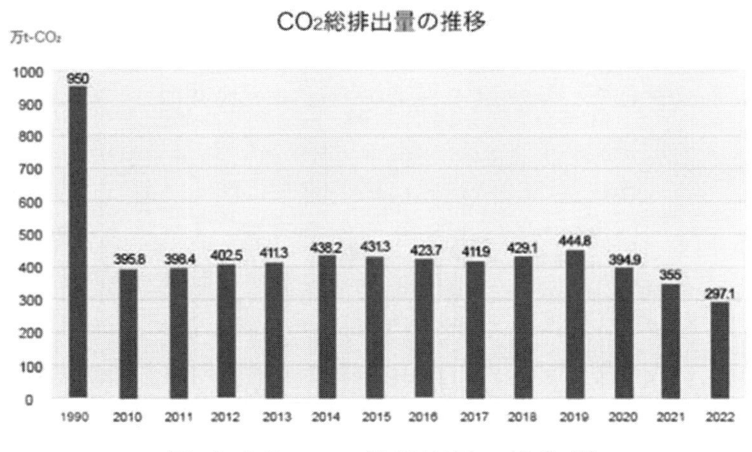

図-4.4.7　CO_2 総排出量の推移 [17)]
（出典：日本建設業連合会「施工段階における CO2 排出量削減活動実績の把握」）

2）対策に関する法律等

①低炭素型建設機械認定制度[18)]

この制度は 2010 年 4 月より開始され，その目的は CO_2 排出量低減に資する低炭素型建設機械の普及を促進し，もって建設施工において排出される二酸化炭素の低減を図るとともに，地球環境保全に寄与することを目的としている（低炭素型建設機械の認定に関する規程 第一条より抜粋）．つまり，CO_2 排出量の少ない建設機械を「低炭素型建設機械」として認定し，その普及を図ることで建設機械における CO_2 低減を図るものである．対象となる建設機械は，エネルギー回生機能（電気）による油圧ショベル，エネルギー回生機能（油圧）による油圧ショベル，電動型油圧ショベル（バッテリー式），電動型油圧ショベル（有線式），ブルドーザ（発電式）である．認定された建設機械は 2018 年 9 月現在，49 型式（バックホウ 45 形式，ブルドーザ 4 形式）である．

表-4.4.10　低炭素型建設機械の燃費基準値[18)]

（出典：国土交通省；低炭素型建設機械の認定に関する規程（令和 6 年 3 月改正））

油圧ショベルの燃費基準値

区分 標準バケット山積容量（m^3）	燃費基準値 （kg/標準動作）
0.25以上0.36未満	4.3
0.36以上0.47未満	6.4
0.47以上0.55未満	6.9
0.55以上0.70未満	9.2
0.70以上0.90未満	10.8
0.90以上1.05未満	13.9
1.05以上1.30未満	13.9
1.30以上1.70未満	19.9

ブルドーザの燃費基準値

区分 定格出力（kW）	燃費基準値 （g/kWh）
19以上75未満	568
75以上170未満	530
170以上300未満	508

③　燃費基準達成建設機械認定制度[19)]

この制度は 2013 年 4 月より開始され，その制度の目的は燃費基準達成建設機械への関心と理解を深め，二酸化炭素排出低減に資する燃費基準達成建設機械の普及促進を図るとともに，燃費性能の優れた建設機械や建設施工に関する建設業者による自発的な活動の実施を促進し，地球環境保全に寄与することを目的としている（燃費基準達成建設機械の認定に関する規程 第一条より抜粋）．この制度は現場で使用するのに望ましい建設機械を指定する制度であり，低燃費型建設機械の指定条件となる燃費基準を定め，該当する機械を指定し，直轄工事での使用や購入支援等の普及支援策を講じるものである．指定対象となる機械は，バックホウ（0.25m^3～1.7m^3），ホイルローダ（40kW～230kW），ブルドーザ（19kW～300kW）となっている．この理由は建設機械に占める CO_2 排出量寄与率が約 60%と非常に高いため，社団法人日本建設機械化協会規格（JCMAS）では燃費試験方法が定められている．その測定方法の試験は，JCMAS H020「油圧ショベル」[20)]，JCMAS H021「ブルドーザ」[21)]，JCMAS H022「ホイールローダ」[22)]である．この認定は，**表-4.4.11** の燃費基準を達成した建設機械を形式認定し，認定された建設機械はラベル表示（**図-4.4.8**）される．

表-4.4.11　燃費基準達成建設機械の燃費基準値[19)]

●油圧ショベル

標準バケット山積容量 (㎥)	2020年燃費基準値 (kg/標準動作)	2020年燃費基準値を0.85で除した値 (kg/標準動作)	2030年燃費基準値 (kg/標準動作)
0.085 以上 0.105 未満	2.0	2.4	-
0.105 以上 0.130 未満	2.1	2.5	-
0.130 以上 0.150 未満	2.6	3.1	-
0.150 以上 0.200 未満	2.8	3.3	-
0.200 以上 0.25 未満	3.2	3.8	-
0.25 以上 0.36 未満	4.3	5.1	4.03
0.36 以上 0.47 未満	6.4	7.5	6.21
0.47 以上 0.55 未満	6.9	8.1	6.21
0.55 以上 0.70 未満	9.2	10.8	8.10
0.70 以上 0.90 未満	10.8	12.7	9.29
0.90 以上 1.05 未満	13.9	16.4	10.70
1.05 以上 1.30 未満	13.9	16.4	12.09
1.3 以上 1.70 未満	19.9	23.4	15.72

●ブルドーザ

定格出力※ (KW)	2020年燃費基準値 (g/KWh)	2020年燃費基準値を0.85で除した値 (g/KWh)	2030年燃費基準値 (g/KWh)
19 以上 75 未満	568	668	511
75 以上 170 未満	530	624	466
170 以上 300 未満	508	598	437

●ホイールローダ

定格出力※ (KW)	2020年燃費基準値 (g/t)	2020年燃費基準値を0.85で除した値 (g/t)	2030年燃費基準値 (g/t)
40 以上 75 未満	21.3	25.1	23.0
75 以上 110 未満			18.1
110 以上 230 未満	27.9	32.8	23.7

●ホイールクレーン（令和4年4月より認定開始）

最大吊り荷重(ton)	2020年燃費基準値 (kg/ton)	2020年燃費基準値を0.85で除した値 (kg/ton)	-
4.9 以上 15 未満	3.05	3.59	-
15 以上 25 未満	4.73	5.56	-
25 以上 50	4.73	5.56	-
50 以上 150 未満	8.19	9.64	-

（出典：国土交通省　「燃費基準達成建設機械の認定に関する規程」の改正について
～次期燃費基準値（2030年基準値）の策定等～　報道発表資料）

☆の認定
- 2030年燃費基準達成率　100%以上　☆☆☆☆
- 2020年燃費基準達成率　100%以上　☆☆☆
- 2020年燃費基準達成率　85%以上　☆☆

▲2020年燃費基準達成
建設機械認定ラベル

▲ 2020年燃費基準85%達成
建設機械認定ラベル

▲2030年燃費基準達成
建設機械認定ラベル

※2030年燃費基準値による認定は令和9年4月より開始

図-4.4.8　認定ラベル[19)]より抜粋

(3) 騒音・振動対策

建設工事に伴う騒音・振動は，建設機械の稼働状況や施工・使用方法，土質条件等の違いより，騒音または振動への影響度は異なることが知られている．建設機械の対策として，国土交通省では騒音・振動が相当程度軽減された建設機械を「低騒音型・低振動型建設機械」として指定し，生活環境を保全すべき地域で行う工事では，指定を受けた機械の使用を推進している．

1) 騒音・振動に関する苦情の現状

環境省では毎年，騒音および振動規制法施行状況調査を行い，苦情の発生状況について調査を行っている．平成28年度における状況調査[23)]では，騒音に係わる苦情の件数16,264件であり，建設業が最も多く5,470件（全体の33.6%）となっている．また同年度の状況調査[24)]では，振動に係わる苦情の件数3,252件と，騒音と同様，建設業が多く2,190件（全体の67.3%）となっている．

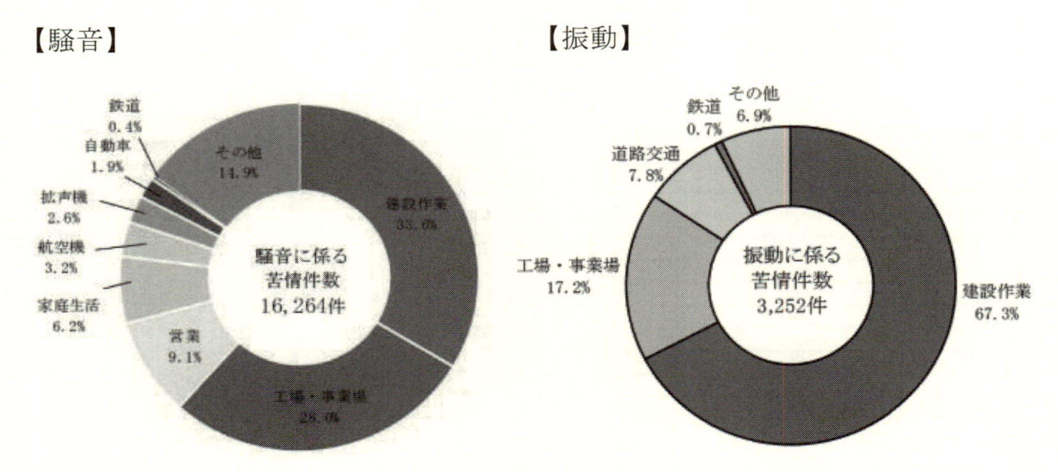

図-4.4.9 苦情件数の発生源内訳（平成 28 年度）[23) 24)]

https://www.env.go.jp/press/105181.html「【別紙】平成 28 年度振動規制法施行状況調査について［PDF537KB］」https://www.env.go.jp/content/900511000.pdf（最終閲覧日 2023 年 11 月 24 日）

2）対策に関する法律等

国土交通省では，建設工事に伴う騒音・振動対策として，騒音・振動が相当程度軽減された建設機械について低騒音型建設機械および低振動型建設機械を指定し，建設工事の現場周辺の生活環境の保全と建設工事の円滑な施工を図ることを目的として，「低騒音・低振動型建設機械の指定に関する規定」[24)]（平成 9 年建設省告示第 1536 号）を平成 9 年から実施している．2018 年 12 月現在まで，低騒音型建設機械は 6,359 形式，低振動型建設機械は 32 形式が指定されている[25)]．

① 建設工事に伴う騒音振動対策技術指針[26)]

この指針は，騒音・振動の発生をできる限り防止することにより，生活環境の保全と円滑な工事の施工を図ることを目的としている．

建設工事に伴う各作業では，指針に基づく使用原則および適用範囲として**表-4.4.12** に示している．

表-4.4.12 主として建設工事の舗装工事に伴う使用原則および適用範囲[26)]
（出典：国土交通省 website：建設工事に伴う騒音振動対策技術指針）

工種	作業内容	使用原則および適用範囲
土工	掘削，積込み作業	低騒音型建設機械の使用を原則 掘削はできる限り衝撃力による施工を避け，無理な負荷をかけないようにし，不用な高速運転やむだな空ぶかしを避ける
	締固め作業	低騒音型建設機械の使用を原則 振動，衝撃力によって締固めを行う場合，建設機械の機種の選定，作業時間帯の設定等について十分留意する
運搬	運搬の計画	交通安全に留意するとともに，運搬に伴って発生する騒音，振動について配慮する
	走 行	運搬車の走行速度は，道路及び付近の状況によって必要に応じ制限を加えるように計画，実施する．なお，運搬車の運転は，不必要な急発進，急停止，空ぶかしなどを避けて，ていねいに行う．
	運搬車	運搬車の選定にあたっては，運搬量，投入台数，走行頻度，走行速度等を十分検討し，できる限り騒音の小さい車両の使用する．

表-4.4.13 主として建設工事の舗装工事に伴う使用原則および適用範囲[26)]
（出典：国土交通省 website：建設工事に伴う騒音振動対策技術指針）

コンクリート工	コンクリートプラント	コンクリートプラントの設置にあたっては，周辺地域への騒音，振動の影響が小さい場所を選び，十分な設置面積を確保するものとする．なお，必要に応じ防音対策を講じるものとする．
	トラックミキサ	コンクリートの打設時には，工事現場内及び付近におけるトラックミキサの待機場所等について配慮し，また不必要な空ぶかしをしないように留意しなければならない．
舗装工	アスファルトプラント	アスファルトプラントの設置にあたっては，周辺地域への騒音，振動の影響ができるだけ小さい場所を選び，十分な設置面積を確保するものとする．なお，必要に応じ防音対策を講じるものとする． アスファルトプラント場内で稼働，出入りする関連機械の騒音，振動対策について配慮する必要がある．
	舗　装	舗装にあたっては，組合せ機械の作業能力をよく検討し，段取り待ちが少なくなるように配慮しなければならない．
	舗装版とりこわし	舗装版とりこわし作業にあたっては，油圧ジャッキ式舗装版破砕機，低騒音型のバックホウの使用を原則とする。また，コンクリートカッタ，ブレーカ等についても，できる限り低騒音の建設機械の使用に努めるものとする． 破砕物等の積込み作業等は，不必要な騒音，振動を避けて，ていねいに行わなければならない．
軟弱地盤処理工	軟弱地盤処理工法の選定	軟弱地盤処理工法の選定にあたっては，対象地盤性状と発生する騒音，振動との関連を考慮の上，総合的な検討を行い，工法を決定しなければならない。
	施　工	軟弱地盤処理工の施工にあたっては，施工法に応じ，騒音，振動を低減させるように配慮しなければならない．なお，特に振動が問題になりやすいので留意しなければならない．
仮設工	設置	仮設材の取り付け，取り外し及び精込み，積卸いまていねいに行わなければならない．
	路面技工	額工板の取り付けにあたっては，段差，通行車両によるがたつき，はね上がり等による騒音，振動の防止に留意しなければならない．

② 低騒音型建設機械制度の使用原則（平成13年4月9日改正）[26)]

この規定は，土木建築に関する工事及び河川、道路その他の施設の維持管理の作業（以下，「建設工事等」）の用に供される機械（以下，「建設機械」）で，騒音または振動が相当程度低減されたものの型式についての指定等に関し必要な事項を定めることにより，低騒音型建設機械および低振動型建設機械の利用を促進し，もって建設工事等の現場周辺の住民の生活環境の保全を図るとともに，建設工事等の円滑化に寄与することを目的とするものである．建設機械の型式は騒音の測定値が別表第一[24)]に掲げる騒音基準値以下であるものを低騒音型建設機械として指定し，振動の測定値が別表第二[24)]に掲げる振動基準値以下であるものを低振動型建設機械として指定している．指定機械の表示[25)]は，騒音型建設機械の指定を受けた建設機械には別記様式第4号による低騒音型建設機械の標識を側面の見やすい箇所に表示し，低騒音型建設機械のうち，その騒音の測定値が第二条第一項の騒音基準値から六を減じて得た値を下回る型式の建設機械には，低騒音型建設機械の標識に代えて，別記様式第五号による超低騒音型建設機械の標識を表示する．また，低振動型建設機械の指定を受けた建設機械には別記様式第六号による低振動型建設機械の標識を側面の見やすい箇所に表示する．

表-4.4.14　別表第一（第二条関係）騒音基準値 [27]
（出典：国土交通省 website：低騒音型・低振動型建設機械の指定に関する規程）

機　　種	機関出力（ｋＷ）	騒音基準値（ｄＢ）
ブルドーザ	Ｐ＜55 55≦Ｐ＜103 103≦Ｐ	１０２ １０５ １０５
バックホウ	Ｐ＜55 55≦Ｐ＜103 103≦Ｐ＜206 206≦Ｐ	９９ １０４ １０６ １０６
ドラグライン クラムシェル	Ｐ＜55 55≦Ｐ＜103 103≦Ｐ＜206 206≦Ｐ	１００ １０４ １０７ １０７
トラクターショベル	Ｐ＜55 55≦Ｐ＜103 103≦Ｐ	１０２ １０４ １０７
クローラクレーン トラッククレーン ホイールクレーン	Ｐ＜55 55≦Ｐ＜103 103≦Ｐ＜206 206≦Ｐ	１００ １０３ １０７ １０７
バイブロハンマー		１０７
油圧式杭抜機 油圧式鋼管圧入・引抜機 油圧式杭圧入引抜機	Ｐ＜55 55≦Ｐ＜103 103≦Ｐ	９８ １０２ １０４
アースオーガー	Ｐ＜55 55≦Ｐ＜103 103≦Ｐ	１００ １０４ １０７
オールケーシング掘削機	Ｐ＜55 55≦Ｐ＜103 103≦Ｐ＜206 206≦Ｐ	１００ １０４ １０５ １０７
アースドリル	Ｐ＜55 55≦Ｐ＜103 103≦Ｐ	１００ １０４ １０７
さく岩機（コンクリートブレーカー）		１０６
ロードローラー タイヤローラー 振動ローラー	Ｐ＜55 55≦Ｐ	１０１ １０４
コンクリートポンプ（車）	Ｐ＜55 55≦Ｐ＜103 103≦Ｐ	１００ １０３ １０７
コンクリート圧砕機	Ｐ＜55 55≦Ｐ＜103 103≦Ｐ＜206 206≦Ｐ	９９ １０３ １０６ １０７
アスファルトフィニッシャー	Ｐ＜55 55≦Ｐ＜103 103≦Ｐ	１０１ １０５ １０７
コンクリートカッター		１０６
空気圧縮機	Ｐ＜55 55≦Ｐ	１０１ １０５
発動発電機	Ｐ＜55 55≦Ｐ	９８ １０２

表-4.4.15 別表第一（第二条関係）振動基準値[27]

（出典：国土交通省 website：低騒音型・低振動型建設機械の指定に関する規程）

種	諸　　元	基準値（ｄＢ）
バイブロハンマー	最大起振力　２４５ｋＮ（２５ｔｆ）以上	７０
	最大起振力　２４５ｋＮ（２５ｔｆ）未満	６５
バックホウ	標準バケット山積（平積）容量 ０.５０（０．４）m^3以上	５５

表-4.4.16 指定機械の表示[28]

（出典：国土交通省 website：低騒音型・低振動型建設機械に関する規程別記様式）

様式第４号（第十条関係） 低騒音型建設機械の標識	様式第６号（第十条関係） 低振動型建設機械の標識	様式第５号（第十条関係） 超低騒音型建設機械の標識

4.4.3　工法による環境対策

(1) 地球温暖化（CO_2）対策

1) 概要

地球温暖化の原因として，温室効果ガスの増加である可能性が高いと考えられている．温室効果ガスとしては，二酸化炭素，メタン，一酸化二窒素，フロン類などがある．建設業で発生する可能性が高い温室効果ガスとしては二酸化炭素（CO_2）である． そのことから，建設業における地球温暖化対策としては，CO_2 削減が求められている．

図-4.4.10 に日本の全産業に対する建設関連分野の CO_2 排出量の比率を示す．これによると，土木，建築を合せた建設業全体で全産業に対する割合は 23.2%，土木事業の割合は 9.7%となっており，全産業のうちの 1 割が土木事業から排出していることが分かる（**図-4.4.10**）．また，土木事業における事業ごとの内訳を**図-4.4.11** に示す．これによると道路部門が 25.7%と最も大きな比率となっていることが分かる[26) 27)]．

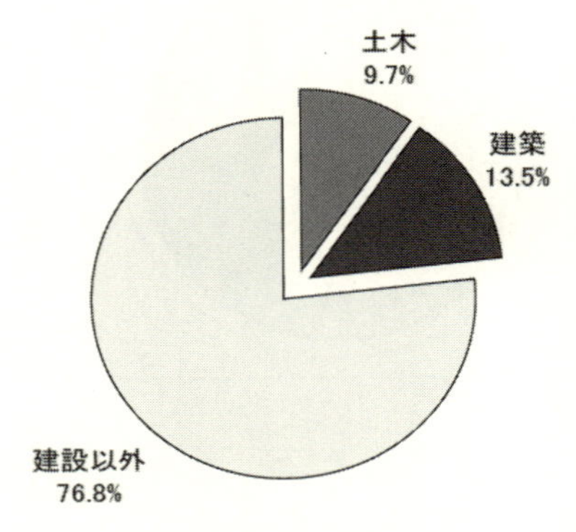

図-4.4.10 全産業に対する建設関連分野の CO_2 排出量の比率[29)]を基に改変

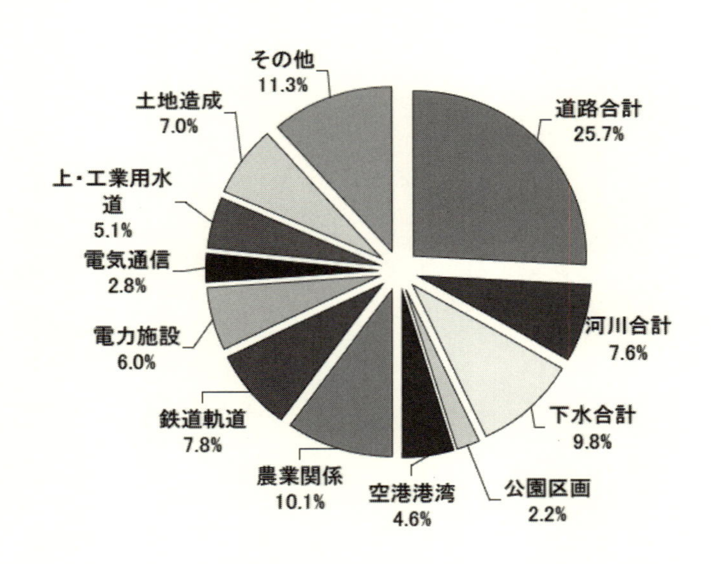

図-4.4.11　土木事業における CO2 排出量の内訳[29)]

2) CO_2削減効果のある工法

舗装工事におけるCO2削減効果のある工法としては，**表-4.4.16**に示すように中温化技術，常温製造技術，リサイクル技術などがある．

表-4.4.17　CO_2排出抑制機能を有する舗装技術の概要[30)]
（出典：公益社団法人日本道路協会：環境に配慮した舗装技術に関するガイドブック，2009）

舗装技術		概要
加熱アスファルト混合物の製造温度低下技術	中温化技術	中温化剤などの添加剤を用い，製造温度を通常の加熱アスファルト混合物に比べ30℃程度低下させる技術。
	弱加熱技術	水分を潤滑剤として活用するなどして，製造温度を低下させる技術（弱加熱混合物）。混合物の製造温度は，60－100℃程度。
常温製造技術	チップシール	アスファルト乳剤により骨材を単層あるいは複層に仕上げる表面処理工法。舗装の延命に寄与する予防的維持補修工法の一つ。
	マイクロサーフェシング	使用材料を全て積載し，車両後部のミキサで混合後直ちにスラリー状の混合物を既設路面上に薄く敷きならす表面処理工法。薄層施工と施工後早期に交通開放が可能であり，軽交通から重交通路線まで幅広く適用できる。
リサイクル技術	再生加熱アスファルト混合物	アスファルトコンクリート再生骨材に所要の品質が得られるよう再生用添加剤，新アスファルトや補足材を加えて製造した加熱アスファルト混合物。
	路上表層再生工法	路上において既設アスファルト混合物層を加熱，かきほぐし，必要に応じて新しい加熱アスファルト混合物や再生用添加剤などを加え，これを混合（攪拌），敷きならし，締固めなどの作業を行い，新しい表層として再生する工法。
	路上路盤再生工法	路上において既設アスファルト混合物を破砕し，同時にこれをセメントや瀝青材料などの安定材と既設粒状路盤材とともに混合，転圧して，新たに安定処理路盤を構築するもの。
長寿命化技術	コンポジット舗装	表層または表・基層にアスファルト混合物を用い，その直下の層にセメントコンクリート，連続鉄筋コンクリート，転圧コンクリートなどの剛性の高い版を用い，その下の層が路盤で構成された舗装。
	改質アスファルトの適用	目的に応じて耐水性や耐摩耗性，耐流動性を高めたポリマー改質アスファルトを適用したアスファルト混合物による舗装。

中温化や常温技術については，建設時に，低い温度または加熱を必要としないために，建設時の機械稼動によるCO_2発生を抑制することができる．

建設時の舗装のリサイクル技術には，路上再生舗装工法（路上表層再生工法，路上路盤再生工法）がある．材料輸送に伴うCO_2排出量は少なく，廃材輸送も少ないことからCO_2を削減できる．

3) CO_2削減について

CO_2削減に関しては，(一社)日本経済団体連合会の「建設業界の低炭素社会実行計画」では,建設施工段階におけるCO2削減目標施工高あたりの原単位で 「1990年度比25%減」 を目標としており，削減技術の活用が望まれている．

CO_2削減の効果としては，CO_2排出量低減値として，日本道路協会発刊の「舗装性能評価法 別冊―必要に応じ定める性能指標の評価編―」や「舗装の環境負荷に関する算定ガイドブック」に計算方法や計算例が記載されている．

CO_2削減効果のある工法についてみると，切削オーバーレイ工事（t=5cm，一部 5cm×4 層）において，通常加熱混合物とそれよりも 30℃と 50℃低減させた中温化混合物を使用して検討しており，CO_2排出量は 30℃低減の場合で 20.1%，50℃低減の場合で 32.0%の削減効果があったとしている[31)]．また，路上表層再生工法ついては，施工時のCO_2発生は大きくなる可能性はあるが，工事全体では少なくなるとの記載がある[28].

(2) 騒音対策

1) 概要

騒音，振動，悪臭は他の公害とは異なり，直接的な健康被害というよりは人の快・不快に関わるものということで「感覚公害」とも呼ばれる．環境基本法第 2 条で定める「公害」(いわゆる典型七公害)の中の一つである．

平成 28 年度の騒音に係る苦情の件数は，16,264 件である．その苦情件数を発生源別にみると，建設作業が 5,470 件（全体の 33.6%）で最も多い[23]（図-4. 4. 12).

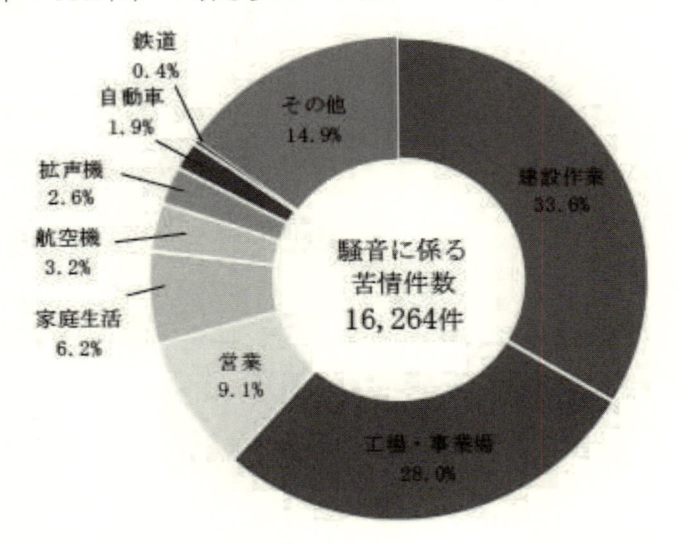

図-4. 4. 12 苦情件数の発生源別内訳（平成 28 年度）[23]
（出典：環境省：平成 28 年度騒音規制法等施行状況調査の結果について, 2018.3）

建設工事に伴う騒音振動対策技術指針では，舗装工においては，以下の記載[26]がある．

> (アスファルトプラント)
> 1.アスファルトプラントの設置にあたっては，周辺地域への騒音，振動の影響ができるだけ小さい場所を選び，十分な設置面積を確保するものとする．なお，必要に応じ防音対策を講じるものとする．
> 2.アスファルトプラント場内で稼働，出入りする関連機械の騒音，振動対策について配慮する必要がある．
> (舗　装)
> 3.舗装にあたっては，組合せ機械の作業能力をよく検討し，段取り待ちが少なくなるように配慮しなければならない．
> (舗装版とりこわし)
> 4.舗装版とりこわし作業にあたっては，油圧ジャッキ式舗装版破砕機，低騒音型のバックホウの使用を原則とする．また，コンクリートカッタ，ブレーカ等についても，できる限り低騒音の建設機械の使用に努めるものとする．
> 5.破砕物等の積込み作業等は，不必要な騒音，振動を避けて，ていねいに行わなければならない．

舗装工事においては，舗装版とりこわし工事が最も騒音，振動が問題となりやすい工種である．近年，油圧ジャッキ式舗装版破砕機などの利用も増え，かなり静かに施工することが可能となってきている．しかし，舗装の打換えで舗装版が厚い場合など状況によっては，ブレーカを使用する場合もある．道路の建設時には，このブレーカの騒音が最も騒音を発生する可能性が高い．

2)騒音低減効果のある工法

道路工事において発生する騒音を低減させる工法として，暗騒音工法[32]がある．これは，工事施工場所の騒音を“暗騒音”程度まで低減させるために，複数の騒音低減装置を組み合わせた施工や機材を使用する工法である．騒音対策が施されたブレーカやプレート，防音効果のあるパネルなどを使用する．

舗装版取り壊し時に騒音を低減させる工法のひとつに，鋼床版上の舗装を撤去する際の騒音を低減させる IH 式撤去工法がある[33]．これは，電磁誘導技術を応用して鋼床版に誘導電流を発生させて鋼床版を発熱させ，舗装の接着面を溶融し付着力を低下させながら鋼床版上のアスファルト舗装を撤去する工法である．

3)騒音低減について

騒音値については，環境基準はあるものの，建設作業時の騒音は除外されている．ただし，騒音規制法により，特定建設作業については，敷地境界において 85 デシベルを超えないこととされている．

騒音の測定点は，騒音規制法との適合状況をみるときには，工場・事業場の敷地境界線である．建設作業騒音についても測定点は敷地境界線となっている．これらの測定においては，マイクロホン高さは 1.2〜1.5m で，通常はこの高さで測定する．測定で使用する JIS Z 8731 に定める騒音レベル測定方法によるとされている．なお，現行の JIS Z 8731:1999 は，「環境騒音の表示・測定方法」と称しており，基本的には等価騒音レベル（L Aeq），単発騒音暴露レベル（LAE）の測定方法について記述されている．しかし，騒音規制法や環境基準が告示されたときの旧 JIS Z 8731 は「騒音レベル測定方法」と称しており，法律等の文言の修正が行われていないため表現が異なっている[34]．

暗騒音工法については，1 つの工法もしくは複数の工法を組み合わせることで 8dB〜20dB 程度低減させることができる[32]。また，IH 式撤去工法については，その効果としては通常の撤去に比べ 20〜30dB の低減としている．実施の現場においては，80dB 程度(IH 加熱そのものは 70dB 程度)という結果[25]がある．

(3)臭気対策

1)概要

臭気（悪臭）もまた，騒音や振動とともに感覚公害と呼ばれる公害の一種である．悪臭による公害は，その不快なにおいにより生活環境を損ない，主に感覚的・心理的な被害を与えるものであり，感覚公害という特性から住民の苦情や陳情と言う形で顕在化し，汚染物質等の蓄積はないものの，意外なほど広範囲に被害が広がることも少なくない[35]．

悪臭法による規制の対象は，工場その他の事業場であること．したがって，自動車，航空機，船舶等の輸送用機械器具，建設工事，しゅんせつ，埋め立て等のために一時的に設置される作業場，下水道の排水管および排水渠その他一般に事業場の通念に含まれないものは，本法による規制の対象とならない．そのため，舗装工事については，該当しない．

しかし，悪臭苦情対応事例集[36]によると，アスファルトプラントや塗料を使用する施設などにおいては，悪臭の苦情が寄せられており，対応を行っている．

平成 28 年度悪臭防止法施行状況調査の結果[37]によると，野外焼却に係る苦情，サービス業・その他,個人住宅・アパート・寮が大部分を占めるが，建設作業現場におけるものも 2.5%（300 件程度)ある（図-4.4.13)．

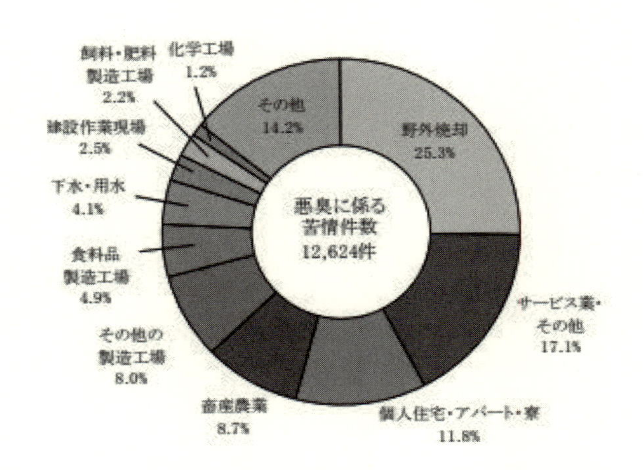

図-4. 4. 13　悪臭に関わる苦情の内訳(平成 28 年度)[37]
(出典：環境省，平成 28 年度悪臭防止法施行状況調査の結果について,2018.3)

2) 臭気を抑制する工法

舗装における臭気対策としては，発生抑制，消臭（脱臭），マスキングがある．発生抑制としては，臭気を発生する材料の使用を制限したり，臭気の発生の少ない材料を使用したりする方法がある．消臭（脱臭）は，臭気を緩和する薬品を材料に添加あるいは塗布することにより抑制する方法である．マスキングは，芳香などの強力な別の臭気によりマスキングし，臭気と感じなくする方法である．

発生抑制としては，アスファルトの付着を防止するためにダンプトラックの荷台や施工機械・器具に塗布する軽油に代わり，揮発が少ない植物由来材料やシリコンオイルなどの付着防止剤の使用が検討されている．また，景観舗装の反応型樹脂や遮熱性舗装の樹脂塗料では，マスキング剤の添加や低臭気の材料が開発されている．

景観舗装で低臭気の材料を使用した工法としては,低臭カラー舗装,低臭型遮熱性舗装などがある．これらに用いられている低臭型の塗料は，塗料における悪臭の原因となる溶剤を減らしたもので，低 VOC 塗料といわれる．低 VOC 塗料については,大気汚染を防止する観点からも使用が望まれている．

3) 臭気に関する基準値と評価について

臭気の評価は臭気指数が用いられる．基準値については,悪臭防止法規制，臭気指数規制ガイドライン等で定められている．ガイドラインによると一般的な基準(悪臭が発生する施設の敷地境界線上の基準　1 号基準)は臭気指数 10～21 となっている．ただし，舗装工事における臭気については規制の対象とはならない．

> 臭気指数とは,平成 7 年環境庁告示第 63 号「臭気指数及び臭気排出強度の算定の方法」（以下「嗅覚測定法」という）により,あらかじめ嗅覚が正常であることの検査（以下「嗅覚検査」という ）に合格した被検者（以下「パネル」という ）が臭気を感じなくなるまで試料を無臭空気で希釈したときの希釈倍率（臭気濃度）を求め,その常用対数値に 10 を乗じた数値である．

35）

また，舗装に関係したものとしては，遮熱塗料で東京都の遮熱性舗装（車道）設計・施工要領（案）[38]で，臭気計による測定値が 300 以下との記述[38]（塗料単体）がある．ただし，現場等作業においては，測定事例はあるものの，基準は設けていない．

(4) 水質汚濁

1) 概要

水質汚濁とは，人間の活動により有機物や有害物質が河川や海洋などの公共の水域に排水され，水が本来の状態から変化することを言う．水質汚濁によって，明治時代の足尾銅山事件をはじめに，1960年代にイタイイタイ病，水俣病，第二水俣病など深刻な健康被害をもたらす公害病が多発した．水質汚濁防止法は，公共用水域及び地下水の水質汚濁の防止を図り，国民の健康を保護するし，生活環境の保全すること等を目的として制定された．

水質汚濁防止法では，特定施設を有する事業場（以下，特定事業場）から排出される水について，排水基準以下の濃度で排水することを義務づけている．排水基準により規定される物質は大きく２つに分類されており，ひとつは人の健康に係る被害を生ずる恐れのある物質（以下，有害物資）を含む排水に係る項目（以下，健康項目)、もうひとつは水の汚染状態を示す項目（以下，生活環境項目）である．健康項目については27項目の基準が設定されており，有害物質を排出するすべての特定事業場に基準が適用される．生活環境項目については、15項目の基準が設定されており，1日の平均的な排水量が $50m^3$ 以上の特定事業場に基準が適用される（出典：環境省ホームページ 効果的な公害防止取組促進方策検討会水質汚濁防止法関係資料)．

道路関連施設では，生コンクリートプラントなどが該当する．環境基本法(平成 5 年法律第 91 号)第 16 条による公共用水域の水質汚濁に係る環境上 の条件につき人の健康を保護し及び生活環境を保全するうえで維持することが望ましい基準と測定方法が定められている．

2) 水質汚濁を低減する工法

舗装工事での建設時における水質汚濁としては，舗装の切断時に発生する排水がある．排水については，国土交通省から「舗装の切断作業時に発生する排水の処理について（平成24年3月)」「舗装の切断作業時に発生する排水の具体的処理方法について（平成 26 年 1 月)」「舗装の切断作業時に発生する排水の具体的処理方法の徹底について（平成28年3月)」という3度の通知がされている。

切断時の排水による水質汚濁を防止する工法としては、湿式のカッターを用い排出される水を吸引もしくは吸引後現地にてろ過するシステムを搭載したものや，水を使用せず乾式のカッターと集塵機を用いる方法などがある。ただし，乾式の工法を適用する場合は，適切な方法を用い粉塵暴露に関して十分に配慮する必要がある．

3) 水質汚濁に関する基準値と評価について

一般的な建設工事で発生する汚濁水の排水については，水質汚濁防止法の規制対象にはなっていない．ただし，各都道府県が条例を設置し，排水基準に追加していることもある．

例えば，東京都では，建設工事等に伴い発生する汚水についても基準がある（**表-4.4.17**)．

表-4.4.18　建設工事における汚水の排出基準[39)]
出典：東京都環境局ホームページ 建設工事等に伴い発生する汚水に係る基準を基に改変

1　建設工事等に伴い発生する汚水の基準（規則別表第１５（第61条関係））

項　　　目	基　　　準
1　外　観	異常な着色又は発泡が認められないこと
2　水素イオン濃度	５．８以上　８．６以下
3　浮遊物質量	１２０ミリグラム／リットル
4　ノルマルヘキサン抽出物質含有量（鉱油類含有量）	５ミリグラム／リットル

2　基準を超える汚水が発生する場合は、沈殿槽等を設置し、基準に適合するように処理してください。

3　基準に適合しない汚水を公共用水域に排出し、生活環境に影響を及ぼした場合は、罰則が適用されることがあります。（条例第 158 条）

吸引された排水については，舗装に有害な物質が含まれるなど特別な場合を除き，産業廃棄物のうちの汚泥に該当する．汚泥が特別管理産業廃棄物となるかの基準については，**表-4.4.18** に該当するかである．

表-4.4.19　特別管理産業廃棄物の判定基準[40)]

（出典：環境省ホームページ 特別管理産業廃棄物の判定基準（廃棄物処理法施行規則第１条の２））

特別管理産業廃棄物の判定基準（廃棄物処理法施行規則第１条の２）

	燃え殻・ばいじん・鉱さい			廃油（廃溶剤に限る）		汚泥・廃酸・廃アルカリ			
	燃え殻・ばいじん・鉱さい(mg/L)	処理物（廃酸・廃アルカリ）(mg/L)	処理物（廃酸・廃アルカリ以外）(mg/L)	処理物（廃酸・廃アルカリ）(mg/L)	処理物（廃酸・廃アルカリ以外）(mg/L)	汚泥(mg/L)	廃酸・廃アルカリ(mg/L)	処理物（廃酸・廃アルカリ）(mg/L)	処理物（廃酸・廃アルカリ以外）(mg/L)
アルキル水銀化合物	ND（検出されないこと）1)	ND 1)	ND 1)			ND	ND	ND	ND
水銀又はその化合物	0.005 1)	0.05 1)	0.005 1)			0.005	0.05	0.05	0.005
カドミウム又はその化合物	0.09	0.3	0.09			0.09	0.3	0.3	0.09
鉛又はその化合物	0.3	1	0.3			0.3	1	1	0.3
有機燐化合物						1	1	1	1
六価クロム化合物	1.5	5	1.5			1.5	5	5	1.5
砒素又はその化合物	0.3	1	0.3			0.3	1	1	0.3
シアン化合物						1	1	1	1
PCB				（廃油：0.5mg/kg）		0.003	0.03	0.03	0.003
トリクロロエチレン				1	0.1	0.1	1	1	0.1
テトラクロロエチレン				1	0.1	0.1	1	1	0.1
ジクロロメタン				2	0.2	0.2	2	2	0.2
四塩化炭素				0.2	0.02	0.02	0.2	0.2	0.02
1,2-ジクロロエタン				0.4	0.04	0.04	0.4	0.4	0.04
1,1-ジクロロエチレン				10	1	1	10	10	1
シス-1,2ジクロロエチレン				4	0.4	0.4	4	4	0.4
1,1,1-トリクロロエタン				30	3	3	30	30	3
1,1,2-トリクロロエタン				0.6	0.06	0.06	0.6	0.6	0.06
1,3-ジクロロプロペン				0.2	0.02	0.02	0.2	0.2	0.02
チウラム						0.06	0.6	0.6	0.06
シマジン						0.03	0.3	0.3	0.03
チオベンカルブ						0.2	2	2	0.2
ベンゼン				1	0.1	0.1	1	1	0.1
セレン又はその化合物	0.3	1	0.3			0.3	1	1	0.3
1,4-ジオキサン	0.5 2)	5 2)	0.5 2)	5	0.5	0.5	5	5	0.5
ダイオキシン類（単位はTEQ換算）	3ng/g 3)	100pg/L 3)	3ng/g 3)			3ng/g	100pg/L	100pg/L	3ng/g
根拠法令	判定基準省令別表第1・第5	廃掃法施行規則別表第2	判定基準省令別表第6	廃掃法施行規則別表第2	判定基準省令別表第6	判定基準省令別表第5	廃掃法施行規則別表第2	廃掃法施行規則別表第2	判定基準省令別表第6

注　1）ばいじん及び鉱さい並びにその処理物に適用する。
2）ばいじん及びその処理物に適用する。
3）鉱さい及びその処理物は除外する。

ろ過された処理水の取り扱いについては，排水基準（**表-4.4.19**）が適用される．

表-4.4.20　環境省　一般排水基準[41]
（出典：環境省ホームページ 一般排水基準）

■有害物質

有害物質の種類		許容限度
カドミウム及びその化合物		0.03mg Cd/L
シアン化合物		1 mg CN/L
有機燐化合物（パラチオン、メチルパラチオン、メチルジメトン及びEPNに限る。）		1mg/L
鉛及びその化合物		0.1 mg Pb/L
六価クロム化合物		0.5 mg Cr(VI)/L
砒素及びその化合物		0.1 mg As/L
水銀及びアルキル水銀その他の水銀化合物		0.005 mg Hg/L
アルキル水銀化合物		検出されないこと。
ポリ塩化ビフェニル		0.003mg/L
トリクロロエチレン		0.1mg/L
テトラクロロエチレン		0.1mg/L
ジクロロメタン		0.2mg/L
四塩化炭素		0.02mg/L
1,2-ジクロロエタン		0.04mg/L
1,1-ジクロロエチレン		1mg/L
シス-1,2-ジクロロエチレン		0.4mg/L
1,1,1-トリクロロエタン		3mg/L
1,1,2-トリクロロエタン		0.06mg/L
1,3-ジクロロプロペン		0.02mg/L
チウラム		0.06mg/L
シマジン		0.03mg/L
チオベンカルブ		0.2mg/L
ベンゼン		0.1mg/L
セレン及びその化合物		0.1 mg Se/L
ほう素及びその化合物	海域以外の公共用水域に排出されるもの：	10 mg B/L
	海域に排出されるもの：	230 mg B/L
ふっ素及びその化合物	海域以外の公共用水域に排出されるもの：	8 mg F/L
	海域に排出されるもの：	15 mg F/L
アンモニア、アンモニウム化合物、亜硝酸化合物及び硝酸化合物	アンモニア性窒素に0.4を乗じたもの、亜硝酸性窒素及び硝酸性窒素の合計量：	100mg/L
1,4-ジオキサン		0.5mg/L

■その他の項目

項目		許容限度
水素イオン濃度（水素指数）（pH）	海域以外の公共用水域に排出されるもの：	5.8以上8.6以下
	海域に排出されるもの：	5.0以上9.0以下
生物化学的酸素要求量（BOD）		160mg/L（日間平均120mg/L）
化学的酸素要求量（COD）		160mg/L（日間平均120mg/L）
浮遊物質量（SS）		200mg/L（日間平均150mg/L）
ノルマルヘキサン抽出物質含有量（鉱油類含有量）		5mg/L
ノルマルヘキサン抽出物質含有量（動植物油脂類含有量）		30mg/L
フェノール類含有量		5mg/L
銅含有量		3mg/L
亜鉛含有量		2mg/L
溶解性鉄含有量		10mg/L
溶解性マンガン含有量		10mg/L
クロム含有量		2mg/L
大腸菌群数		日間平均 3000個/cm^3
窒素含有量		120mg/L（日間平均 60mg/L）
燐含有量		16mg/L（日間平均 8mg/L）

舗装切断時における低減効果は，湿式の工法については排出基準内であるか，乾式の工法については粉じんの回収率で評価される．

4.5　今後の課題

舗装におけるトレーサビリティについて，一般的には，建設副産物や他産業リサイクル材の材料選定時から設計時や施工時において，環境基準値や環境に関する安全性の基準を満足していることを確認して対応していることが多い．このような使用材料の品質や環境に対する安全性の確認を怠ると，2009年2月に千葉市花見川区で発生した再生路盤中に含まれたスラグの膨張による路面隆起や，2013年8月に確認された名古屋市等で埋め戻し材に混入していた鉄鋼スラグによる亀裂や突起の発生等といった不具合を生じることがある．このような事態を発生させないためには，舗装工事に使用する材料の品質確認を含めたトレーサビリティの確保は重要である．

鉄鋼スラグで舗装に亀裂、施工者「故意ではない」

2014/11/6付|日本経済新聞　電子版

名古屋市上下水道局の発注で2009～12年度に水道管の更新工事を実施した道路で、舗装に合計220カ所の亀裂や突起が発生していたことが分かった。複数の施工者が埋め戻しに鉄鋼スラグを使用したのが原因だ。13年8月ごろに異状を見つけた住民が通報したのをきっかけに発覚した。

工事は名古屋市内のほか、北名古屋市や清須市でも実施。老朽化した水道の配管や取り付け管を交換した（一部、下水道管を含む）。交換後の復旧工事では、路盤に厚さ25cmの砕石を敷き、路面に厚さ5cmのアスファルト舗装を施した。

名古屋市上下水道局は、埋め戻しに使う路盤材に天然砕石や改良砕石などを指定していた。鉄鋼スラグは、水と反応して膨張する性質があるほか、「硬くなるので、後に掘り返すのが大変になる」（同市上下水道局）ことから、指定外だった。

路面が隆起するなど、ひび割れが顕著な19カ所について、市が公的機関に依頼して成分を分析したところ、鉄鋼スラグが9割ほど含まれていた。この19カ所は、施工者の負担で補修することが決まっている。

残りの箇所について名古屋市上下水道局は、「かなり軽微なひび割れも多く、すぐさま対応が必要というわけではない。施工者と相談しながら、他の土木工事と併せて補修するなどの方法も考えていく」と説明する。

市上下水道局の聞き取りに対して、工事を実施した数社はいずれも、故意に鉄鋼スラグを使用したことを否定している。「資材置き場から砕石と間違って搬出したのではないか」、「砂ぼこりが舞い上がるのを防ぐために資材置き場に敷きならした鉄鋼スラグを、砕石と一緒にすくって搬出してしまったのではないか」などと説明しているという。

（日経コンストラクション　木村駿）

図-4.5.1　スラグの膨張による不具合事例の例[42]
（出典：日本経済新聞 website 2014年11月6日，
https://www.nikkei.com/article/DGXMZO79360240W4A101C1000000/（最終閲覧日 2023年11月24日））

また，その材料の再生利用時には，マニフェストにより廃材の出所と行先は確認することができるが，他産業リサイクル材は産業廃棄物に送られるか，建設副産物の再々生利用時にその材料がどこへ行くかまでは分からないことが現状である．また，マニフェストにより受け入れ先が分かっていても，材料のストックヤードで仕入れ先毎の材料管理をせず，同じヤード内で再生材を混ぜてしまうと目視で材料の見分けがつかなくなり，トレーサビリティを確保することは困難となる．

そこで，NEXCO で実施されているように工事記録情報をシステムにより管理することが有効になると考えられるが，NEXCO では新材のみを採用しているため再生材については対応しておらず，また，地方の道路管理者がシステムを構築して管理するには難易度が高いと思われる．

しかしながら，持続可能な社会を構築するためには，地域資源を持続可能な形で最大限活用する必要がある．そこで，他産業リサイクル材を含めた建設副産物を再利用，再々利用以上へと活用するため，履歴や所在等の情報管理を行うことや，環境基準および安全性の基準値を満足するための品質管理を行う等，舗装の材料や工法に関するトレーサビリティの管理をしていく必要がある．

このようにして得られた舗装のトレーサビリティの管理情報を，道路 MAP 上に施工等の写真とともに貼り付け，MAP から地点をクリックするとその情報が現すことができれば，より望ましい姿と思われる．

また，このトレーサビリティ管理情報と舗装マネジメントで得られる点検結果や健全性診断等の結果を組み合わせることで，より効率的な管理が可能となることが考えられ，このことが持続可能な社会の構築への一助になると思われる．

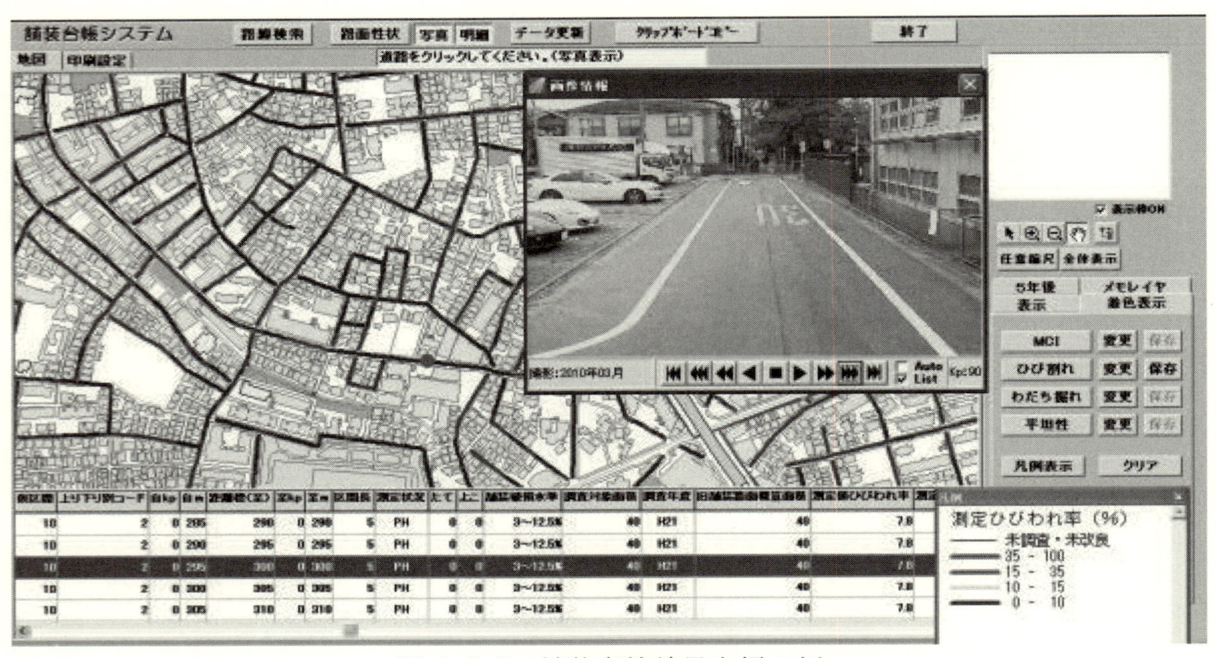

図-4.5.2　舗装点検結果台帳の例

（出展：(公社) 日本道路協会：舗装の維持修繕ガイドブック 2013）

【参考文献】

1) FHWA Towards Sustainable Pavement Systems
2) 環境省 大気汚染に係る環境基準 https://www.env.go.jp/kijun/taiki.html（最終閲覧日 2023 年 11 月 24 日）
3) 環境省 ダイオキシン類による大気の汚染、水質の汚染（水底の底質の汚染を含む。）及び土壌の汚染に係る環境基準 https://www.env.go.jp/kijun/dioxin.html）（最終閲覧日 2023 年 11 月 24 日）
4) 環境省 騒音に係る環境基準 https://www.env.go.jp/kijun/oto1-1.html）（最終閲覧日 2023 年 11 月 24 日）
5) 環境省 水質汚濁に係る環境基準「別表 1　人の健康の保護に関する環境基準」https://www.env.go.jp/content/000077408.pdf）（最終閲覧日 2023 年 11 月 24 日）
6) 環境省「土壌環境基準　別表」https://www.env.go.jp/kijun/dt1.html（最終閲覧日 2023 年 11 月 24 日）
7)（一財）石炭エネルギーセンター：『石炭灰混合材料有効利用ガイドライン（統合改訂版）
8) 国土交通省大臣官房技術調査課「工事における ISO9001 認証取得を活用した監督業務等マニュアル（案）」2005.2.
9)（株）高速道路総合研究所：『工事記録作成要領 工事記録作成要領(補足説明書)』
10) 環境省:令和元年版環境・循環型社会・生物多様性白書,p.176,2019.6.
11) 独立行政法人土木研究所:建設工事における他産業リサイクル材料利用技術マニュアル,（株）大成出版社 ,p.22 図 1.1-1, 2006.4.
12) （社）日本道路協会:舗装設計施工指針, 2006.2.
13)（社）日本道路協会:舗装試験法便覧,2019.3.
14)（社）日本道路協会:舗装施工便覧,2006.2.
15) 国土交通省 国土技術政策総合研究所，独立行政法人 土木研究所：道路環境影響評価の技術手法（平成 24 年度版）：平成 25 年 3 月
16) 国土交通省：オフロード法の概要（平成 18 年規制開始時参考資料）http://www.mlit.go.jp/sogoseisaku/kensetsusekou/kankyou/mic/offroadsetsumei/offroadsetsumei01.pdf,（最終閲覧日 2023 年 11 月 24 日）
17) 日本建設業連合会：「施工段階における CO_2 排出量削減活動実績の把握」,https://www.nikkenren.com/kankyou/lowcarbon/3-1.html（最終閲覧日 2023 年 11 月 24 日）
18) 国土交通省：低炭素型建設機械の認定に関する規程（令和 5 年 4 月改正），https://www.mlit.go.jp/tec/constplan/content/001603379.pdf（最終閲覧日 2023 年 11 月 24 日）
19) 国土交通省：燃費基準達成建設機械の認定に関する規程（令和 5 年 1 月改正），燃費基準達成建設機械認定制度について(概要)(令和 5 年 1 月 6 日更新), https://www.mlit.go.jp/common/001581501.pdf（最終閲覧日 2023 年 11 月 24 日）
20) 一般社団法人日本建設機械施工協会：JCMAS H020「土工機械－エネルギー消費量試験方法―油圧ショベル」，平成 26 年 3 月 25 日
21) 一般社団法人日本建設機械施工協会：JCMAS H021「土工機械－エネルギー消費量試験方法―ブルドーザ」，平成 22 年 9 月 24 日
22) 一般社団法人日本建設機械施工協会：JCMAS H022「土工機械－エネルギー消費量試験方法―ホイールローダ」，平成 27 年 6 月 30 日
23) 環境省：平成 28 年度騒音規制法等施行状況調査の結果について，平成 30 年 3 月 1 日，

https://www.env.go.jp/content/900400428.pdf（最終閲覧日 2023 年 11 月 24 日）
24) 環境省：平成 28 年度振動規制法施行状況調査の結果について，平成 30 年 3 月 1 日，https://www.env.go.jp/content/900396266.pdf（最終閲覧日 2023 年 11 月 24 日）
25) 国土交通省：低騒音型・低振動型建設機械の指定について，平成 30 年 9 月 28 日
26) 国土交通省：建設工事に伴う騒音振動対策技術指針，建関技第 103 号，昭和 62 年 4 月 16 日
27) 国土交通省：低騒音型・低振動型建設機械の指定に関する規程，平成 13 年 4 月 9 日（改正），https://www.mlit.go.jp/tec/constplan/sosei_constplan_fr_000006.html（最終閲覧日 2023 年 11 月 24 日）
28) 国土交通省　低騒音型・低振動型建設機械の指定に関する規程・別記様式 https://www1.mlit.go.jp/tec/constplan/sosei_constplan_fr_000007.html（最終閲覧日 2023 年 11 月 24 日）
29) 建設省土木研究所：資源・エネルギー消費，環境負荷の算定手法の開発と実態調査報告書(その 1)、土木研究所資料第 3167 号、1993,2
30) 公益社団法人日本道路協会 環境に配慮した舗装技術に関するガイドブック，2009
31) (一社)日本道路建設業協会：中温化(低炭素)アスファルト舗装の手引き，p20，2012,4
32) 暗騒音協会 HP 暗騒音工法とは（http://www.bgnm.jp/bgnm.html）
33) 尹恢允ほか：電磁誘導加熱（IH）を利用した鋼床版上のアスファルト舗装の剥離工法，建設の施工企画，2011.1
34) 総務省　公害等調整委員会事務局：「騒音に関わる苦情とその解決方法」，第 4 回音響の基礎「騒音の測定方法と対策方法」https://www.soumu.go.jp/main_content/000674400.pdf（最終閲覧日 2023 年 11 月 24 日）
35) 環境省環境管理局大気生活環境室：臭気対策行政ガイドブック，https://www.env.go.jp/content/900397296.pdf（最終閲覧日 2023 年 11 月 24 日）
36) 環境省：悪臭苦情対応事例集（東京都における臭気指数及び臭気濃度規制の運用事例），2003.3
37) 環境省：平成 28 年度悪臭防止法施行状況調査の結果について〔別紙〕https://www.env.go.jp/content/900510999.pdf（最終閲覧日 2023 年 11 月 24 日）
38) 遮熱性舗装(車道)　設計・施工要領（案)平成 26 年 4 月版
39) 東京都環境局ホームページ 建設工事等に伴い発生する汚水に係る基準，https://www.kankyo.metro.tokyo.lg.jp/water/pollution/regulation/emission_standard/emission_standard.files/kensetsu_haisui.pdf（最終閲覧日 2023 年 11 月 24 日）
40) 環境省 環境・資源循環 特別管理産業廃棄物の判定基準（廃棄物処理法施行規則第 1 条の 2），https://www.env.go.jp/recycle/waste/sp_contr/01_table.html（最終閲覧日 2023 年 11 月 24 日）
41) 環境省 水・土壌・地盤・海洋環境の保全　一般排水基準，https://www.env.go.jp/water/impure/haisui.html（最終閲覧日 2023 年 11 月 24 日）
42) 日本経済新聞 website 2014 年 11 月 6 日，https://www.nikkei.com/article/DGXMZO79360240W4A101C1000000/（最終閲覧日 2023 年 11 月 24 日）
43)（公社）日本道路協会：舗装の維持修繕ガイドブック 2013，p.192，2013.11

第５章　持続可能性を目指した舗装マネジメント

第5章　持続可能性を目指した舗装マネジメント

本章では，5.1 から 5.3 において欧米諸国におけるアセットマネジメントの中での持続可能性の取扱い，持続可能性に関する評価指標，舗装のライフサイクルの中での持続可能性に対する取組みを概観した上で，今後の持続可能性を考慮した舗装マネジメントの方向性についての検討内容をとりまとめた．

また，5.4 では舗装のライフサイクルを通じた環境影響を包括的に検討するライフサイクル・アセスメント(LCA)の枠組みの中で，影響評価を行うためのライフサイクル・インパクトアセスメント(LCIA)に着目し，手法を概説した．

5.1　欧米諸国での道路の維持管理における持続可能性への取組み事例

欧米諸国では，道路インフラのアセットマネジメントにおける持続可能性に関する熱心な取り組みが見られる．以下に，今後我が国での舗装マネジメントを実行する際に参考となる取り組み事例を紹介する．

5.1.1　英国における道路維持管理に関する取り組み事例

Code of Practice for Highway Maintenance[1)]（以下，Code）は，英国の道路管理関係者の団体である道路リエゾングループが地方の道路管理者のための道路マネジメントのガイダンスとして発行されたものである．最初の Code は，1983 年に発行され，技術や政策などの変化に伴いながら改定を重ねてきたものである．交通量の増加や資産の老化などの様々な課題に直面して，道路の維持管理の重要性がますます高まっている．特に，近年では道路ネットワークは運輸部門に対する貢献にとどまらず，経済，社会，環境を良好に保つうえで重要な役割を果たしている．このような状況から，Code の内容もアセットマネジメントやリスク管理に対する比重が高まっており，アセットマネジメント計画の適用は道路管理者の維持管理計画策定時の財政的あるいは技術的な側面と同様により広範な運輸部門の課題に対応する上で重要となってきている．

道路の維持管理戦略は，最良の価値を追求することや継続的改善といった原則に従って系統的なアプローチに基づくとともに，アセットマネジメント計画の重要な内容の一部として位置づけられなければならない．維持管理戦略は道路インフラの性能を引き出すための維持管理の最適化を目的として，管理者の法的な義務への対応，利用者や周辺コミュニティのニーズへの対応，効率的アセットマネジメントと資産価値の維持，効率的な道路ネットワーク管理の実施，地域交通の支援と価値の向上などが戦略の方針として挙げられる．

維持管理戦略の中核となる目標として，ネットワークの安全性（法的義務，利用者のニーズ），ネットワークのサービス水準（利用の確保，信頼性の維持，資産状態の向上など），およびネットワークの持続可能性（ライフサイクルコストの最小化，コミュニティに対する資産価値の最大化，環境に対する貢献の最大化）の確保が挙げられており、持続可能性が目標の一つとなっている．

図-5.1.1 は，道路のアセットマネジメント計画を策定する際に考慮すべき項目を示している．

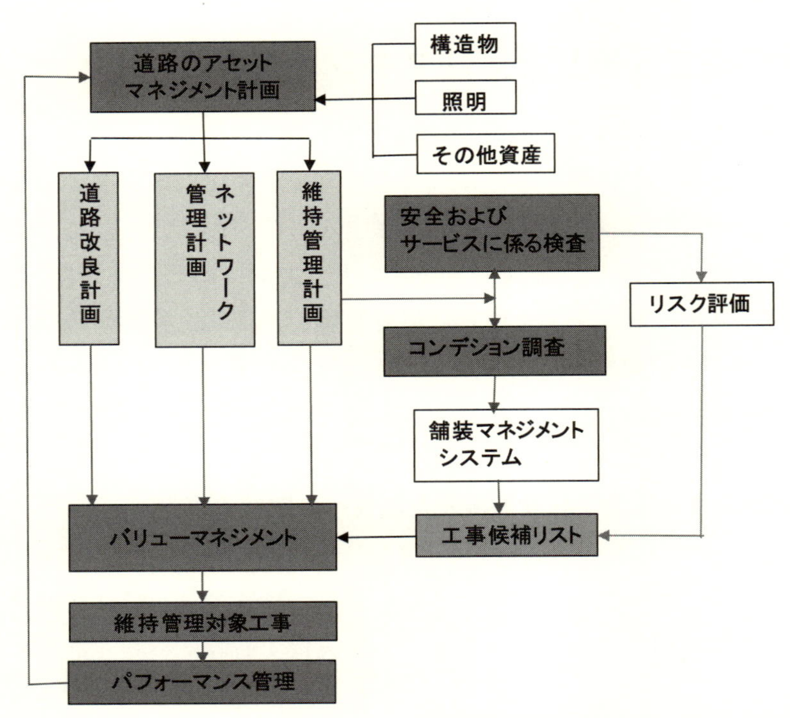

図-5.1.1　道路のアセットマネジメント計画作成時の考慮すべき内容 1)を基に改編転載

（出典：Roads Liaison Group; Well-managed highways: Code of Practice for Highway Maintenance Management 2005 Edition July 2005 Last updated 18 September 2013,　P87）

アセットマネジメント計画の策定にあたっては，道路管理者が考慮すべき次に示すような重要な計画と整合性を保つことが重要である．

a)道路改良計画(Highway Improvement Plan)：
　安全対策や渋滞対策といった目標を達成するために必要な改良計画

b)道路ネットワーク管理計画(Network Management Plan)：
　法律等での要求事項を満足することや関係者間の調整を促進するための道路ネットワークの管理計画

c)維持管理計画(Highway Maintenance Plan)：
　道路ネットワークを管理するための運用面での要求事項や維持管理を実施するために必要な予算等の確定のための計画

アセットマネジメント計画の一部として，維持管理戦略を効率的に実施に移していくためには，すべての資産の詳細なインベントリ，詳細な階層区分，およびサービス水準の確かなフレームワークを基本として，点検・記録・分析・優先順位付けなどのための包括的マネジメントシステム，リスク管理戦略，維持管理の予算・調達・実施のための調整，およびパフォーマンス評価による支援が必要である．

道路維持管理のための修繕費は増加の傾向にあり，管理者はできる限り情報開示を行うことや客観的な手法の確立が必要であり，道路維持管理の実施計画と優先付けのための効率的システムの開発は利用者の視点に立ったサービス提供のための必要性が高まっている．

上記の手法は，異なるレベルでの相対的な優先順位付けを行うため，より上位のアセットマネジメント戦略と関係付けることが重要である．異なるレベルの優先順位付けに関しては，組織の戦略レベル（組織目標と優先度，異なる事業部門），ネットワークレベル（地域計画の目標，様々な性能指標など），および維持管理レベル（中核となる目標，維持管理の作業分類など）が挙げられ，それぞれのレベルでの優先順位付けを体系的，客観的に実施する必要がある．

競合する補修計画の内容、資産の状態および経済的な状況を通して優先順位を決定するプロセスとして，図-5.1.1 に見られるようにバリューマネジメント(Value Management)が挙げられる．図-5.1.2 は，バリューマネジメントの手順と検討項目を示したものである．バリューマネジメントの実施にあたっては，実施の頻度（通常，1 年に 1 度程度）と優先順位付けの基準を設定する必要がある．

優先順位付けする際に考慮する内容としては次の 4 つの項目が挙げられるが，一般的には安全性の確保が最重要テーマとしつつ，持続可能性などについても重み付けをするなどの配慮をしながら補修計画における事業選定の際の基準に加えることはアセットマネジメント計画の観点から重要とされている．

a)道路の改良：道路改良計画の一部であり，安全や渋滞に係る補修計画と選定基準

b)社会経済と環境：より広範な組織の目標や政策に係り，地域社会や産業への影響，環境への影響，持続可能性などに関する選定基準

c)経済性(Value for Money)：資産のライフサイクルにわたる経済性に関する選定基準

d)ネットワーク管理：法律などに基づくネットワーク管理上の選定基準

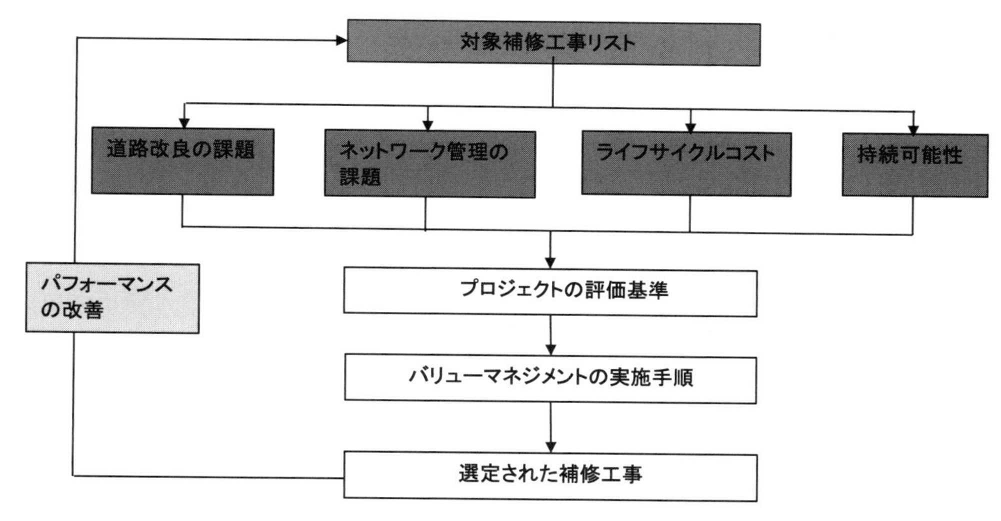

図-5.1.2　バリューマネジメントの手順[1)]

（出典：Roads Liaison Group; Well-managed highways: Code of Practice for Highway Maintenance Management 2005 Edition July 2005 Last updated 18 September 2013,　P191）

持続可能性の検討の際に，次に示すように多様な項目についてそれぞれ幾つかの着目点が示されている．ただし，関連する指標についてはCode の中には特に記載がない．

・地域経済：地域コミュニティの存在や活性化，雇用，地域産材料の使用
・コミュニティ：地域全体へのサービス提供，コミュニティニーズへの適合，公共スペースの質の確保
・騒音：事務室，倉庫，作業箇所の騒音レベル，交通騒音
・大気汚染：自動車からの排出，工場および機械からの排出
・水質管理：事務所での水の使用量，作業箇所での水の浪費，汚染対策，洪水管理

・景観の悪化：倉庫，作業箇所における景観の状態
・材料使用：地域産材料の使用，設計時の配慮（最小使用量など），
　　　　　　設計水準とパフォーマンスのバランス
・廃棄物管理：廃棄を最小とする設計基準と手順，再使用，リサイクリング
・エネルギー管理：事務所，倉庫，作業箇所でのエネルギー使用量，常温合材などの活用
・生物多様性：法律などの適用，自然保全のための植生と景観設計，生物多様性の要求のための計画

5.1.2　米国におけるアセットマネジメントの取り組み事例

(1)リスクに配慮したアセットマネジメント [2)]

米国連邦道路庁(FHWA)では，州などがアセットマネジメントを計画する際にはリスクに配慮したアセットマネジメントを立案することを求めている．地震，台風，気候変動に伴う豪雨や気温上昇など，道路を取り巻く環境条件が厳しくなっており，管理者は対応を求められている．このため，従来型のアセットマネジメントに加えて，リスク管理による補完が重要性を増している．

アセットマネジメントがすべてのリスクに対応できるわけではないが，３つの R(Redundancy，Robustness，　Resiliency)を備えることにより，対応の可能性がより大きくなるといわれている．ちなみに，Redundancy（冗長性）とは緊急時に使用しうる二重あるいは通常時には過分の能力であり，Robustness（頑健性）とは作用や不確実性に対応する能力であり，Resiliency（強靱性）とは災害に備え，計画し，回復し，適応する能力である．

リスクに配慮したアセットマネジメントでは，正確な資産の基本情報と状態の蓄積，良質な維持管理の実施，重要な資産の補修計画上の優先順位付け，情報版などの正確な基本情報，リスク管理能力の高度化などが重要であるといわれ，３つの R（特に Robustness と　Resiliency）に有効である．

IPCC(International Panel on Climate Change) は，気候変動への対応法として災害発生対応からリスク管理対応への変更を推奨しているが，実際の適用が難しい．そのため，対応可能な手段を総動員(No regrets)することにより対応することを推薦している．対応可能な手段としては，設計基準の見直し，災害予測システムの改善，点検頻度の増加，資産の基本情報と状態に関するデータ更新，危険な法面，橋梁，路線などの特定などが挙げられる．

FHWA では，異常気象等のリスクに対応するための手法として，次の内容を推奨している．

a)輸送部門のインフラのリスク評価方法の開発による脆弱な資産の特定と将来投資の優先順位付け
b)既存ネットワークの強化（特に，重要な橋梁，路線など）
c)Redundancy を備えるためのネットワークの戦略的な拡張
d)改善したガイドライン，設計基準や政策などによる Resiliency の確保

より成熟度の高い組織は，健全で強い資産とともに優れた情報システムを持っており，危機に際してうまく対応できる強靱な組織文化の醸成の可能性が高いといわれている．

(2)Transportation Asset Management (TAM) ガイド [3)]

TAM ガイドは，米国の AASHTO が 2011 年に改定発行した，輸送部門におけるアセットマネジメント適用のための実務書である．

道路や空港などのインフラ管理者は，輸送部門がいかに地球温暖化ガスの排出や気候変動に影響を及ぼすか，反対に気候変動による降雨強度の増加や海面の上昇などがいかに資産に影響を及ぼすかな

どについて，様々な意思決定の際に考慮しなければならない．このため，持続可能性に関する配慮がアセットマネジメントを実施する上で大変重要となってきている．

持続可能な開発とは，「将来世代に人々が自分たちのニーズを満たすための可能性を犠牲にすることなく，現在の世代の人々がニーズを満たすことができる開発」と国連環境と開発に関する委員会報告書(Our Common Future 1987 年)の中で定義されている．

持続可能性については，環境に関するもの，経済に関するもの，及び社会に関するものに区分されるが、アセットマネジメントの実施に関して，環境に関するものは環境への影響を最小限にするなどの組織の環境保全に対するコミットメントである．とりわけ，地球温暖化に関係の深い二酸化炭素発生に関して，直接，間接にインフラ管理者がライフサイクルにわたる排出量に大きな影響を及ぼしている．環境保全に関する様々な法律や取組に影響を受けるとともに，資産のライフサイクルをとおしての地球温暖化ガスに対する配慮が必要である．経済に関するものは，予見しうる予算や組織目標などの制約下で長期間にわたるサービス水準やパフォーマンスを維持することである．このため，消費される資源と期待される成果の理解と定量化の能力が重要である．経済に関する持続可能性は，組織内部の費用などではなく，外部関係者に対する費用と便益として理解されることが一般的である．社会に関するものは，資産が存在する地域や行政単位における公平性や利益をもたらすための企業活動や沿道地域の生活の質に対する影響への配慮などである．

持続可能性に関しては，アセットマネジメントの原則と同様にライフサイクルの観点からの取り組みが重要であり，長期にわたって資源消費量を最小限としつつ既存のインフラがもたらす便益を最大化するよう集中することが重要である．

持続可能性に関する目標は組織のミッションと関連付けるとともに，具体的な指標によるパフォーマンス評価を行うことが重要である．**表-5.1.1** は持続可能性の分野ごとの評価指標の事例を示したものである．

環境に関しては，汚染物質吸収能力，資源の効率的利用，健康への直接的影響の他にコミュニティにおける生活の質への影響と景観や生物多様性など幅広い内容を総合的に評価する環境資産に関するものが環境分野の構成項目となっている．このうち，特にメンテナンスに係る内容としては，汚染物質吸収能力の指標として CO_2 発生量，NOx 発生量など，資源の効率的利用の指標としては，人員移動に必要なエネルギー使用量，物資輸送に必要なエネルギー使用量など，健康への直接的影響の指標としては，NOx や PM10 といった大気汚染物質の目標値などが挙げられる．

経済に関しては，生活水準（指標として GDP）が例示されており，短期的には運輸部門における利益として算出しているようである．

社会に関しては，貧困，アクセスのしやすさ，安全性，安全な歩行の確保および住居環境が構成項目となっている．このうち，メンテナンスに係る内容としてはアクセスのしやすさの指標として平均移動時間が，安全性の指標としては死亡あるいは重傷者数が，安全な歩行の確保の指標としては病院などへの所定の距離あるいは時間内で到達できる住民の比率が示されている．

表-5.1.1 の TAM ガイドの持続可能性に関する分野の内容は社会全体に係るようなものが多く見られるが，環境分野のうち有害物質吸収能力，資源の効率的利用，健康への直接的影響が，社会分野のうちアクセスの良さと安全が，道路の持続可能性の検討に際してメンテナンスに係る評価項目（指標）として利用可能な内容と思われる．

表-5.1.1　持続可能性の分野別評価指標の事例 3)を改変転載

分　野	評価指標	内　訳	目　標
環　境			
有害物質吸収能力	総CO_2排出量		2000年レベルと比べて、2010年までに20%、2050年までに60%低減
	累積CO_2排出量		原材料に比べて低減
	総Nox排出量		低減
資源利用の効率化	輸送分野での再生不可エネルギー総量		低減
	人の移動のためのエネルギー使用量	人の移動のみ	低減
	Ton-Km当たりのエネルギー使用量	貨物輸送のみ	低減
健康への直接影響	大気基準の未達成度(NOx,PM10)	心臓病などのリスクのある人	低減
地域の環境水準	航空機騒音に暴露家屋数		低減
	55dBA以上の騒音に暴露される住民数		低減
環境資本	環境資本評価値(7ポイント評価)	景観、都市景観、歴史保存地区 生物多様性、水質	政策への累積的影響
経　済			
生活水準	個人当たりGDP 短期的：WebTAG法を用いて測定された運輸部門における純利益により置き換えられた値 長期的：多部門モデルを用いて直接計算されたGDP	業務利用者の利益 個人利用者の利益 信頼性 安全性 運用者の収穫 公共部門の財政バランスなど	増加
社　会			
貧困	重要目的地までの平均移動費用	自動車あるいは公共輸送機関	自動車と公共輸送機関の比率の減少
アクセスの良さ	重要施設への平均移動時間 主要勤務地、小学校などの教育施設、個人病院などの健康管理施設と総合病院、主要な食糧販売店	自動車あるいは公共輸送機関	自動車と公共輸送機関の比率の減少
安全	死亡あるいは重傷者数	剥奪、運転による10代の死亡者数や子供の歩行中の死亡者数	1994-1998年平均と比べて2010年までにKSIを40%低減
	公共輸送機関での犯罪発生記録	特になし	全体的な低減と安全性の向上
歩行による移動性	重要施設(病院など)への1000mあるいは15分以内で生活する住民比率	小学校に通う11歳未満の学童の比率など	増加
住居	勤務地までX分以内の住宅価格(下限から10%)	公共輸送機関あるいは自動車による移動	低減

(出典：AASHTO; Transportation Asset Management Guide　A Focus on Implementation　P7-50〜7-52)

5.1.3　欧州における持続可能性に関する評価指標の取り組み事例

ISABERA プロジェクト(2016)[4]は，欧州における道路関係組織の団体である，CEDR(Conference of European Directors of Roads)の道路研究プロジェクトの一つとして，アセットマネジメントにおいて使用される社会的便益のための重要なパフォーマンス指標(S-KPI)の定義を取りまとめるために実施されたものである．

ISABERA プロジェクトの目的は，明確で繰り返し使用可能なS-KPIを見出すことである．S-KPIは従来の技術的パフォーマンスに加えて，環境や社会経済なども加えた持続可能性に関する評価指標ととらえることができる．S-KPI は，既存の技術指標や欧州で実施された幾つかのプロジェクトの結果をもとに文献調査並びに聞き取り調査により選定されるものである．

文献調査の結果，①利用と渋滞等(Availability and disturbance)，②安全性，③環境，および④社会経済の大きな４つのカテゴリーに区分され，関係する指標として①のカテゴリーでは 16 指標，②では 23 指標，③では 18 指標，④では 45 指標が見出された．

これらの指標は，関係者のニーズと期待を満たしているか，適用性と利用実態，および必要とするデータの利用可能性と信頼性などに基づき２次評価された．更に，ISABERA プロジェクトの最終目的である，ネットワークレベルのアセットマネジメントで使用可能であること，メンテナンスに関係していること，および金銭価値に置き換えられることなどを満たす指標が選定された．以下に，４つのカテゴリー別に細分化されたサブカテゴリーごとに選定された指標を示す．

持続可能性の３要素の一つである社会に関係するものとして，利用と渋滞等（**表-5.1.2**）と安全性（**表-5.1.3**）のカテゴリーが挙げられる．

利用と渋滞等（**表-5.1.2**）に関する多くの指標は，移動時間に関係している．道路の利用しやすさは，迂回路の観点から維持管理上重要である．自動車の運転費用は，道路の状態と高い相関関係がある．しかしながら，維持管理のしやすさに関する指標は直接規定することが難しく，他の指標である程度，間接的にカバーされる．移動時間は，補修工事に伴う渋滞によることが多い．利用制限のうち天候に係るものは，雪氷作業や維持作業にとって重要である．利用者の満足度については，道路の状態や移動時間に関する指標によってより客観的にカバーされる．

表-5.1.2　利用と渋滞等に関するカテゴリー別評価項目[4)を改変転載]

カテゴリー	評価指標	
アクセスのよさ	道路の密度	単位面積当たりの道路延長(km)
		一人当たりの道路延長(km)
	道路の利用しやすさ	道路からXkm以内の人口
		道路接続の重要性
		代替え路線利用の可能性
道路の状態	舗装状態指数	
	快適指数	平坦性
		路面損傷
	安全指数	すべり抵抗
		わだち掘れ
	荷重支持力	
	橋梁の状態	健全性指数
		健全度評価(Sufficiency Rating)
		不健全度順位(Defficiency ranking)
		状態指数
		水に対する脆弱性評価値
渋滞	渋滞数	
	渋滞時間	
	渋滞長	
利用制限	幾何構造	荷重制限
		建築限界
	建設・維持管理	工事延長
移動時間	時間損失	公共輸送
		人
		物資
	平均移動時間	
	移動時間変動要因	

(出典：CEDR; Integration of Social Aspects and Benefits into Life-Cycle Asset Management Definition of S-KPIs to be used in Road Asset Management　November 2016 Version1. 3　P47)

安全性（表-5.1.3）に関する指標に関して，事故のサブカテゴリーの程度と利用者タイプは同じ事故調査内容に基づいているのでやや重複している面がある．道路の状態に関する指標はネットワークレベルの日常実施されている調査データに基づいている．ネットワークレベルの安全性についてのサブカテゴリーある EuroRAP 評価値とは，道路ネットワークにおける危険個所の表示や効果的な安全対策などの評価のための指標である．また、EU 安全基準に適合するトンネル数は，ほかの橋梁などの資産のための維持管理予算の利用可能額を暗示するための一般的な指標と見なされている．

表-5.1.3　安全性に関するカテゴリー別評価項目 4)を改変転載

カテゴリー	評価指標		
事故	程度	死亡	
		損傷	軽度
			重度
		物的損傷	
	利用者タイプ	交通弱者	
		車両	乗用車
			バス
			トラック
	工事現場特有		
	自己多発個所		
路面の状態	すべり抵抗		
	国際ラフネス指数(IRI)		
	わだち掘れ		
	摩耗		
ネットワークレベルの安全性	EuroRAP評価値		
	EU安全基準に適合するトンネル数		

(出典：CEDR; Integration of Social Aspects and Benefits into Life-Cycle Asset Management Definition of S-KPIs to be used in Road Asset Management　November 2016 Version1．3 P48)

表-5.1.4　環境に関するカテゴリー別評価項目 4)を改変転載

カテゴリー	評価指標	
大気	アルデヒド、硫化酸素、芳香族炭化水素の排出量と暴露	
	COに対する排出量と暴露指標(EPI)	
	Noxに対する排出量と暴露指標(EPI)	
	PM10&PM2.5に対する排出量と暴露指標(EPI)	
	CO_2に対する排出量と暴露指標(EPI)	
地球温暖化ガス排出	交通	CO_2排出率
		オゾン破壊物質の排出量
	建設および維持管理活動	CO_2相当排出量
		ECR(Embodied Carbon Reduction)
天然資源	エネルギー	エネルギー消費量
		材料資源利用効率化指標
	材料	再利用不可新材および廃棄財のリサイクル
		リサイクル材の使用率
騒音	騒音マップ(EU騒音ディレクティブ)	
	交通騒音暴露	人体
		過度な騒音に暴露される住居数
		騒音配慮地域
	人への騒音被害	騒音苦情数
土壌と水質	排水システム	水質と排水システムの指標(EPIWater)
	有害物質の排出	事故による有害物質の流失
		酸化の原因物質の排出

(出典：CEDR; Integration of Social Aspects and Benefits into Life-Cycle Asset Management Definition of S-KPIs to be used in Road Asset Management　November 2016 Version1．3 P49)

表-5.1.4 に見られるように，環境に関しては大気汚染，地球温暖化ガス排出量，天然資源，騒音，および土壌と水質のサブカテゴリーに区分され，それぞれの評価項目（指標）が示されている．カテゴリーの中では，騒音は見られるが日本で問題となりやすい振動に関する項目は見られない．

このうち，地球温暖化ガス排出のサブカテゴリーについては交通機関から排出されるものと建設および維持管理の関する活動により排出されものに区分される．天然資源のサブカテゴリーの指標であるエネルギー消費量は，文献調査ではより精緻化されている指標の一つとして推奨されている．土壌と水質のサブカテゴリーである排水システムの指標である水質と排水システムの指標(EPI_{Water})は，冬季における維持管理の際の水質汚染に関するもので，排水システムが適切に維持管理されているかを示すものである．

表-5.1.5 では，社会経済に関して資産価値，費用効果，関連費用，および広範な社会経済効果のサブカテゴリーに区分され，それぞれの評価項目（指標）が示されている．

表-5.1.5　社会経済に関するカテゴリー別評価項目[4)]を改変転載

<table>
<tr><th>カテゴリー</th><th colspan="3">評価指標</th></tr>
<tr><td rowspan="6">資産価値</td><td rowspan="5">総資産価値</td><td colspan="2">区間</td></tr>
<tr><td rowspan="4">資産別</td><td>舗装</td></tr>
<tr><td>橋梁</td></tr>
<tr><td>トンネル</td></tr>
<tr><td>施設</td></tr>
<tr><td colspan="3">残存価値/減価償却</td></tr>
<tr><td rowspan="2">費用効果</td><td colspan="3">B/C(便益費用割合)</td></tr>
<tr><td colspan="3">資産持続可能性指標
(必要な維持管理の予算ニーズに対する配分額)</td></tr>
<tr><td rowspan="12">関連費用</td><td rowspan="3">事故</td><td colspan="2">死亡</td></tr>
<tr><td colspan="2">傷害</td></tr>
<tr><td colspan="2">物的損傷</td></tr>
<tr><td rowspan="2">利用者</td><td colspan="2">車両運用費</td></tr>
<tr><td colspan="2">時間費用</td></tr>
<tr><td rowspan="5">環境</td><td colspan="2">大気汚染に係る費用</td></tr>
<tr><td colspan="2">CO_2排出に係る費用</td></tr>
<tr><td colspan="2">騒音に係る費用</td></tr>
<tr><td colspan="2">エネルギー消費に係る費用</td></tr>
<tr><td colspan="2">材料消費に係る費用</td></tr>
<tr><td rowspan="2">維持管理</td><td colspan="2">道路保全への投資</td></tr>
<tr><td colspan="2">環境保全</td></tr>
<tr><td rowspan="2">広範な社会経済効果</td><td colspan="3">社会経済開発や雇用に対する維持管理の貢献</td></tr>
<tr><td colspan="3">一人当たりの総費用</td></tr>
</table>

(出典：CEDR; Integration of Social Aspects and Benefits into Life-Cycle Asset Management Definition of S-KPIs to be used in Road Asset Management　November 2016 Version1.　3 P50)

ISABERA プロジェクトでは，欧州各国の調査を基にネットワークレベルのメンテナンスのための持続可能性に係る指標の評価と絞り込みを行ったため，わが国の道路管理者にも理解しやすく，利用可能な評価項目（指標）が多いように思われる．ただし，アクセスの良さ，利用制限，渋滞，移動時間などは日本では舗装よりも広範な道路計画に係る評価項目も含まれている．　今後，持続可能性に関する評価指標選定時に参考となるものである．

5.2 舗装分野における持続可能性に関する取り組み事例

ここでは，米国の連邦道路庁(FHWA)および世界道路協会(PIARC)の舗装分野における持続可能性に関する取り組み事例の概要を紹介する．

5.2.1 持続可能な舗装のためのプログラムのロードマップ [5)]

ロードマップは，FHWA の目標や関係者への情報調査に基づき，2017 年から 5 年間の舗装の持続可能性のための方向性を示したものである．

ロードマップの目的として，次の 4 項目が示されている．

a)舗装分野の持続可能性の改善のための戦略の開発

b)差し迫ったニーズ把握のためのフレームワークの提供

c)パートナーシップ，教育，実施のバランスをとるためのプログラムの開発

d)舗装分野の持続可能性に関する優先順位の決定

図-5.2.1 は持続可能な舗装の設計のためのフレームワークからプロジェクトレベルでの実施のためのツールやプログラム開発に至る，4 つのゴールエリアについてのロードマップを示したものである．

ゴールエリア 1 では，①持続可能な舗装設計，②ライフサイクルコスト分析(LCCA)とライフサイクルアセスメント(LCA)に関するデータ収集を対象としている．舗装設計に関しては，従来は経済性に対する考慮に焦点を当てていたが，環境影響や社会ニーズも合わせたより持続可能な設計を目指しており，実務への適用検討が進められている力学的経験的舗装設計法（※1）が一つの方法として取り上げている．舗装のモニタリングとデータ収集は，舗装設計，材料選択，施工管理のための重要な活動である．LCCA，LCA や他の持続可能性に関するパラメータの定義やデータ収集方法のガイダンスの準備，舗装性能，LCCA，および LCA を検討する際の意思決定のフレームワークの開発などを提案している．

ゴールエリア 2 では，①舗装に特化した LCCA ガイド類の最新情報への更新，②管理者が LCA を実施する際に必要な簡単なガイドラインの開発を対象としている．LCCA ガイド類に関しては，例えば，FHWA では 1998 年に最初のガイドラインを制定したが，20 年以上経過している．また，RealCost と呼ばれる計算ソフトも開発されたが時間が経過し，現在の設計や建設環境に合わせた改善が必要である．また，これまでにも LCA を実施する際のフレームワークを示した参考図書が発行されてきたが，ユーザーにより解釈が変わるなど分かりにくい内容であった．そのため，LCA を実施する際のライフサイクルにわたる考慮の徹底や単純で具体的な実施方法を示したガイドラインの開発が必要である．

ゴールエリア 3 では，①舗装業界に持続可能性に対する認識や利益を認識してもらう，②持続可能性の知識を舗装に対して目に見えた形に置き換えるためのガイドラインを準備することを目指している．このため，LCCA に関する研修教材の更新と LCA に関する研修内容の開発，オンライン学習教材の開発や講師の養成，ベストプラクティスについてのケーススタディの開発，広く関係者の理解を得るためのパンフレットやウエブ版のビデオなどの制作が具体的な方策として必要である．

ゴールエリア 4 では，①管理者が持続可能性に関する方針の決定や実務を行う際の支援のためのツールの準備，②試行する際のプログラムの確立，③持続可能な舗装に関する方針の決定や実務の促進を支援するための参考とすべき標準の開発を対象としている．このため，プロジェクトレベルの評価手順とツールの開発，意思決定層に対する環境製品宣言（EPD：Environmental Product Declaration）（※2）の教

育，試行するためのガイダンスの開発，先進的な州，産業，試行プロジェクトの紹介，報告のための帳票の開発，研修と自己評価の実施などが必要である．

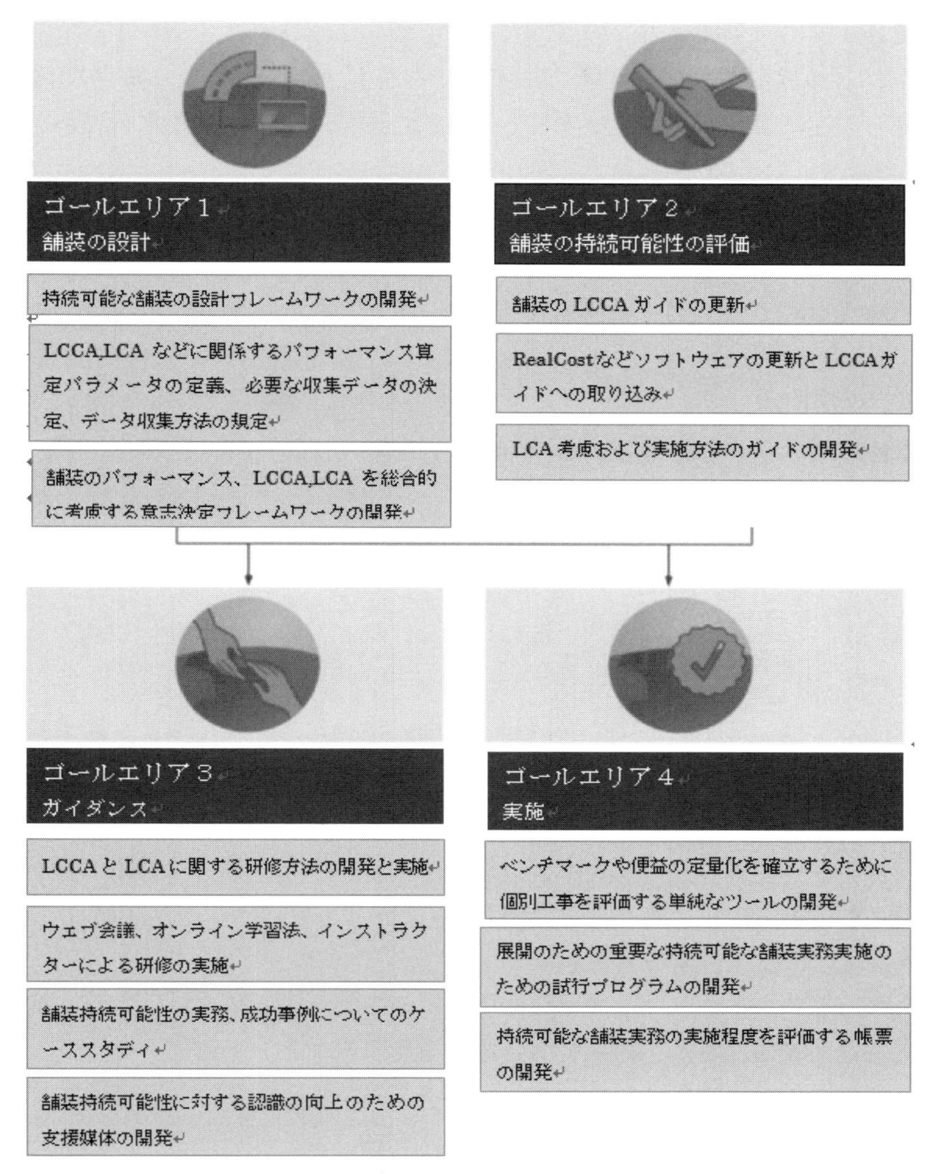

図-5.2.1　持続可能な舗装のためのプログラムのロードマップ[5)]

（出典：Federal Highway Administration; Sustainable Pavements Program Road Map　FHWA-HIF-17-029 March 2017　P1-4)

(※1)**力学的経験的舗装設計法**（Mechanical-Empirical Pavement Design Method）：力学的設計法は交通荷重による舗装の挙動を理論的に解析するが，実務的な舗装設計に耐える完全な力学的設計法はいまだに存在しないことから，供用性（経験）と関連付けた破壊基準を適用した力学的経験的舗装設計法がAASHTO により 1998 年から開発された[6)]．

(※2)**環境製品宣言**（EPD）：環境製品宣言は，ある製品についての使用された資源，排出物および廃棄/最終処分方法などの環境に関する情報を標準化し，客観的な方法でまとめられた簡易な書類である．詳細は 5.2.3(2)5)環境製品宣言を参照．

5.2.2 持続可能な舗装システムに向けて（ガイドライン）[7)]

5.2.1 では持続可能な舗装のためのプログラムのロードマップの概要が示されたが，FHWA のロードマップは舗装分野において持続可能性の実現を図るための包括的なプロセスであり，舗装のライフサイクルにおける具体的に考慮すべき内容は当ガイドラインに示されている．

ガイドラインは，多様な組織の関連する技術情報を統合することにより舗装関係者に舗装に関する様々な面で持続可能性に対する配慮を促すことを目的としてまとめられたものである．

(1)持続可能な舗装の概念

1)持続可能性の定義

持続可能性の定義は，前述のとおり国連環境と開発に関する委員会報告書(Our Common Future，1987 年)によれば，「持続可能な開発とは，将来世代が自分たちのニーズに対する可能性を犠牲にすることなく，現在のニーズを満足すること」である．更に，持続可能性とは要素である経済，環境，および社会的影響の，いわゆる"Triple- Bottom Line"のバランスを反映した品質として説明できる．

2)道路が持続可能性に与える項目

主な内容として次のようなものが挙げられる．

地球温暖化ガスの排出量，エネルギーの使用量，生態系の消失，分断，変化，水質，水循環の変化，大気，移動性，アクセス性，輸送，沿道のコミュニティ，再生できない資源の消耗など

3)持続可能な舗装

持続可能な舗装では，工学的目標を達成し，周囲のエコシステムを保全し，予算，人材，および環境に係る資源を経済的に使用し，健康，安全，財産，雇用，快適さ及び幸福などのニーズを満たすことが求められる．すなわち，持続可能性の高い舗装は数多くのトレードオフや競合する優先順位についてのバランスのとれた考慮を通して達成しうる．トレードオフで考慮すべき項目として，優先順位付け，組織あるいはプロジェクトの目標，リスク（代替案との比較）などが挙げられる．

4)舗装が持続可能性に与える影響

舗装は，材料，設計，工事などで地球温暖化ガスの排出量に影響を及ぼすが，特に自動車の燃料効率に影響を及ぼす路面性状は供用中に大きな影響を及ぼすといわれている．

5)舗装のライフサイクルと持続可能性

舗装材料の生産，設計，建設（工事），供用，維持管理，および廃棄といった舗装のライフサイクルにわたる持続可能性の追求を行うことが原則である．

6)持続可能性の評価

持続可能性の評価のためのツールあるいは手法として，舗装の性能予測と評価，ライフサイクルコスト分析(LCCA)，ライフサイクルアセスメント(LCA)，計算用あるいは評価用（Rating）システム（p.214 **表-5.2.1** 参照）などが挙げられる．

(2)舗装の持続可能性を改善するための検討事項

舗装のライフサイクル（材料，設計，建設，供用，維持管理，廃棄）にわたって，次のような検討事項があげられる．

1)材料に対する検討事項

a)材料のライフサイクルにわたる影響についての考慮

材料選択の際の意思決定手順，リサイクル材，副産物，および廃棄材料の使用，全体にわたる施工性への配慮，高品質材料と輸送費のトレードオフ，厳密な仕様の現場条件との不整合などの意図せぬ結果など．

b)骨材の影響

骨材生産に関する戦略（新材使用の減少，地域材料や廃棄材料の使用増，廃棄材料の骨材としてのより広範な利用，従来使用しない骨材の利用の可能性，骨材の長距離輸送のためのより持続可能な方法など）

c)アスファルトの影響

改質アスファルトの使用による舗装構造の強化，安全・騒音改善のための特別な混合物の開発，加熱アスファルト混合物や中温化アスファルト混合物における新しいバインダーや骨材の使用量の減少，混合物製造に伴うエネルギー使用量や廃棄ガス排出量の減少，代替えバインダーの利用，アスファルト混合物の長寿命化，材料輸送の影響の低減，シールコートの延命化，新材料に対するニーズの減少など

d)コンクリートの影響

ポルトランドセメント製造の際のエネルギー，排出ガス発生量の減少，コンクリートのセメント使用量の減少，改善された骨材粒度の採用，ポルトランド石灰や混合セメントの使用，補助添加材の使用，廃棄材料や従来使用しない骨材の使用，舗装用コンクリートの耐久性向上など

2)舗装の設計に対する検討事項

a)舗装設計手法の改善

力学的経験的舗装設計法による、より合理的な設計法の採用

b)材料使用量の最適化

材料使用や舗装断面の最適化（例えば高耐久性材料による舗装厚の低減）を可能とする革新的な舗装設計法の採用

c)舗装設計内容の評価

LCA，LCCA，および評価システムによる設計評価，平坦性，騒音，および排水管理など供用中の課題に対する考慮

d)設計戦略

長寿命化舗装，中間層の使用，地域材料や輸送への低負荷材料を使用した構造設計，急速施工，低騒音表層，プレキャストコンクリート舗装の採用，排水対策など

e)設計の新たな潮流

改良中の力学的経験的舗装設計法の採用，設計と環境影響分析の統合，新たな材料，将来の維持管理に対する設計時の考慮，性能規定仕様の可能な範囲での活用，改善された平坦性予測モデルの適用など

図-5.2.2 は舗装設計の際の持続可能性に関する検討項目と全体の流れを示したものである．舗装の設計では，道路の種別と規格や周辺環境などによって持続可能性に関する目標が異なるが，最近では地球環境保全のための地球温暖化ガス排出量抑制なども様々な分野での取り組みが求められており，組織の持続可能性についての目標を明確にしたうえで目標達成のための設計を行うことが重要である．

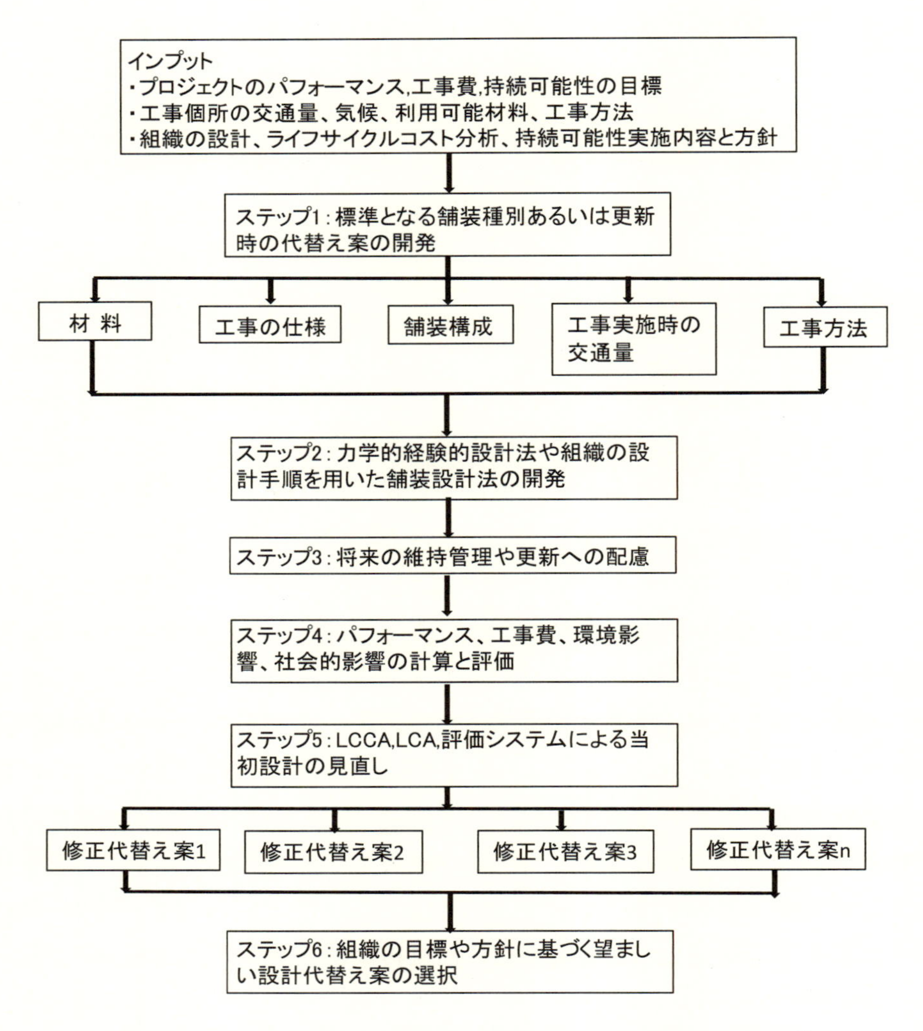

図-5.2.2　舗装設計における持続可能性の検討の流れ[7)]

（出典：Federal Highway Administration; Toward Sustainable Pavement Systems: A Reference Document FHWA-HIF-15-002 January 2015　P4-8）

個別の舗装工事を設計する際に考慮すべき事項と今後の検討課題は次のとおりである．

◆舗装工事を設計する際の考慮すべき事項

・期待する設計期間
・平坦性
・テクスチャ（すべり抵抗と騒音への影響）
・スプラッシュ（水はね）
・降雨時の流水
・将来の維持管理に伴う交通遅延
・工事や維持管理によるサービスの低下レベルについての信頼性
・上下水道などのユーティリティの建設と維持管理に対する配慮
・将来の劣化や機能低下などの予測
・舗装による影響を受ける地域の熱環境

・景観

◆今後の検討課題

・設計法，試験，劣化モデルなどの改善

・構造設計法の信頼性向上

・設計と環境影響分析の統合（設計，LCCA，LCA の統合）

・新材料の開発

・将来の維持管理，更新についての設計への考慮

・性能規定仕様による工事

・平坦性に関する評価のための改善モデルの作成

・透水性舗装の機能設計方法

3)建設時の検討事項

a)工事の影響

燃料使用量，排気ガス発生量，PM 発生量，騒音，規制に伴う交通渋滞，住民，企業，および地域社会への工事による影響

b)工事管理

工事計画の最適化，土砂の浸食や沈殿の制御，工事規制に伴う交通遅延の制御，工事により発生する騒音の制御，廃棄物管理，法規制に伴う工事機械の運用効率化や VOC，NOx，およびディーゼルから発生する微粒子などの減少，耐久性のある舗装のための品質管理の実施（高い締固め度の確保など）

c)技術革新

工事の効率，品質，およびモニタリングの改善（情報化転圧，アスファルトフニッシャーのレーザーによる高さ制御，赤外線による温度管理，リアルタイムの平坦性計測，2 層同時施工ペーバー，常温アスファルト混合物の使用など）

4)供用時の検討事項

a)良好な平坦性

新設や維持管理による良好な平坦性の確保（大型車を中心とした燃料消費量の改善と廃棄ガス発生量の減少）

b)都市部ユーティリティ工事の計画的実施

上下水道などのユーティリティ工事に伴う掘削による平坦性悪化の抑制

c)舗装構造のレスポンスと燃料消費量

レスポンスに関する数学的モデルによる異なる舗装構造別の燃料消費量の試算

d)騒音

適切な舗装材料と路面テクスチャの選択

e)排水管理

透水性舗装による降雨流出の抑制と地下水の涵養

f)都市ヒートアイランド現象

ヒートアイランド現象の解明，対策と評価（遮熱性舗装，保水性舗装など）

g)照明

舗装表面の反射特性の解明，新たな照明システムの開発と経済性，環境，および社会的コストの改善

h)安全性

工事規制区間、平坦性，すべり抵抗，マクロテクスチャの状態、横断勾配，ランブルストリップスなどの安全対策

5)維持管理時の検討事項

a)舗装マネジメントシステムと舗装保全の連携

様々なアセットマネジメントシステムの中への舗装の持続可能性に関する考慮すべき事項の統合

b)交通量と維持管理

重交通量路線においては高頻度の維持管理による費用増につながるが，より平坦な舗装路面での車両走行による環境影響を改善し，相殺される．

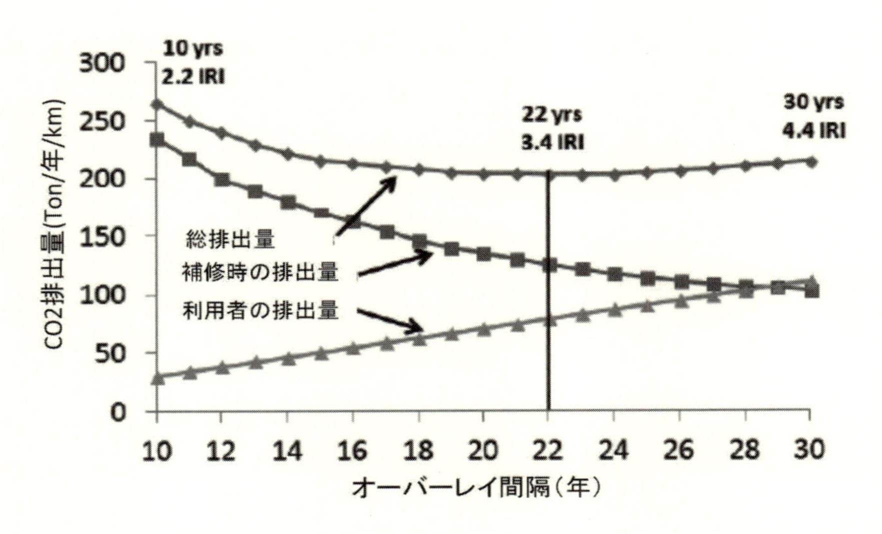

図-5.2.3　オーバーレイ間隔と管理者，利用者別の CO_2 排出量の事例[7)]

（出典：Federal Highway Administration; Toward Sustainable Pavement Systems:　A　Reference Document FHWA-HIF-15-002 January 2015　P7-4）

図-5.2.3 にオーバーレイ間隔と CO_2 排出量の事例を示す．この事例では，オーバーレイに伴う補修時の排出量(Agency Emissions)は間隔が長くなるにつれて減少するが，反対に利用者の通行車両からの排出量(User Emissions)は路面性状（ここでは IRI で評価）の悪化により増加する．オーバーレイ間隔が 22 年で両者の排出量の合計である総排出量(Total Emissions)が最小となり，その時点での IRI が 3.4 であることを示している．また，軽交通路線では適切な維持管理を適時に行うことにより，ライフサイクルコスト低減と環境改善を図ることができる．

c)表面処理による保全

表面処理方法の選択要因（過去の性能事例，要求性能，制約条件，LCCA，LCA）

6)廃棄時の検討事項

a)リサイクル材，副産物および廃棄物（RCWMs）の使用拡大

b)リサイクル材の高い使用率

持続可能性に関して最大の便益を引き出すためのリサイクル材の望ましい使用量

c)廃棄戦略

廃棄量を最小とするためのリサイクルプラントの稼働率向上，舗装全層へのリサイクル材の採用，再生コンクリート骨材のコンクリートあるいはアスファルト骨材としての使用など

7)社会全体の中での調和

a)舗装の役割

景観，歴史地区あるいは文化地区における調和，上下水道などユーティリティ工事に伴う掘削の影響など

b)新たな技術

光触媒機能を持つ舗装，プレキャストコンクリート舗装などのモジュラー舗装の進化，エネルギーを発生できるソーラーパネル埋設舗装の開発など

8)舗装持続可能性の評価

a)持続可能性の指数化の必要性

b)ライフサイクルコスト分析（LCCA）

米国内で最も広く採用されている FHWA のソフトウエア（RealCost）の活用など

c)ライフサイクルアセスメント（LCA）

舗装に特化した LCA 算定用ツールはまだ実用化されていないのが現状

d)評価システム

表-5.2.1 はこれまでに米国を中心に開発された地球温暖化排出量の計算用ソフトウエアと持続可能性評価用ソフトウエアの事例を示したものである[8)]

例えば，計算用ソトの一つである PaLATE (Pavement Life-Cycle Assessment Tool For Environment and Economic Effects)は，舗装や道路工事の環境及び経済効果を評価するための LCA と LCCA 計算用のスプレッドシートである． 利用者は，初期の設計内容（断面構成など），建設時の工事材料，維持管理材料，工事方法，使用機械，および工事費を入力することにより，エネルギー消費量，二酸化炭素排出量，窒素酸化物排出量，PM10 排出量などの出力結果を得られる[9)]

e)評価手法の統合

現状では，LCCA，LCA，および評価システムは独立して使用することができるが，究極的には組織内の優先順位，工事の特徴，望ましいアウトカムなどを総合的に考慮して最も適切なアプローチの開発が必要である

表-5.2.1 持続可能性に係る計算あるいは評価用ソフトウエア[8)]

ソフトの種別	プログラム名	開発者	機能
計算用ソフト	asPect	Transportation Research Laboratory in UK	アスファルト舗装のｶｰﾎﾞﾝﾌｯﾄﾌﾟﾘﾝﾄ計算
	Changer	International Road Federation	道路建設に係る準備、材料調達、機会施工などから発生するGHG排出量
	PaLATE	——	ライフサイクルコストと舗装の代替え案の環境影響の見積もり
評価用ソフト	Greenroad	The University of Washington and CH2MHill	道路の設計、建設時に持続可能性のポイント方式の評価
	GreenLITES	New York DOT	Greenroadにメンテナンスと運用時の評価を加えたもの
	IN-VEST	Federal Highway Administration	計画、工事、及びメンテナンスと運用の3つのカテゴリを対象とした評価
	I-LAST	Illinois DOT	設計と建設時の持続可能性に配慮した活動のチェックリスト
	Ceequal	Institution of Civil Engineers in UK	土木工事の設計と建設の12のカテゴリに対する持続可能性を評価するポイント方式のシステム

(出典：Technical Committee C. 4. 1 of World Road Association; Balancing of Environmental and Engineering Aspects in Management of Road Networks 2017 P23)

5.2.3 環境に配慮した舗装技術と持続可能な舗装材料[10)]

ここでは、世界道路協会(PIARC)の舗装技術委員会により 2016 年から 2019 年の活動期に取りまとめられた報告書"Green Paving Solutions and Sustainable Pavement Materials"[10)]（環境に配慮した舗装技術と持続可能な舗装材料）を基に、舗装のライフサイクルにおける持続可能性追求のための様々な対策について主な内容を紹介する.

(1)報告書の概要

PIARC メンバー国の組織への質問票送付調査を基に、現在使用されている持続可能な材料と工法、持続可能性を取り込むための工夫などの環境に配慮した舗装技術(Green Paving Technologies(GPT's))について情報収集を行ったものであり、欧米諸国および日本など 20 か国、42 組織より回答があった.
舗装のライフサイクル（設計、材料、工事、供用、維持管理、廃棄）のどのステージで使用されたかの区分を行った. また、持続可能性の構成要素として、環境側面、社会側面、および経済側面に区分した. 調査結果より、ライフサイクルの中で約 50%が材料関係、約 30%が供用中、約 20%が廃棄に関する内容であった. また、持続可能性の要素の区分では、72%が環境側面、22%が社会側面に関するものであった. (図-5.2.4)

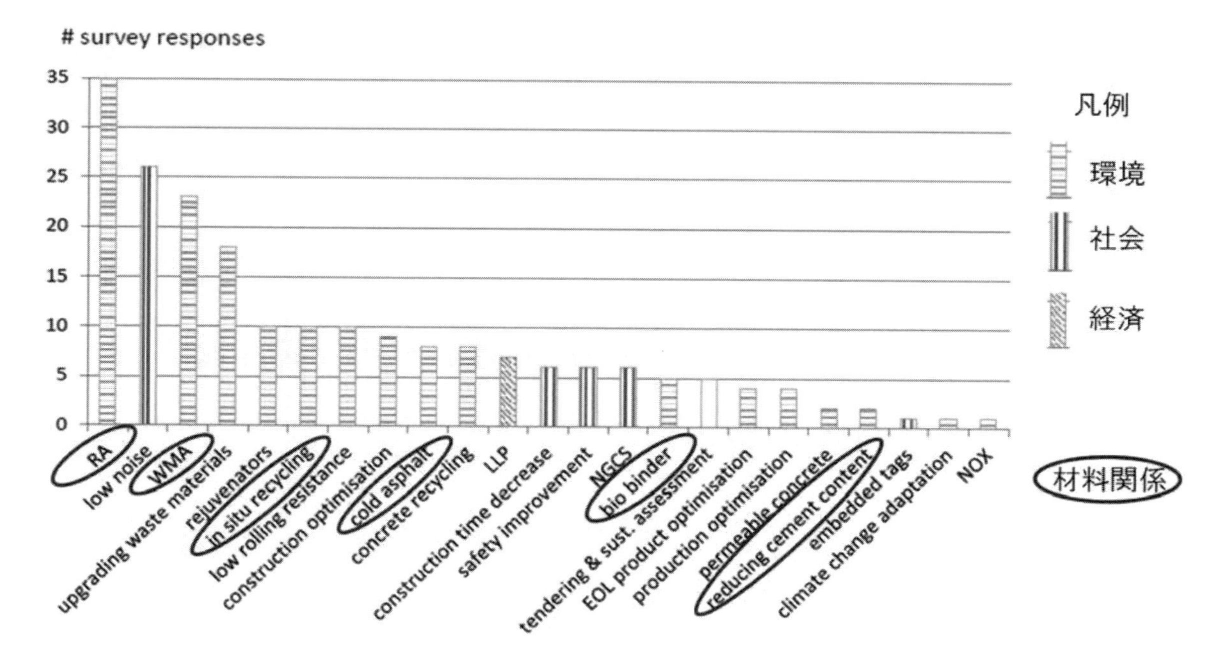

図-5.2.4　調査結果についてのライフサイクルおよび持続可能性の要素の分類[10)]

(出典：Technical CommitteeD.　2 of World Road Association Report; Green Paving Solutions and Sustainable Pavement Materials 2019　を一部修正　P9)

(2)ライフサイクル別の持続可能な舗装技術の事例

1)設計

現状では弾性係数やひび割れなどに限定されているものの、性能規定型の仕様書への移行や米国で検討が進められている力学的経験的舗装設計法の採用が、より柔軟に新しい材料に対して適用が可能であるとしている.

舗装の長寿命化は持続可能性実現の上で重要な視点であるが、ドイツにおける水平ハイブリッド建設法を紹介している．これは、第一走行車線と路肩にコンクリート舗装を、第二走行車線と追越車線にアスファルト舗装を施工するものであり、大型車の走行が第一走行車線に厳しく限定されている交通管理があっての合理的な舗装構成である.

2)材料

天然資源の保存、エネルギーの使用量と CO_2 発生量の抑制のための戦略として、既存技術で安全性の高い低リスク技術の採用とある程度リスクを伴う最新技術の採用を提案している.

低リスク技術の事例として、リサイクル材、建設副産物の利用拡大、添加材の重合レベルを高めることやバイオ燃料の使用、混合セメントの使用促進、中温化混合物の活用、プラントでの製造過程の改善を挙げている.

リスクを伴う最新技術の事例として、リサイクルのソフトプラスチックを原料とするアスファルトの開発、太陽パネルを埋設した舗装の実現などを挙げている.

欧州では、バイオバインダーの研究が進められており、研究事例の一つとして BioRePavation プロジェクト(2016-2018 年)が紹介されている．穀物や動物の排泄物のようなバイオ再生材料を使用して従来の石油アスファルトの代替えあるいは補足材料を開発しようとするものであり、開発されたバインダーの試験結果より、高温下での塑性流動、低温下での脆性化の改善、従来型アスファルトプラントでの製造と施工が可能であること、材料使用量と CO_2 排出量の削減に有効であることが報告されている．

また、バイオ燃料の事例として、スカンジナビア諸国のアスファルトプラントにおける従来の燃料からバイオ油や木材ペレットなどのバイオ燃料への切り替えが紹介されている．この事例では、**図-5.2.5** にみられるように再生アスファルト骨材(RAP)に比べて大きな削減効果があったことが報告されている．

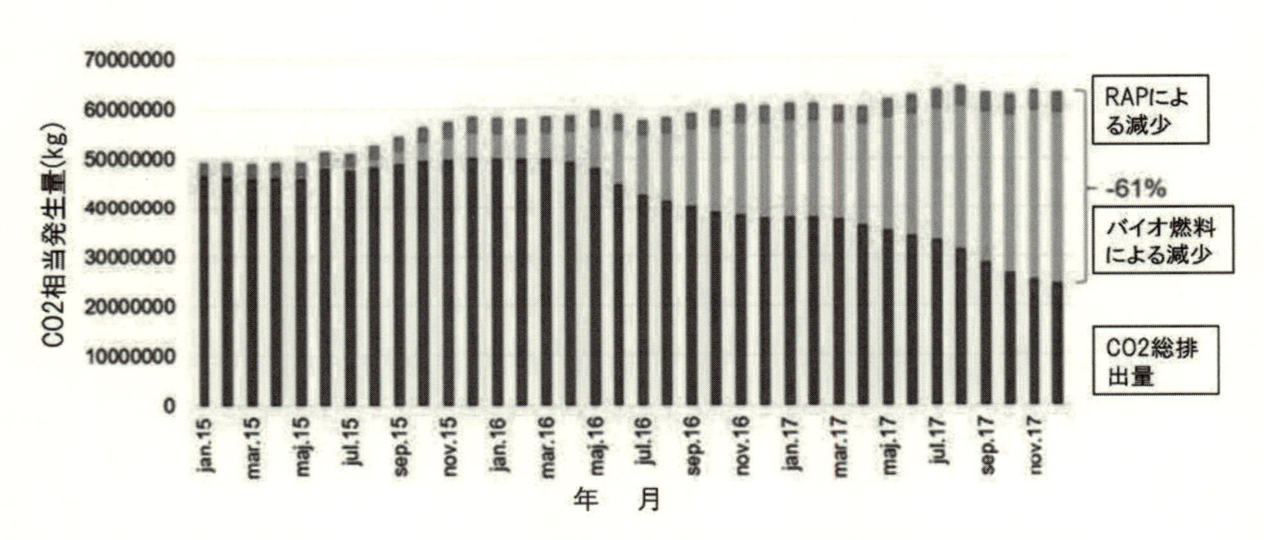

図-5.2.5　アスファルトプラントでのバイオ燃料による CO_2 削減事例 [10)]

(出典：Technical CommitteeD.　2 of World Road Association Report; Green Paving Solutions and Sustainable Pavement Materials 2019 を一部修正　P17)

3)工事

準備段階として、工事時期の調整、規制時間短縮のためのインセンティブの付与、戦略的な工事や工程管理による試験や環境の改善などが報告されている．

施工中として、車線規制や交通管理による工事期間の短縮化、建設機械の低燃費化と CO_2 排出量の低減、転圧管理の高度化、２層同時施工工法の適用などが示されている．

品質管理では、施工目地の管理、タックコートの散布管理、および温度管理などの技術的改善や品質管理を含む施工性の改善があげられている．なお、ノルウエーにおける調査事例として、初期欠陥を減らすことにより舗装の寿命が延伸する調査結果が報告されている．

4)供用中および維持管理

供用中では、欧米の共同研究の結果として、供用後５年のアスファルト舗装の平坦性を改善することにより転がり抵抗が小さくなり、燃費消費量が 5%改善したことが報告されている．

維持管理では、期待される耐久性が環境面を含む舗装の性能に決定的な影響を及ぼすとしており、耐久性を向上するための事例として、舗装の性能を最大限に引き出すための配合設計の改善、工事における品質管理の徹底、予防保全の推進、再生骨材の利用可能量を多くするための切削法の工夫、および環境関係データの正確な評価などを挙げている．

5)環境製品宣言(EPD: Environment Product Declaration)

EPD は、ISO14040 と ISO14044 により計算された LCA(Life Cycle Assessment)に基づいたもの

で、使用された資源（原材料、エネルギー）、排出物（空気中、水中、土中）、可能性のある有害物質、および廃棄/最終処分方法・リサイクリングに関する情報を含まなければならない．EPDは化学製品や建材などに対して欧州では1990年代から実施されていたが、舗装分野への適用は比較的新しい．特定のアスファルト混合物のためのEPDを作成するためには、LCAに必要な条件や要求事項などを示した製品分類規則（PCR: Product Category Rules）が必要である．欧州アスファルト舗装協会（EAPA）では、各国がアスファルト混合物のEPDならびにPCRを準備するためのガイドラインを整備している．**図−5.2.6**はEAPAで制定したPCRのフレームワークを示しており、ライフサイクルのうち原材料や製造にかかわるA1-3の製造段階を対象としていることを示している．欧州ではノルウエーで2019年にEPDの実施を義務化しており、米国でもカリフォルニア州などでEPDを取り入れる動きが見られる．

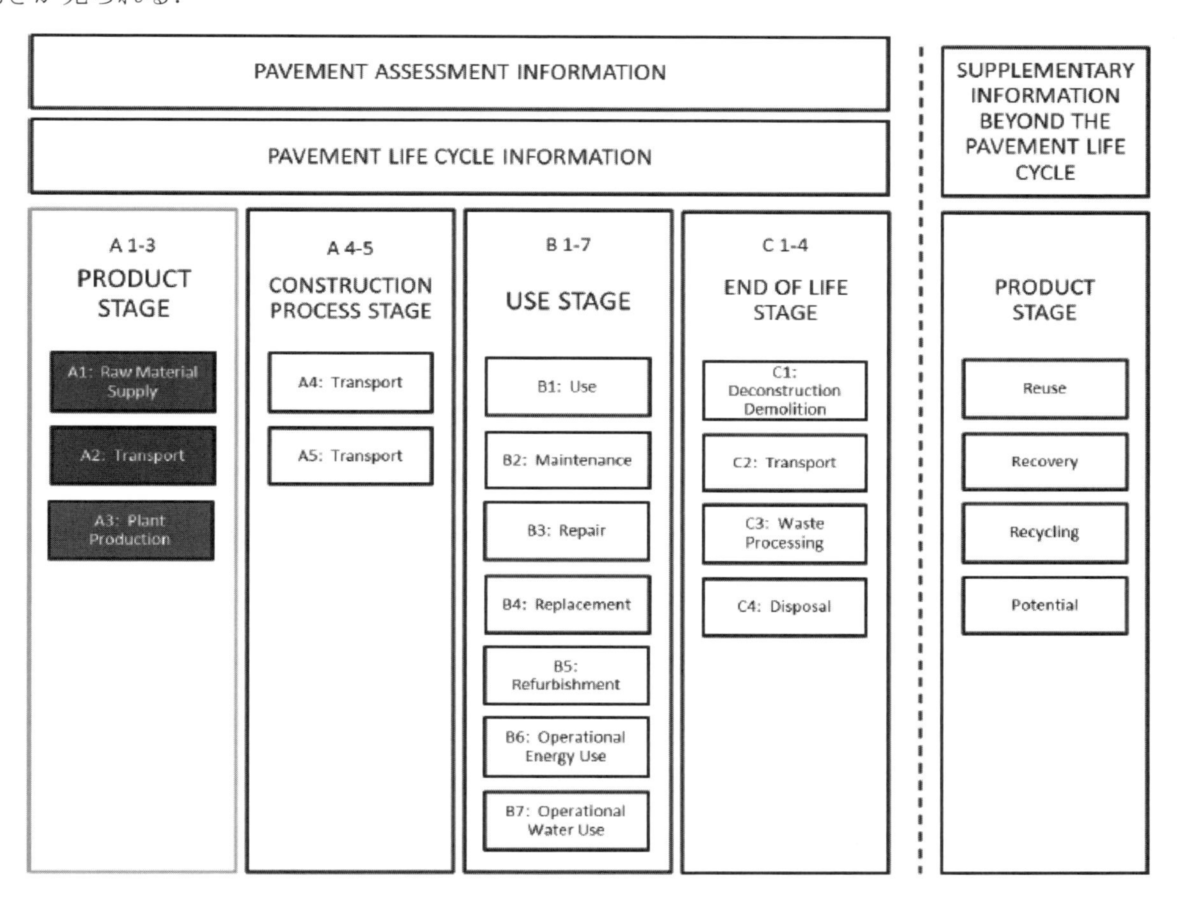

図−5.2.6　EAPA における製品分類規則（PCR）のフレームワーク[10)]

(出典：Technical CommitteeD. 2 of World Road Association Report; Green Paving Solutions and Sustainable Pavement Materials 2019　P39)

(3)持続可能性実現に向けての推奨事項

報告書では、舗装のライフサイクルにわたる持続可能性追求に向けて次のような８つの推奨事項を示している．

1)材料と工事段階で大部分の環境に配慮した舗装技術（GPT's)を適用しているが、今後はさらに設計段階などでの適用拡大が望まれる．

2)長寿命化舗装の設計は持続可能性の観点から大きなメリットをもたらす．

3) 混合物製造時の代替え燃料（バイオ燃料など）の使用はまだ限定的だが、CO_2 削減に有効である.
4) 舗装施工時の良好な作業による仕上がりと品質管理は舗装寿命の延命化にとって重要である.
5) 再生骨材や中温化技術のような確立された低リスク技術の活用を促進すべきである.
6) 新たな GPT's については、安全性や信頼性の確認をしつつ積極的に活用を目指すべきである.
7) 良好な維持管理は、安全や快適のみならず転がり抵抗の改善などにつながることから燃料消費量減などに有効である.
8) GPT's の普及にため新たな契約方法の採用や変化への抵抗を減少し、受け入れやすい環境を整備することが重要である.

5.3 持続可能性を考慮した舗装マネジメントの方向性

5.1 と **5.2** では, 欧米におけるアセットマネジメントへの持続可能性の考慮や持続可能性に関する評価指標, 更に持続可能な舗装を実現するための考慮すべき事項と留意点について事例を示してきたが, 以上の事例を基にした持続可能な舗装を実現するための舗装マネジメントの方向性について以下に述べる.

5.3.1 アセットマネジメントにおける持続可能性に関する検討事項

持続可能な舗装を実現するためには, 工学的目標を達成し, 周囲のエコシステムを保全し, 予算, 人材, および環境に係る資源を経済的に使用し, 健康, 安全, 財産, 雇用, 快適さ及び幸福などのニーズを満足することが求められる.

また, 持続可能性の検討は舗装材料の生産, 設計, 建設（工事）, 供用, 維持管理, および廃棄といった舗装のライフサイクルにわたって行う必要がある.

更に, 英国における"The Code of Practice for Highway Maintenance"に見られるように, 持続可能性な舗装は数多くのトレードオフや競合する優先順位についてのバランスのとれた考慮を通して達成できる.

図-5.3.1 はアセットマネジメントの導入プロセスとプロセス別に持続可能性に関する検討内容を示したものである. 導入プロセスとその概要は参考文献 11)を参照されたい.

アセットマネジメントの各プロセスにおける持続可能性に関して想定される検討事項は以下のとおりである.

(1) 組織の到達点と目標の設定

アセットマネジメントに関する到達点と目標の設定を行う際には, 組織の戦略（ビジョン, 到達点, 目標）に沿った内容としなければならない. 現在, 多くの企業で SDGs (Sustainable Development Goals)を組織の戦略や目標に取り入れている. SDGs は, 大変幅広い 17 の分野を対象としているが, 道路部門ではエネルギー, 気候変動, および陸上資源が直接関係する分野であるが, 組織の状況に応じた持続可能性に関する目標を具体的に設定することが重要である.

目標の設定に当たっては, 評価指標により定量化されることが重要であるが, これまでは目的に適した評価指標の検討が不十分であった. 今後, 持続可能性に関する評価指標を設定する際には 5.1.2(2)TAM ガイドや ISABERA プロジェクトに示された事例を参考とした評価指標の検討が望まれる.

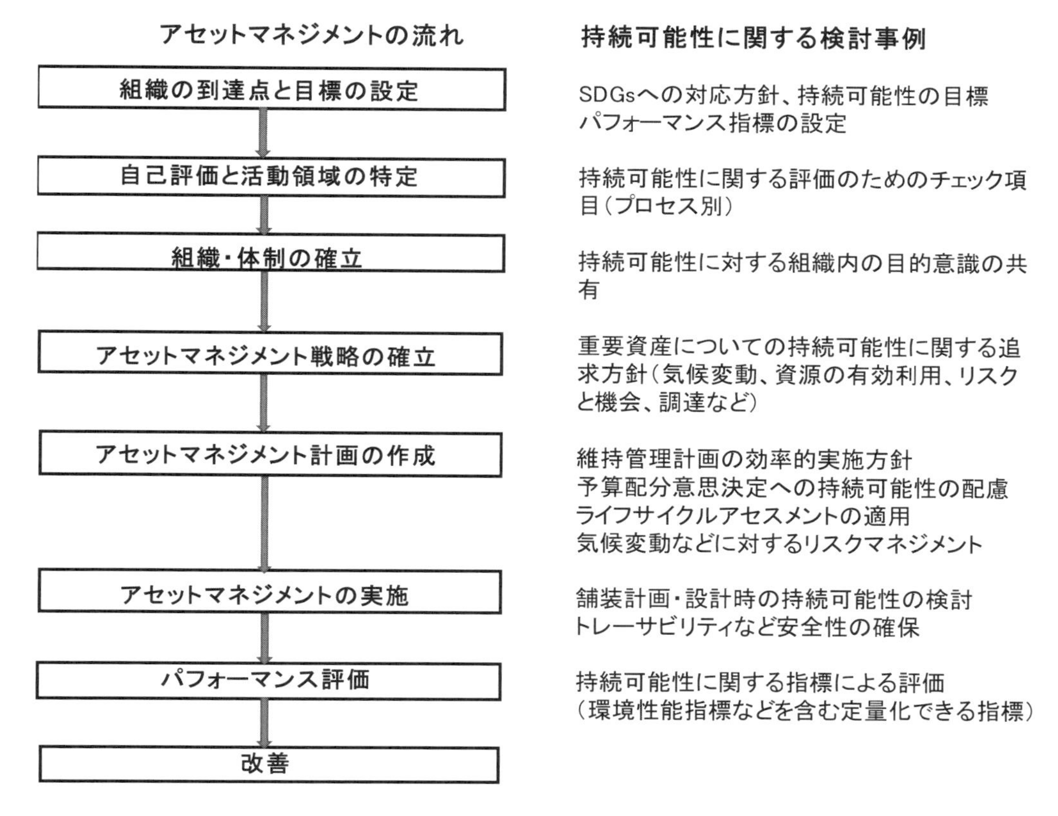

図-5.3.1　アセットマネジメントのフローと持続可能性に関する検討項目[11)]

（出典：土木学会；アセットマネジメントの舗装分野への適用ガイドブック　舗装工学ライブラリー17　2020 年 12 月 p35）

(2)自己評価と活動領域の特定

自己評価とギャップ分析を行うことによって，組織のアセットマネジメント実施上の現況と課題を把握し，目標とするレベルに到達するために優先して実施すべき活動領域の特定を行うことができる．ギャップ分析にあたっては，持続可能性に関する評価項目を設定してそれぞれの項目の成熟度レベルの評価が必要である．例えば持続可能性に関する評価項目の事例としては，①持続可能性についてのリスク評価と意思決定の枠組み，②持続可能性の定義，到達点・目標の設定，③評価指標の設定とコミュニケーション，④ライフサイクルの中での持続可能性実現のための活動などが挙げられる．

(3)組織・体制の確立

持続可能性に関しては，これまでリサイクリングや省エネルギーなど個別に対応することが多かったが，組織目標としての持続可能性と個々の業務がいかに関連しているかについての説明やコミュニケーションを通して組織全体の調整された活動として取り組むことが重要である．

(4)アセットマネジメント戦略の確立

アセットマネジメント戦略は，組織の長期的な到達点や目標に整合する方法やアセットマネジメント計画の作成手順などを高いレベルで長期的視野に立って述べたものである．道路分野の戦略ではネットワークレベルの安全性やサービス水準とともに持続可能性に関する内容が重要となっている．SDGs や他の持続可能性に関する組織目標をアセットマネジメントの活動目標に整合させるが，アセットマネジメントの戦略の中には気候変動や資源の有効利用などに関するものほかに，持続可能性に関する対策案の優先順位付けやトレードオフなどの意思決定方法とリスク管理なども含まれる．

(5)アセットマネジメント計画の作成

アセットマネジメント計画では，サービス水準あるいは資産の状態，組織目標の実施状況，対象とする資産に関する情報，価値，ライフサイクルにおける位置づけ，想定されるリスク，将来の需要予測，維持管理の予算に関する情報などが考慮されるが，この中に持続可能性に関する内容も含まれる．

維持管理計画を効率的に実施し、限られた維持管理予算を有効に配分するためにも優先順位付けなどの意思決定のフレームワークが重要である．5.1.1 の英国の Code に見られるように，優先順位付けの意思決定のフレームワークとしてバリューマネジメントの手順を示し，その中で考慮すべき項目として道路改良やネットワーク管理とともに持続可能性が取り上げられており，我が国でも今後検討の進展が望まれる．

(6)アセットマネジメントの実施

舗装のマネジメントにあたっては，材料，設計，建設，供用，維持管理および廃棄といった舗装のライフサイクルにわたって持続可能性の追求を行うことが重要である．騒音，振動，ヒートアイランド現象への対応などへの対応の他，地球温暖化ガス抑制や気候変動への対応などへの対応がますます求められるようになってきている．それぞれの段階における検討事項は 5.2.2 に詳細に記載されているが，特に設計時の戦略や検討内容の影響が大きい．このため，使用材料（新材の抑制）や舗装断面（高耐久材料や構造設計の見直しによる）の最適化，長寿命化戦略，事後保全から予防保全への移行，平坦性あるいは舗装のレスポンスの改善による転がり抵抗の改善など，舗装設計時の検討により地球温暖化ガス抑制の効果の他，安全性の向上や工事規制時間の短縮など，持続可能性の改善を図ることが可能となる．

(7)パフォーマンス評価

パフォーマンス評価は，求められるサービス水準を提供するため資産の状態を評価する組織的プロセスであり，関係するすべての資産についてアセットマネジメントのプロセスごとに実施される．評価にあたっては，対象とする資産の把握，適切なインベントリの整備，資産状態の調査・診断が必要である．

組織目標の成果を評価するため一連のパフォーマンス評価指標が設定されるが，資産の状態，ライフサイクルコスト，安全性，移動時間，アクセス性などの他に，環境要因（例えば，騒音，振動，CO_2発生量）とリスク（例えば，異常気象，資産の状態悪化，施工不良）などが対象となる．環境要因に関しては，わが国のこれまでの経緯を踏まえて設定されている環境性能項目（**第 2 章**参照）が指標を設定する際の参考となるが，その他，持続可能性の経済や社会に係るパフォーマンス評価指標を設定する際には，組織の状況や路線の特徴などに応じた 5.1.4 に示されたカテゴリー別評価項目が参考となる．

(8)改善

パフォーマンス評価の結果，パフォーマンスが基準よりも低いことやマネジメント実施上の問題がある場合など，問題の程度の大小に応じて適切な対応を取ることが必要である．例えば，気候変動に伴う異常気象などに伴う災害により通行止めなどの事象が発生した場合は，事業継続計画の運用による対処が求められるが，リスクマネジメントの内容についての見直しが必要となる場合がある．

5.3.2　舗装計画・設計時の持続可能性検討

5.2.2 FHWA のガイドラインや 5.2.3 PIARC の報告では、舗装の持続可能性実現のためのライフサイクルにわたる様々な対策が示されているが、舗装計画や設計時における代替え案の評価や長寿命化の検討などの重要性が指摘されている．ここでは、舗装計画・設計時の持続可能性検討フローの検討結果を示す．

図-5.3.2 は，舗装計画・設計時におけるプロセスおよびプロセス別の持続可能性に関して検討すべき内容を示したものである．持続可能性の目標については，目標の設定と評価指標を決定する必要がある．**表-5.3.1** は舗装分野の持続可能性に関する評価指標の事例である．持続可能性に関する評価指標は欧州における ISABERA プロジェクトの評価項目を参考として，わが国でも採用されている項目を加えた内容となっている．代替え舗装案の検討の際には，舗装の設計・施工戦略と持続可能性の目標を反映するほか，維持管理の方針にも影響を受ける．

これまで，舗装の設計にあたってはライフサイクルコスト分析(LCCA)を実施して工法や材料の選択が行われてきたが，今後はライフサイクルアセスメント(LCA)による環境影響評価なども考慮した選択が重要となる．

今後の舗装設計の課題として，配合設計手法の改善，構造設計法の信頼度向上，新材料の開発，将来の維持管理等の設計時の考慮，設計と環境影響評価の統合手法，性能規定化，平坦性などの劣化モデルの改善などが挙げられる．代替え舗装案の評価では、LCC による経済性以外に LCA についても併せて総合的に評価することが必要であるが，米国などで研究事例が見られるものの（※１）、まだ一般的に用いられている方法がなく，今後の検討が必要である．

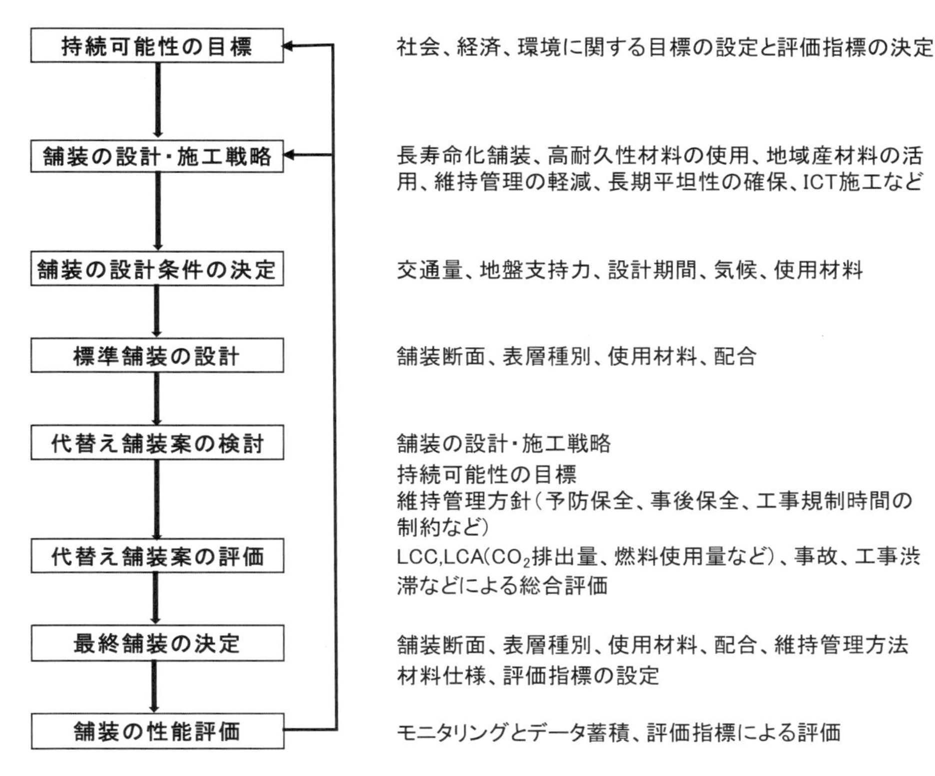

図-5.3.2　舗装計画・設計時の持続可能性検討フローの事例

表-5. 3. 1 舗装分野の持続可能性に関する評価指標の事例

分類	評価指標の事例
社会	すべり抵抗、わだち掘れ改善、情報提供などによる事故低減、渋滞時間などの低減、平均移動時間の短縮など
経済	資産価値の向上、B/C（便益費用比率）の最大化、LCCの最小化、事故・利用者・環境などに係る費用の最小化など
環境	GHG排出量、CO_2排出量などの抑制、エネルギー消費量の抑制、新材の低減・リサイクル材使用率向上・廃棄財の活用、騒音・振動の改善、ヒートアイランド現象の緩和、都市洪水の抑制、水質の改善など

（※１）LCCA と LCA の統合評価の事例

米国における連邦政府の組織や州道路局の大部分では，これまで管理者費用と利用者費用を考慮したLCCA は実施するが，健康や環境への影響費用は通常考慮されなかった．しかし，舗装による環境や社会への影響は舗装材料の生産などに比べてはるかに大きいことや，道路の建設，運用，維持管理による環境影響の費用は利用者費用と比較して無視できない大きさであることなど，持続可能性全体の影響の重要性が認識され始めている．ここでは研究レベルではあるが，舗装の代替え案の持続可能性を定量化するための LCA- LCCA 統合フレームワーク [12]を紹介する．

図-5. 3. 3 に LCA と LCCA の統合フレームワークの事例であり、舗装の代替え案について，供用期間を設定した後にそれぞれの影響要因を基に LCA と LCCA を行う．

LCA より健康影響費用と環境影響費用を求める．健康影響費用は，自動車燃料の消費量に基づく地球温暖化ガス排出量と主要な汚染物質排出量を求め，更に等価費用に換算する．環境影響費用は，気候変動，騒音，水質，景観，農産物，材料および森林に関係し，材料および森林は無視できる程度の大きさであるといわれている．

LCCA より管理者費用と利用者費用を求める．管理者費用は，ある期間内での維持管理費用と残存価値の差の合計の現在価値である．利用者費用は，自動車運転費用と渋滞に伴う遅延時間価値の合計の現在価値である．

持続可能性ファクターは，舗装の供用期間中のすべての工事等の個別および全体の費用の加重平均によって求まる数値であり，大きいほど持続可能性の評価が高いとされている．ある事例では，健康影響費用と環境影響費用の合計は舗装の全現在価値の 30－40%を占める結果となり，持続可能な舗装を計画する際の意思決定に大きな影響を及ぼす可能性があることを示唆している．

図-5. 3. 3 に示す LCA と LCCA の統合にあたって，LCA より健康影響費用と環境影響費用を算出する際には，表-5.2.1 に示した計算用ソフトのひとつである PaLATE などが参考となるものと思われる．

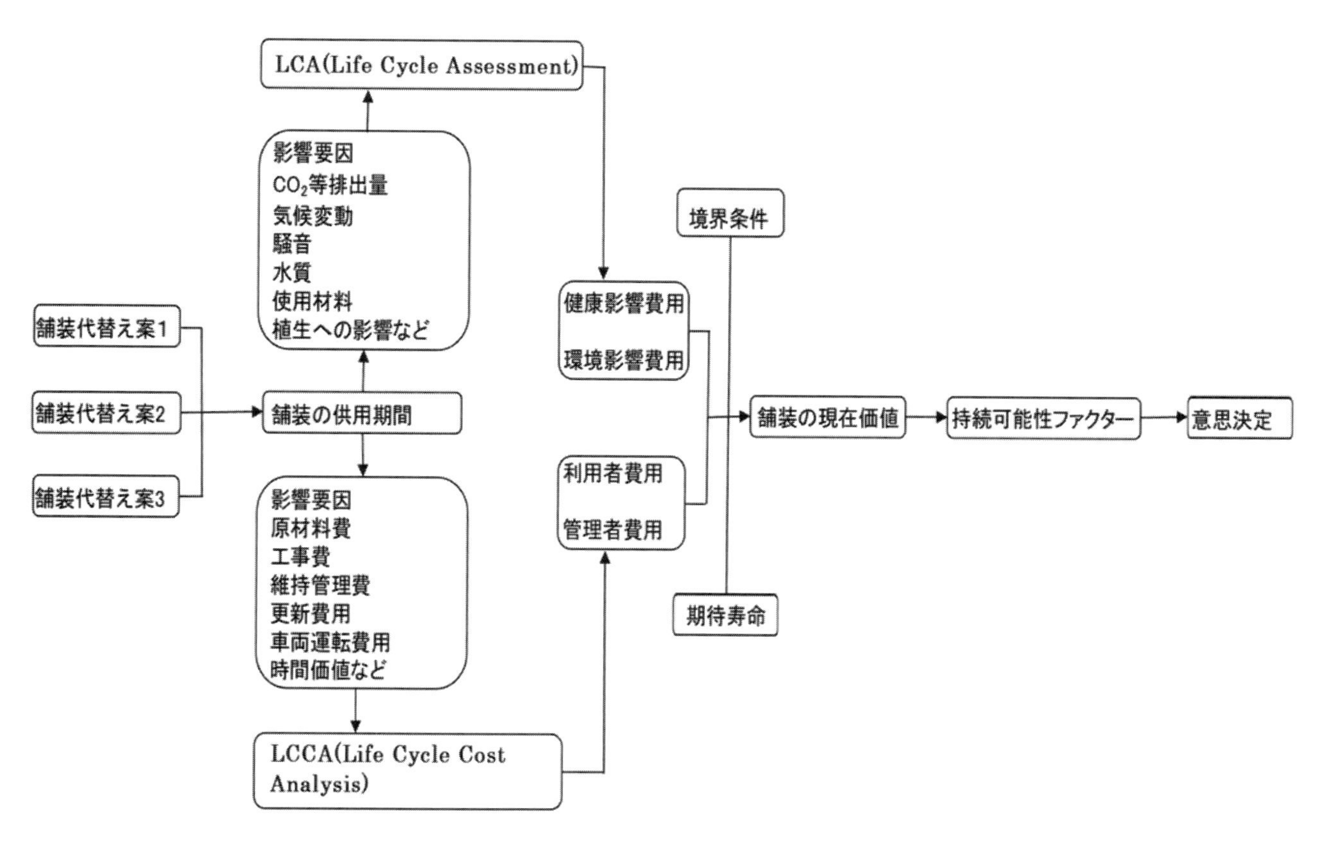

図-5.3.3　LCA-LCCA 統合フレームワークの事例[12)]

（出典：Ann Muthumala George et.　al; An Integrated LCA-LCCA Framework for the selection of Sustainable Pavement Design, TRB 2019 Annual Meeting）

5.4　ライフサイクル・インパクトアセスメント

ここでは,「ライフサイクルアセスメント」(Life Cycle Assessment：LCA)の目的と構成から「ライフサイクル・インパクトアセスメント」(Life Cycle Impact Assessment：LCIA)に着目し，基本的な手順と算出法を紹介したうえで，いくつかの具体例を示す.

5.4.1　ライフサイクルアセスメントの目的

近年，気候変動，大気汚染および水・資源消費などの環境問題への意識が高まる中，持続可能性を高める企業活動と消費行動が求められている．現代の環境問題は，特定原因による地域的問題から社会活動全般に関与した地球的問題まで多様な広がりを有し，舗装分野においても例えば再生アスファルト混合物の製造にエネルギーが費やされる一方，資源の採掘・消費や廃棄物の排出・廃棄に伴う環境負荷が低減されるなど，ある製品が及ぼす環境影響は資源採掘からリサイクル・廃棄に至るライフサイクルの全体に及ぶ．このような製品のライフサイクルを通じた環境影響を包括的に検討するには，**図-5.4.1** のように段階ごとの CO_2 排出量やエネルギー等の入出力を網羅的に捉え，統合的に評価する必要があり，これを体系化した手法が「LCA」である[13)~16)].

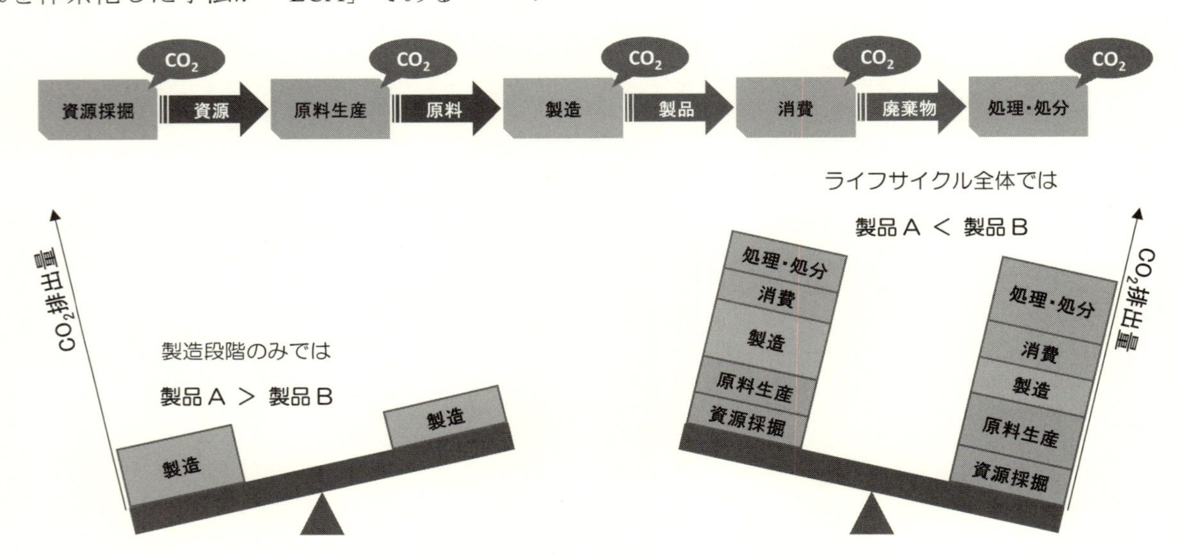

図-5.4.1 製品のライフサイクルと LCA による環境負荷(CO_2 排出量)算定のイメージ
(出典：国立環境研究所　循環・廃棄物のまめ知識「ライフサイクルアセスメント(LCA)」より作成)

予算制約の下，環境配慮に加え，社会的な費用対効果が求められる社会基盤整備において，LCA は事業が及ぼす影響と効果を多面的に評価するのに適しており，環境影響が大きいライフサイクルに対しては負荷低減に向けた技術課題・改良へのフィードバックも期待できる．さらに今後は，持続可能な開発目標(Sustainable Development Goals：SDGs)に対して，LCA は事業を行う個社および業界としてのアプローチを「見える化」する１つの手法となり，その成果は設計・製造者が環境負荷の少ない製品を開発し，消費者が環境に配慮した製品を選択するための新たな指標となりうる[17)~21)].

5.4.2　ライフサイクルアセスメントの構成

ISO14040 による LCA の枠組みを**図-5.4.2** に示す[22)]．LCA は「目的及び調査範囲の設定」,「インベントリ分析」,「影響評価」および全体を包括する「解釈」のプロセスで構成され，各段階ではこれらを相互に照査しながら分析・評価が進められる.

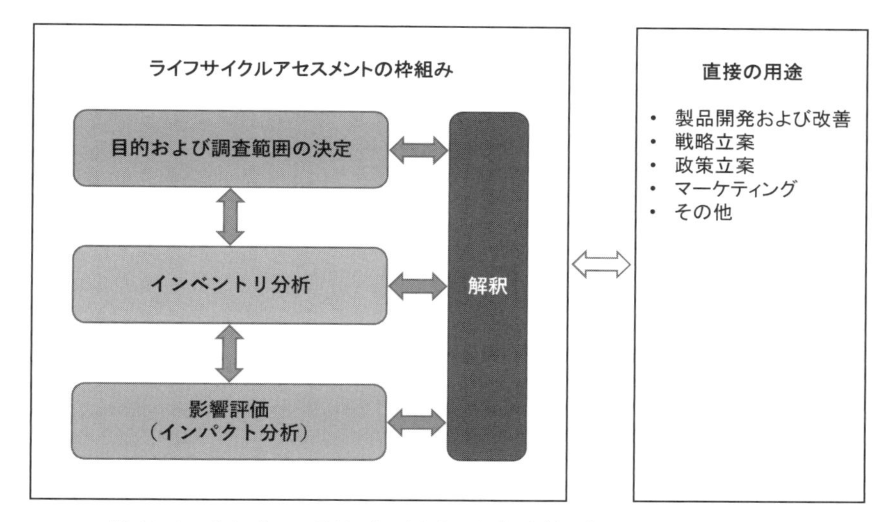

図-5.4.2　LCA の枠組み（出典：環境省 総合環境政策「ライフサイクル評価」より作成）

LCA では，まず目的と調査範囲を明確化したうえで，評価対象となる製品のライフサイクルを通じて消費される資源とエネルギー，排出される廃棄物や汚染物質，地球温暖化ガス等を網羅的に整理する．この段階を「ライフサイクルインベントリ」（Life Cycle Inventory：LCI）と呼び，このインベントリ分析により認識した物質量をインベントリ項目（例えば，CO_2，NOx 等の負荷物質）ごとに集計する．次段階の「ライフサイクル・インパクトアセスメント」（LCIA）と呼ばれる影響評価（インパクト分析）では，各インベントリ項目をインパクトカテゴリー（例えば，地球温暖化，オゾン層破壊等の影響領域）とを関係付け，その影響度を定量化する．最後に，解釈ではインベントリ分析やインパクト分析の結果から LCA の目的に沿った結論を導き，提言をまとめる．このように，多様な環境負荷を適切に分類・定量化するには，膨大なデータの取り扱いとともに，多様なインベントリ項目とインパクトカテゴリーとの関係付けが問題となり，実効的な改善評価につなぐインパクト分析手法の開発が重視されている [23].

5.4.3　インパクトアセスメントの手順

インパクト分析は一般的に「分類化」,「特性化」,「正規化」,「統合化」の 4 段階で構成され，**図-5.4.3** の手順に沿って進められる [24].

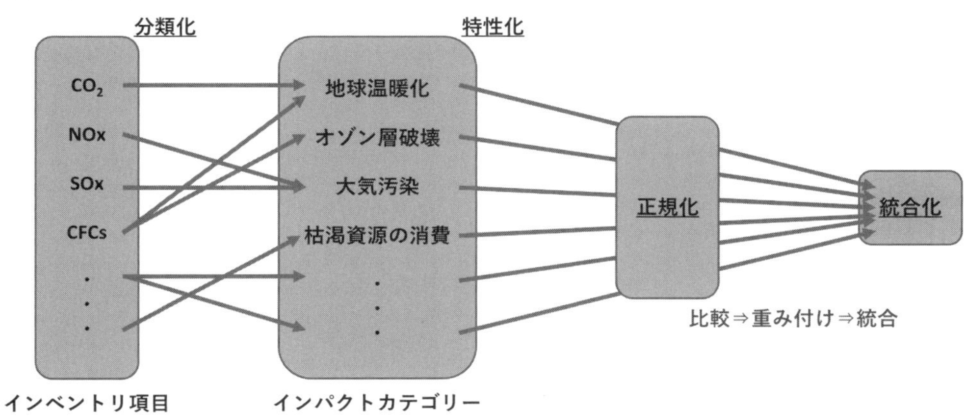

図-5.4.3　インパクト分析の手順（出典：（社）産業環境管理協会「製品 LCA 実施手引書」より作成）

以下に，段階ごとの手法に関して概説する．

1) **分類化**（Classification）

分類化では，評価対象となる製品のライフサイクルにおけるイベントリ項目と環境問題とを関連付け，インパクトカテゴリーに割り当てる．

2) **特性化**（Characterisation）

特性化では，各インパクトカテゴリーに分類化したイベントリ項目の影響度を定量化する．例えば，地球温暖化のインパクトカテゴリーでは CO_2 やメタン，フロン等のイベントリ項目が関連付けられ，IPCC（気候変動に関する政府間パネル）の GWP（地球温暖化係数）に基づき共通の環境影響指標（ここでは，CO_2 換算重量）に換算して，各影響度を集計する．

3) **正規化**（Normalisation）

正規化では，各インパクトカテゴリーの現状を踏まえて，特定範囲の環境影響指標と全体あるいは他の範囲による環境影響指数を比較し（例えば，ある製品のライフサイクルにおける温室効果ガス排出量と日本国内における温室効果ガス排出量を比較），評価対象が及ぼす影響を相対的に位置付ける．

4) **統合化**（Valuation）

統合化では，各インパクトカテゴリーの重要性を相対的に評価したうえで，それぞれの環境影響指標を一つの指標（環境負荷値）に統合化して評価する．正規化では，インパクトカテゴリーごとに異なる範囲の環境影響指標を比較できる一方，インパクトカテゴリー間で環境影響指標を比較することは難しい．そこで，統合化によりインパクトカテゴリー全体を俯瞰しながら重み付けを行い，さらに統合化指標を算出することでカテゴリー間での比較・統合が可能となる．統合化の具体例として，異なる 12 のインパクトカテゴリーに対する重み付けの例を**表-5.4.1** に示す[25]．

表-5.4.1 LCA におけるインパクトカテゴリーの重み付けの一例

（出典：環境省 環境影響評価情報支援ネットワーク「効果的な SEA と事例分析」より作成）

インパクトカテゴリー	重み付け 1	重み付け 2	重み付け 3	重み付け 4	重み付け 5
温室効果	0.5	1	0.59	1	—
オゾン層への影響	0.5	1	3.0	—	—
酸性化	1	1	2.9	—	—
陸域システムの富栄養化	0.5	1	1.8	—	—
水域システムの富栄養化	0.5	1	1.8	—	—
人間への毒性	0.33	1	0.66	—	0.33
水システムの生態への毒性	0.17	1	0.34	—	0.17
陸域システムの生態への毒性	0.17	1	0.34	—	0.17
光化学オキシダント	0.33	1	0.66	—	0.33
非生物的資源の使用	1	1	—	—	—
生物多様性	0.5	1	—	—	—
生命サポートシステム	0.5	1	—	—	—

これは，オランダの廃棄物処理計画策定において，廃棄物処理のオプションをLCAにより比較した際に用いられたものであり，重み付け2では，12項目の全てが等しい重みで扱われ，重み付け4では温暖化だけが考慮されている．このように，重み付けにはLCAの実施者の価値判断を含む選択肢があり，初期段階で決定した目的や調査範囲に照らして客観的に統合化指標を算出する様々なLCIA手法がある．

5.4.4　統合化指標の算出法

前述のとおり正規化の段階では，例えば「CO_2排出量が1tonとNOx排出量が1kgでは，どちらが重大な環境負荷か」，あるいは「地球温暖化と有害化学物質汚染では，どちらが重大な環境問題か」という問いに対して回答することは難しい．また，「CO_2が削減される一方，ダイオキシンが増加する」などのトレードオフに対しても，これらを単一の指針に換算して評価する必要が生じる．このように，LCAの過程では複数のインベントリカテゴリーをどのようにして包括的に評価すべきかといった判断に迫られ，これを統合化指標で表現しようとするのが「重み付け手法」と呼ばれるLCIA手法である[26]．

統合化指標を算出するためのLCIA手法は，主に欧州，北米および日本で開発されており，代表的なものに以下の「費用換算法」，「DtT法」，「パネル法」がある．

1)　費用換算法

費用換算法は，一般的に支払い意思額に基づいて重み付けを行う手法であり，代表的なものにスウェーデン環境研究所が開発した「EPS（Environmental Priority Strategies in product design）」がある．この手法は5つの保護対象（人の健康，生物多様性，生産，資源，審美感）に対する支払い意思に基づき，個別の環境負荷項目に対する環境負荷単位（Environmental Load Unit：ELU）を設定して，環境負荷値にELUを乗じてその合計を求め，統合化された環境影響を評価するものである．

2)　DtT法

DtT（Distance-to-Target）法は，環境に対する科学的・政治的目標への距離に応じてカテゴリー間の優先順位を決定する手法で，代表的なものにオランダのGoedkoopらが開発した「エコインディケータ（Eco-indicator）法」，スイスのAhbeらが開発した「エコポイント（Eco-point）法」がある．この手法は，ある製品のライフサイクルにおける環境負荷にEco-factor（環境負荷物質の単位放出量当たりの環境影響）と呼ばれる重み付け係数を乗じて総和をとることで環境指標値が算出される．

3)　パネル法

パネル法は，環境影響を改善する優先順位をアンケート調査等に基づいて決定し，インパクトカテゴリーの重み付けを行う手法で，代表的なものに日本版被害想定型影響評価手法（Life cycle Impact assessment Method based on Endpoint modeling：LIME）がある[17]．

●　日本版被害想定型影響評価手法

経済産業省が主導したLCA国家プロジェクトを通じて開発されたLIMEは，2005年にガイドブックが発行されて以降，適用例は300を超えるなど，既にわが国の標準的手法として定着しつつある．LIMEは「人間の健康」，「社会資産」，「生物多様性」，「一次生産」の4つを保護対象（エンドポイント）として，アンケート調査による支払意思額を参考としながら環境影響を被害想定金額として統合化し，統合化指標を作成する手法である．LIMEの特長は，「特性化」・「被害評価」・「統合化」の3ステップを踏むことによって，日本の環境条件や環境思想を反映した LCIA を実施できることである．また，「統合化」の結果を「日本円」で表示できるため，LCA のみならず，費用対効果分析や費用対便益分析，環境会計，環境効率，ファクターなどにも利用されている [27]．

2016 年に開発された LIME-3 の概念図を図-5.4.4 に示す．

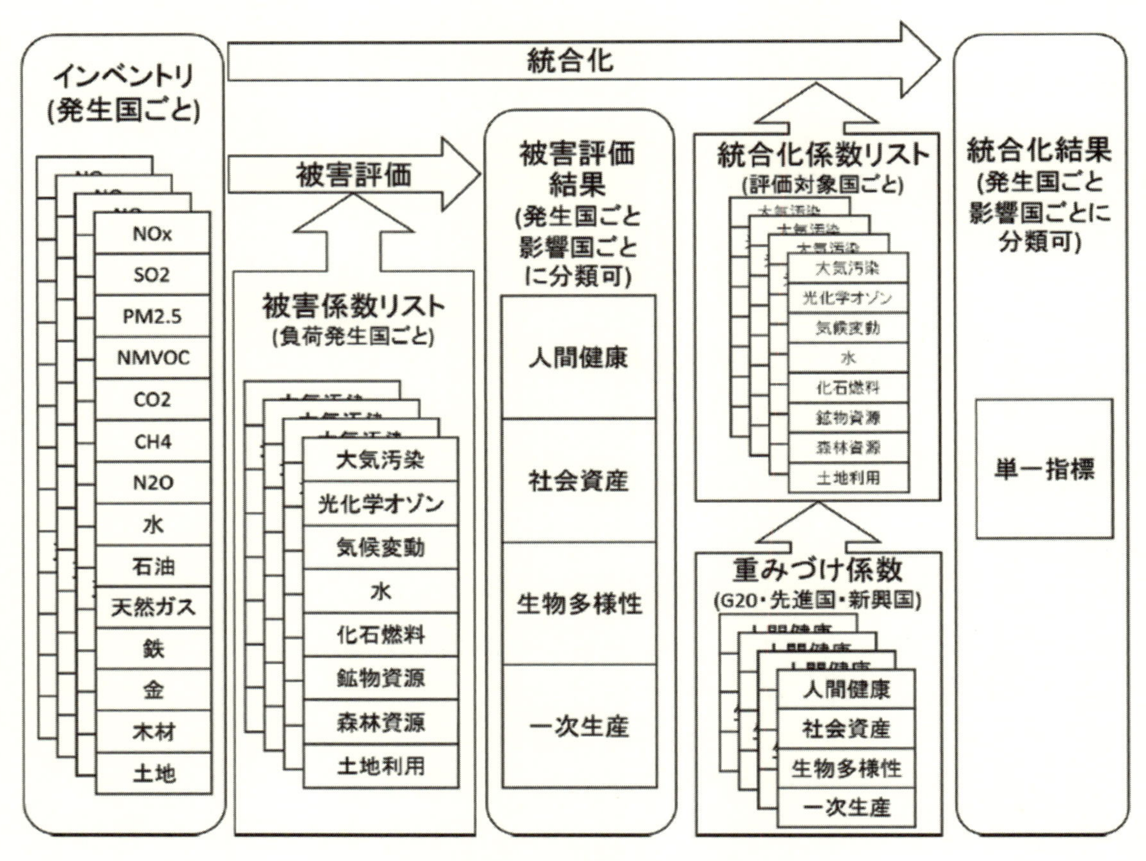

図-5.4.4　LIME3 の概念図

（出典：LCA 日本フォーラムニュース 76 号: https://lca-forum.org/topics/pdf/JLCA_NL_76.pdf）

LIME-1（第一期 LCA プロジェクト 1998-2003 年）および LIME-2（第二期 LCA プロジェクト 2003-2006 年）は国内利用を前提とし，LIME2 は日本の環境問題を反映した 1000 種のインベントリ項目と 15 種のインパクトカテゴリーに対する LCIA 手法が示された．LIME-3 ではこれを踏襲しつつ，世界的問題である 9 つのカテゴリー（気候変動，大気汚染，光化学オキシダント，水消費，土地利用，鉱物資源消費，化石燃料消費，森林資源消費，固形廃棄物）が選択され，世界各地から原料や素材を輸入している製品，世界各地で使用されている製品等の現地状況を反映した影響評価が可能となっている．

G20 加盟国における 4 つのエンドポイントに対する重み付け係数を図-5.4.5 に示す．

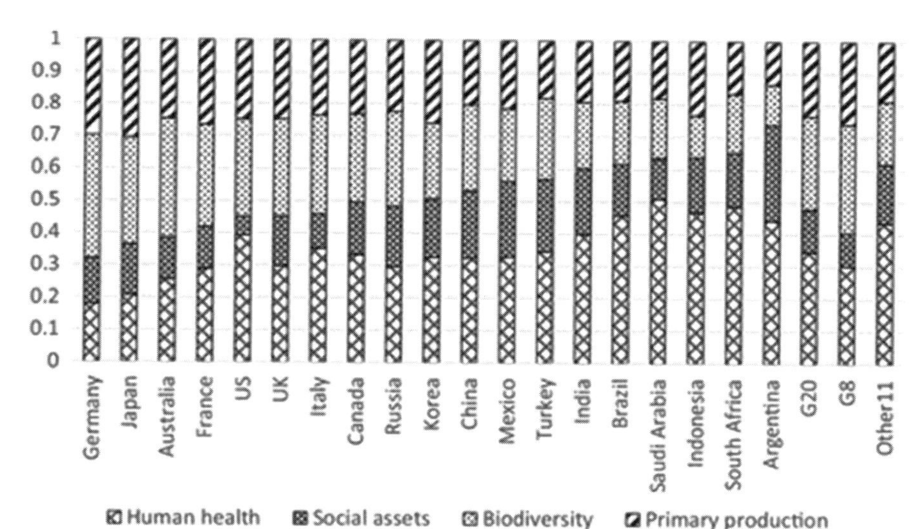

図–5.4.5　日本版被害想定型影響評価手法（LIME3）の枠組み
（出典：LCA Society of Japan : https://lca-forum.org/english/lime/）

LIME-3 における重み付けのためのコンジョイント分析は，G20 加盟国の全てを対象としたアンケート調査で実施され，**図 5** のとおり先進国（G8）における生物多様性と一次生産の重みは G20 の平均よりも大きい一方，人間の健康の重みは新興国で大きい.

5.4.5　ライフサイクル・インパクトアセスメントの具体的事例

ここでは，前述の LIME-3 を利用したセメントに対する LCIA の事例を紹介する [28).]

(1)　調査実施の目的

1)　調査実施の理由

世界各国で製造されるセメントの原料調達から製造までのプロセスに関わる環境影響を LCA により評価し，重要な影響領域を把握する.

2)　調査結果の用途

世界各国で製造されるセメントの原料調達から製造までのプロセスに関わる重要な影響領域を把握し，設計における改善のための情報提供を行う.

(2)　調査範囲

1)　調査対象とその仕様

世界各国で製造される平均的なセメント 1t を調査対象とした. なお，対象には，“純粋な”「ポルトランドセメント」および副産物もしくは天然岩石の微粉末を一部混合した「混合セメント」の両者を含み，各国における荷重平均値を調査対象とした.

2)　機能および機能単位

セメントは，水と反応して硬化する性能を持つ結合材であり，主にコンクリートの原料として，建設工事に利用される. 市販されているセメントの 28 日材齢における強さ（ISO679:2009 による）は，35 - 60 N/mm^2 程度である. 本評価における機能単位は，慣例に従い，セメント 1t とした.

3）システム境界

天然原料の採掘とセメント製造および製造工程にて廃棄物を活用することによる削減貢献（図-5.4.6）.

4）特記事項（除外したプロセス・項目等について）

廃棄物と副産物の定義に関しては，主製品に当てはまらないもののうち，「廃棄物の処理および清掃に関する法律」の対象となるものを廃棄物，対象とならないものを副産物とした．具体的な対象品は，4.1 節に示す.

Scope2 の CO_2 排出および輸送過程に関しては，十分なデータが得られなかったため，評価しなかった．セメント製造では，一般的に Scope1 の CO_2 排出が大きい．また，製品の重量当たりの単価が安いため，長距離の輸送は経済性の観点から行われないことが多い[29].

コンクリート製造，構造物の施工・供用・解体過程に関しても調査対象から除外した．コンクリート製造および構造物の施工・供用における環境負荷は大きくない．一方，構造物の解体過程にて発生する廃コンクリートは，日本では 99.3%が再利用されているが，海外では十分に利用されておらず，環境影響が大きい可能性がある[30),31)].

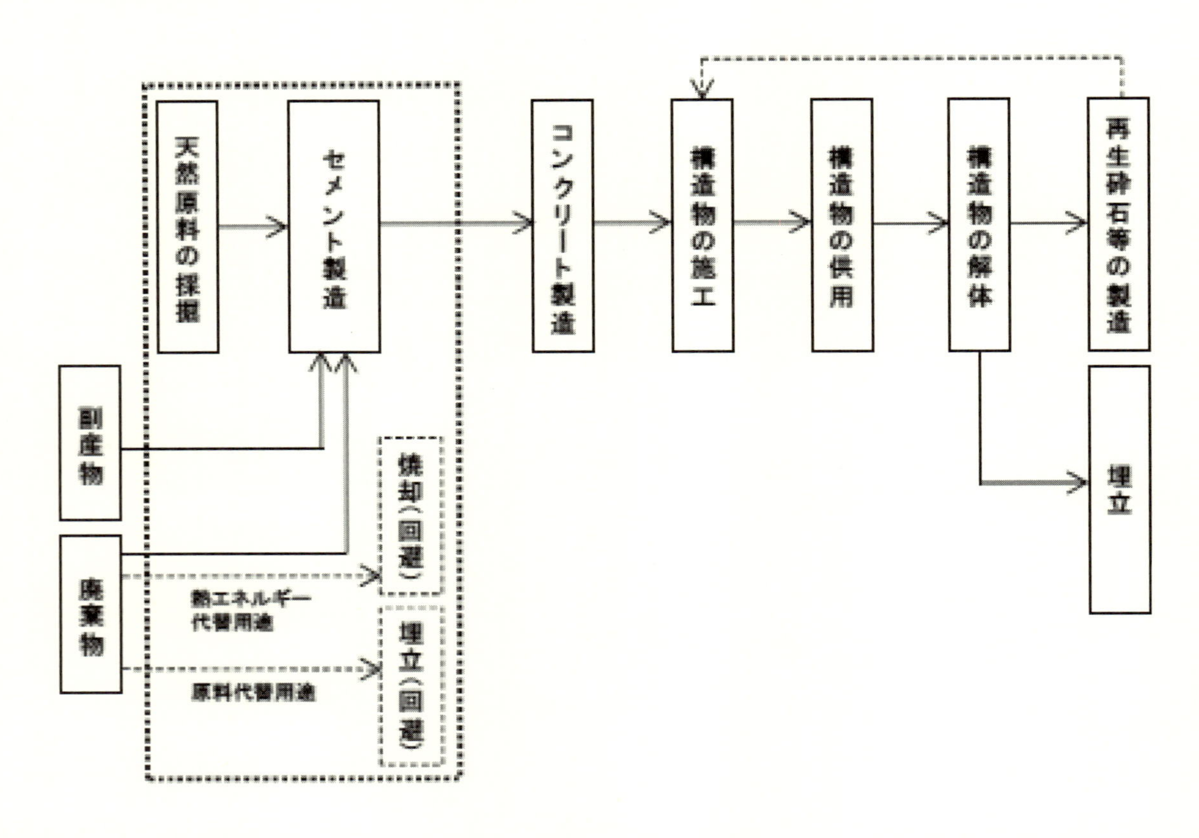

図-5.4.6　セメントの主な製品システムおよびシステム境界（出典：LIME3 活用検討研究会成果報告書）

(3) インベントリ分析

1）インベントリデータ

セメントのフォアグラウンドデータは，持続可能な発展のための世界経済人会議（WBCSD）のセメント産業部会（CSI）が公表している Getting the Numbers Right (GNR)および日本のセメント協会の 2016 年のデータを用いた[32),33)]．日本以外の国で生産されるセメントにおいて，GNR にて公開されていないデータは，中間製品であるクリンカのデータを求めた後に，添加材・混合材のデータを用いて以下の通り算出した．クリンカの天然原料の使用量は，1500kg/t と仮定した．クリンカの廃棄物使用量は日本以外の国では少ないことが指摘されているが，公開されているデータは無かったため，Heidelberg Cement の Sustainabilityreport に記載されている代替原料率（3.6%）を用いて日本以外の国は一律に設定した[34]．石炭以外の化石エネルギー源は無いものと仮定し，石炭使用量は熱量原単位と化石エネルギー比率の積を瀝青炭の低位発熱量で除することによって求め[35]．日本以外の国の NOx，SOx，ばいじんの排出量は，WBCSD CSI のコアメンバーが CSR レポートで公開している値の平均値を用い，一律に設定した．最も環境影響の大きい NOx の値の変動係数は，0.25 と比較的小さく，同一の値を用いたことによる結果への影響は大きくないことが推定される．セメントのデータは，クリンカのデータおよびセッコウと混合材の使用量から算出した．高炉スラグ，フライアッシュのみを副産物として取り扱い，その他の混合材およびセッコウは，天然資源と仮定した．なお，天然原料等の採掘に関するバックグラウンドデータは，十分なデータが集まらなかったため，評価から除外した．

2）インベントリ分析対象項目と分析結果一覧表

表-5.4.2 に海外で製造されるセメントのインベントリ分析の対象項目と分析結果の一覧を示す．

表-5.4.2　セメントの LCI 分析結果（単位（kg/t）（出典：LIME3 活用検討研究会成果報告書）

		日本	インド	フィリピン	タイ	アメリカ	ブラジル	ドイツ	エジプト	出典
消費負荷	天然原料	1123	1183	1258	1422	1454	1359	1421	1445	日本：セメント協会 その他：クリンカの値を一律で仮定し、WBCSD CSIで公開されている混合材使用量からセメントの値を算出
	石炭	80	87	90	98	116	87	43	125	日本：セメント協会 その他：WBCSD CSIで公開されている熱量原単位と化石エネルギー比率の積をIPCCの発熱量で除することによりクリンカの値を算出し、WBCSD CSIで公開されている混合材使用量からセメントの値を算出
環境排出負荷	CO_2	651	616	609	707	766	671	578	773	日本：セメント協会 その他：WBCSD CSI
	NOx	1.240	1.089	1.029	1.222	1.315	1.171	1.237	1.288	日本：セメント協会 その他：WBCSD CSI コアメンバーのCSRレポートで公開しているクリンカの値の単純平均とWBCSD CSIで公開されている混合材使用量からセメントの値を算出
	SOx	0.065	0.229	0.216	0.257	0.276	0.246	0.260	0.271	
	ばいじん	0.026	0.047	0.045	0.053	0.057	0.051	0.054	0.056	
削減貢献	廃棄物（活用）	229	42	40	47	51	45	48	50	日本：セメント協会 その他：クリンカの値を一律で仮定し、WBCSD CSIで公開されている混合材使用量からセメントの値を算出

(4) インパクト評価

1) 対象とした評価ステップと影響領域

インパクト評価は日本版被害算定型影響評価手法LIME-3 を利用し，被害評価，統合化評価を実施した．各評価において対象とした影響領域について**表-5.4.3** に示す．なお，LIME-3 の評価において，社会資産の被害係数の算定に用いる割引率は3%を用いた．

評価における廃棄物および副産物の取扱いについては，下記の通りとした．廃棄物のうち，原料の代替となるものに関しては，本来埋立て処分されることによって発生したはずの環境負荷をセメントが受け入れることによって回避したものとみなし，削減貢献として取り扱うこととした．廃棄物のうち，熱エネルギー源の代替となるものに関しては，本来セメント工場の外で焼却処分されることによって発生したはずの CO_2 をセメント工場で受け入れることによって回避したものとみなし，公表されている算定方法に従い，当該分の CO_2 排出をセメント製造時の CO_2 排出から差し引いた（すなわち，ネット CO_2 排出原単位を用いた）[31]．副産物に関しては，もともと廃棄されるはずのものではなく，有価の製品として市場に流通することが前提であることから，埋立回避による削減貢献は考慮しなかった．副産物に主製品の環境負荷を配分する方法に関しては，ISO14044 に定められているものの，供給元からのデータ提供が十分でないことから，ここでは副産物の環境負荷を無いものと仮定し，資源消費の低減等による環境負荷低減分のみを間接的に反映した．

表-5.4.3　評価対象とした環境影響領域と評価ステップ（出典：LIME3 活用検討研究会成果報告書）

	被害評価
気候変動	○
大気汚染	○
光化学オキシダント	○
水資源消費	
土地利用	
資源消費（化石燃料，鉱物資源）	○
森林資源消費	
廃棄物	○

	統合化
IF1	
IF2	○

2) インパクト評価結果

a. 被害評価

図-5.4.7～**図-5.4.10** に4つの保護対象に対する被害評価結果（物質別内訳）を示す．人間健康，生物多様性に関しては，全ての国でCO2 排出の影響が大きい．また，インドおよびタイではNOx による人間健康への影響が大きい．社会資産への影響は，フィリピンおよびエジプトでは石炭が大きく，日本，アメリカ，ドイツでは廃棄物活用による削減貢献の影響が大きい．一次生産への影響は，石灰石，石炭が大きく，また，日本では廃棄物活用による削減貢献の影響が大きい．人間健康と社会資産への影響では，国ごとの差が大きく，NOx，石炭，廃棄物活用がその原因となっていた．

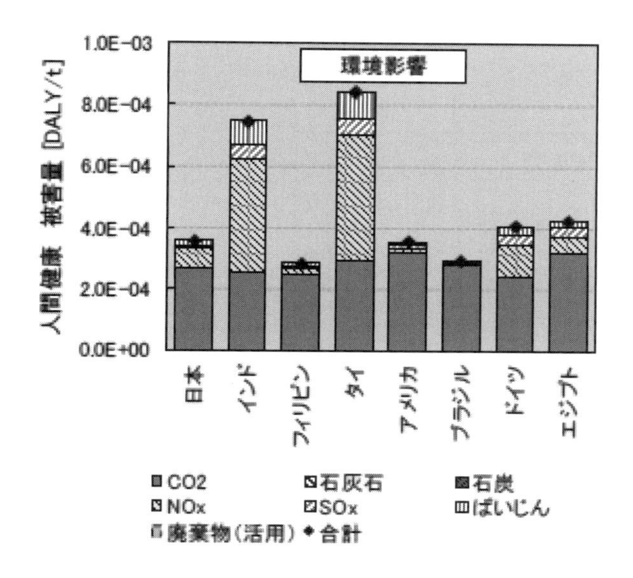

図-5.4.7　被害評価結果（人間健康）
（出典：LIME3 活用検討研究会成果報告書）

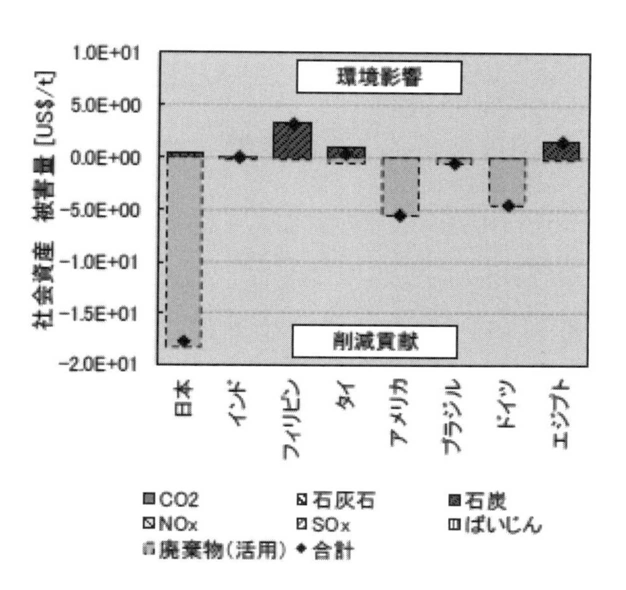

図-5.4.8　被害評価結果（社会資産）
（出典：LIME3 活用検討研究会成果報告書）

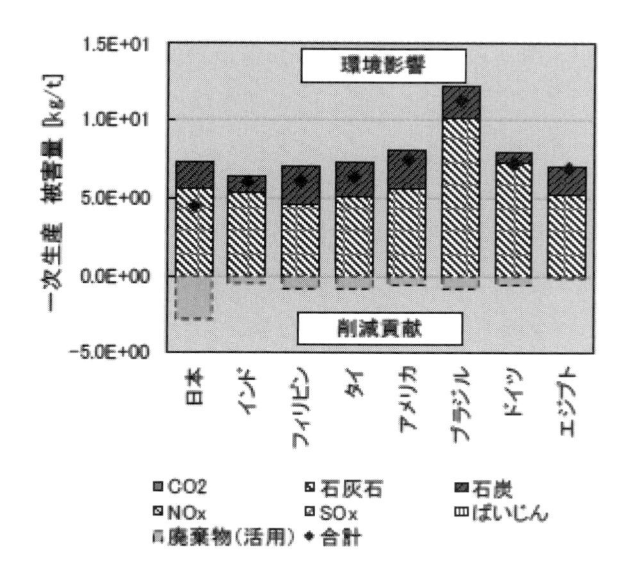

図-5.4.9　被害評価結果（一次生産）
（出典：LIME3 活用検討研究会成果報告書）

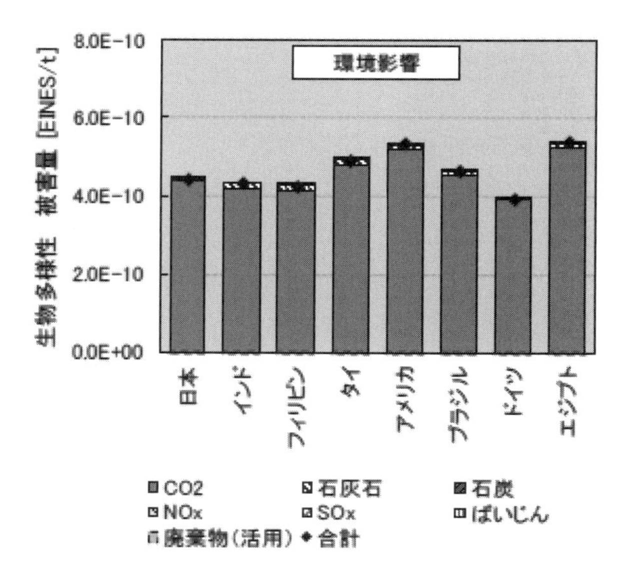

図-5.4.10　被害評価結果（生物多様性）
（出典：LIME3 活用検討研究会成果報告書）

b.　統合化

図-5.4.11 に各国で製造されたセメントの統合化結果（物質別）を示す．CO_2 排出による環境影響（地球温暖化）は，全ての国で大きい．一方，石炭の消費による環境影響は，フィリピンで大きく評価された．これは，埋蔵量の少ない国の石炭を用いることにより，持続可能性（可採年数）が低く評価されたことが原因である．NOx による環境影響は，インドおよびタイで大きく評価された．これは，拡散範囲に居住する人口が多いため，合計の健康被害が大きいことが原因である．環境影響の合計では，インド，フィリピン，タイは他の国と比較し，非常に大きい結果が得られた．これは，上述の通り，石炭の消費もしくはNOxによる環境影響が，他国と比べ，大きくなったためである．

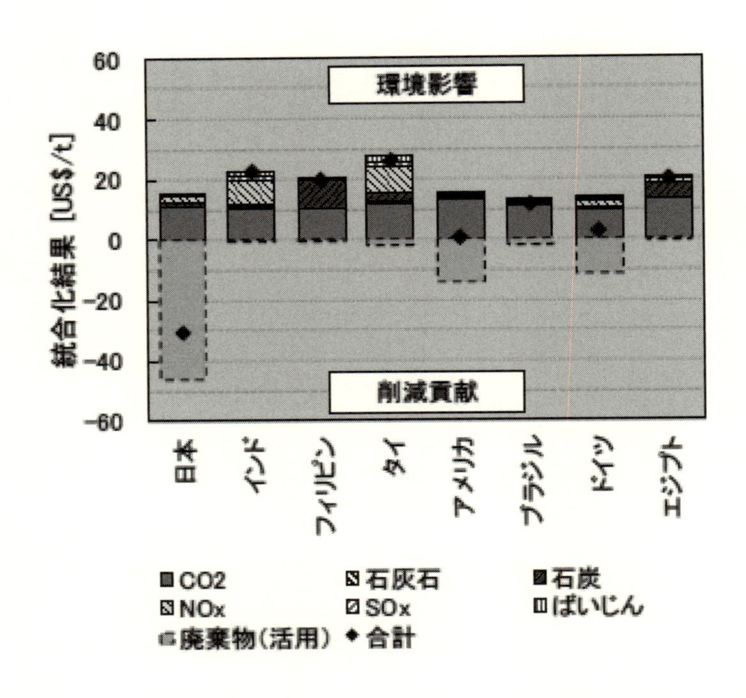

図-5.4.11　統合化結果（物質別）（出典：LIME3 活用検討研究会成果報告書）

廃棄物の埋め立て回避による削減貢献まで評価した場合，日本，アメリカ，ドイツでは，同影響が大きくなることが分かった．特に，日本では廃棄物を多量に活用してセメントクリンカが製造されていること，および廃棄物処分におけるユーザーコストが大きいことから，埋め立てを回避することによる削減貢献が大きい．なお，日本国内の結果は，LIME-2 による評価と同様の傾向であった[36]．アメリカおよびドイツでも廃棄物処分におけるユーザーコストが大きいことから，廃棄物活用による削減貢献が高く評価された．ただし，日本以外の国での廃棄物活用量が推定値であること，および LIME-3 における海外の廃棄物に関する被害係数の推定精度が低いことから，同結果の信頼性は他の結果より低いと考えられる．

また，**図-5.4.12** に影響領域別の内訳を示す．地球温暖化は全ての国で影響が顕著であった．一方，資源消費，大気汚染による影響および廃棄物活用による削減貢献の大きさは，対象国の製造方法および環境条件によって大きく変化した．

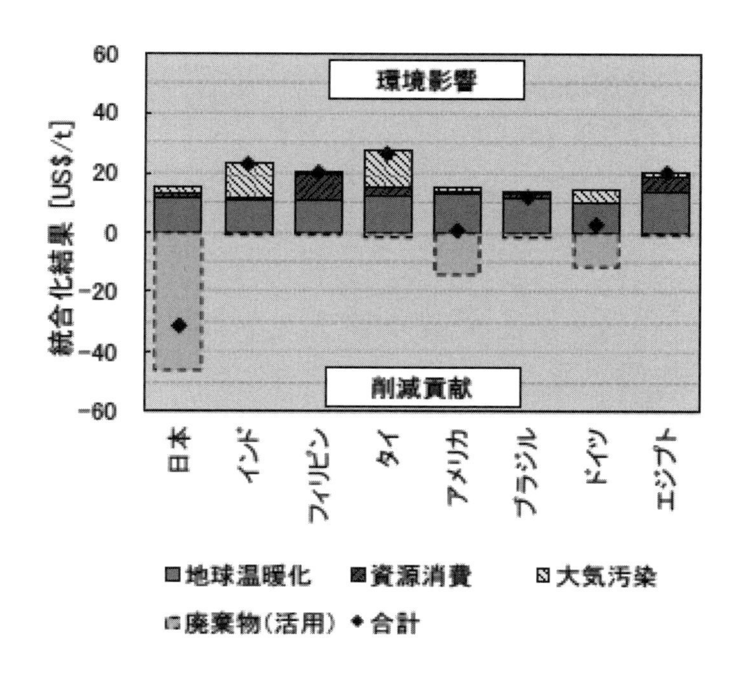

図-5.4.12　統合化結果（影響領域別）（出典：LIME3 活用検討研究会成果報告書）

(5) 結論

1) 調査結果のまとめ

世界各国で製造されるセメントを対象として，セメント 1t あたりの原料調達から製造までのプロセスに関わる環境影響を評価した．その結果，CO_2 による環境影響は全ての国で大きい結果が得られた．一方，石炭の消費による環境影響はフィリピンで，NOx による環境影響はインドおよびタイで大きく評価された．環境影響の合計においても，上記の三国（フィリピン，インド，タイ）で大きい結果が得られた．廃棄物の活用による埋め立て回避の評価では，日本，アメリカ，ドイツで大きな削減貢献効果が得られることが示唆された．

2) 限界と今後の課題

CO_2 排出に関連するデータ以外は WBCSD-CSI にて十分に公開されていないことから，推定値による評価が多くなった．主要メーカーの CSR レポート等，国別で公開されていない間接的なデータを活用したため，評価結果が大きく変わることは無いと考えられるものの，更なる検証が必要である．また，今回の影響評価結果を元に，CO2 排出以外のデータ公開も重要であることを，関係者に周知していく必要がある．

セメントの製造工程のみを評価したため，ライフサイクルでの評価を実施できていない．特に，海外での構造物の解体過程（廃コンクリート）に関しては，影響が大きい可能性が考えられる．

WBCSD-CSI4)に十分なデータがなかったため，中国の評価を実施しなかった．中国は世界最大のセメント生産国であるため，他のデータベース等を活用し，今後評価を行っていく必要がある．

5.5　おわりに

5.2 では舗装のライフサイクルにわたり，舗装の持続可能性追求のための検討項目が網羅されているが，個々の検討項目はわが国でも既に実施されているものが多く見られる．重要な点は，設計による長寿命化を含めて持続可能性追求の対応を包括的に行うことであり，そのためにはアセットマネジメントのフレームワークの中に持続可能性に関する内容を取り込み，組織としての目的意識を共有しつつ，実現に向けての取り組みを進めることである．

また，5.3 で持続可能性を考慮した舗装マネジメントの方向性について検討を行ったが，わが国の舗装工事の実績を基にした具体的な事例を提示するまでには至らなかった．

5.4 では，LCA の枠組みの中で，影響評価手法であるインパクトアセスメントについて実例を交えて説明した．今後，重要性が増してゆく包括的な環境影響の検討の理解が深まり，舗装分野でもその手法が広く採用されるようになることが望まれる．

本章で述べた内容が出発点となり，舗装の持続可能性に向けての取り組みが活性化して，実務の中にも持続可能性の検討が定着し，成果が広く実感できるようになることを期待したい．

【参考文献】

1) Roads Liaison Group; Well-managed highways: Code of Practice for Highway Maintenance Management 2005 Edition July 2005 Last updated 18 September 2013
2) Federal Highway Administration; Risk-Based Transportation Asset Management: Building Resilience into Transportation Assets　Report5 Managing External Threats Though Risk-Based Asset Management　March 2013
3) AASHTO; Transportation Asset Management Guide A Focus on Implementation January 2011
4) Conference of European Directors of Roads(CEDR); Integration of Social Aspects and Benefits into Life-Cycle Asset Management Definition of S-KPIs to be used in Road Asset Management　November 2016 Version1. 3
5) Federal Highway Administration; Sustainable Pavements Program Road Map FHWA-HIF-17-029 March 2017
6) 土木学会；舗装工学の基礎　舗装工学ライブラリー7　平成24年3月
7) Federal Highway Administration; Toward Sustainable Pavement Systems: A Reference Document FHWA-HIF-15-002 January 2015
8) Technical Committee C. 4. 1 of World Road Association; Balancing of Environmental and Engineering Aspects in Management of Road Networks 2017
9) RMRC Recycled Materials Resource Center ホームページ　https://rmrc.wisc.edu/palate/
10) Technical CommitteeD.　2 of World Road Association Report; Green Paving Solutions and Sustainable Pavement Materials 2019
11) 土木学会；アセットマネジメントの舗装分野への適用ガイドブック　舗装工学ライブラリー17　2020年12月
12) Ann Muthumala George et.　al; An Integrated LCA-LCCA Framework for the selection of Sustainable Pavement Design,　TRB 2019 Annual Meeting　paper No: 19-05948
13) 農業環境技術研：LCA 手法を用いた農作物栽培の環境影響評価実施マニュアル，原著論文，pp. 61，2003.
14) 新田弘之，西崎到：舗装資材の環境負荷原単位に関する検討，土木学会第 63 回年次学術講演会，pp127-128，2008.
15) 川上篤史，新田弘之，加納孝志，久保和幸：舗装再生工法の環境負荷評価について，土木学会舗装工学論文集，No.13，pp.71-78，2008.
16) 湯　龍龍：循環廃棄物の豆知識「ライフサイクル影響評価手法」，国立研究開発法人国立環境研究所ホームページ
17) 伊坪徳宏，稲葉敦 (2018)：LIME3 グローバルスケールの LCA を実現する環境影響評価手法，丸善出版，東京，320.
18) 中野加都子，三浦浩之，和田安彦：廃アスファルトコンクリートの再資源化による環境インパクト低減化の評価，土木学会論文集，No.559，pp.81-89，1997.
19) 天野耕二，牧田和也：舗装道路の建設と維持管理に伴う環境負荷とコストのライフサイクル評価，土木学会論文集，No.657，pp.57-64，2000.
20) 伊東英幸，林希一郎：LCA と環境経済評価の活用による生物多様性・生態系サービス評価 -木造住

宅と鉄骨住宅の事例研究- 社会技術研究論文集 Vol,12，pp. 32-42，2015.
21) 新田弘之：アスファルト舗装におけるリサイクル技術の開発とライフサイクル評価に関する研究，土木研究報告，No.217，pp.1-66，2011.
22) ISO (2006) ISO14040-Environmental management-Life cycle assessment-Principles and framework. International Organization for Standardization, Geneva.
23) 伊香賀俊治：建築 LCA の国・自治体・民間での活用状況と健康影響評価への発展，Journal of Life Cycle Assessment, Japan, Vol.13 No.2, pp.104-110, 2017.
24) 伊坪徳宏，稲葉敦：LIME2 意思決定を支援する環境影響評価手法, (社)産業環境管理協会, 2010.
25) 環境省 環境影響評価情報支援ネットワーク，三菱総合研究所：効果的な SEA と事例分析，環境アセスメント資料，全国共通の指針・報告書等, 2003.
26) 寺園 淳：異なる環境負荷や環境問題をどう比べるか，国立研究開発法人国立環境研究所ホームページ，国環研ニュース, 16 巻 4 号, 1997.
27) Atsushi Inaba and Norihiro Itsubo：Preface, The International Journal of Life Cycle Assessment volume 23, pp.2271–2275, 2018.
28) LIME3 活用検討研究会:LIME3 活用検討研究会成果報告書, 2019 年 6 月 LCA 日本フォーラム, 2019.
29) 坂井・大門編（2009）：社会環境マテリアル，技術書院
30) 伊坪ほか：製品ライフサイクルに立脚した環境影響評価基盤の構築と社会実装によるグリーン購入の推進，http://www.comm.tcu.ac.jp/itsubo-lab/lcaproject/products/about/index.html
31) 国土交通省（2012）：建設副産物実態調査結果
32) WBCSD-CSI：GNR，https://www.wbcsdcement.org/GNR-2016/
33) セメント協会：セメントの LCI データの概要，http://www.jcassoc.or.jp/cement/4pdf/jg1i_01.pdf
34) Gartner and Hirao（2015）：Cement and Concrete Research，No.78，pp.126-142
35) IPCC（2006）：Guidelines for national greenhouse gas inventories
36) 星野ほか（2015）：セメント･コンクリート論文集，No.69，pp.676-689

第６章　持続可能な社会を支える舗装の実現に向けて

第 6 章　持続可能な社会を支える舗装の実現に向けて

本章では，第 1 章から第 5 章までの内容を概観するとともに，主な課題を整理したうえで，課題などを踏まえて持続可能な社会を支える舗装を実現するために検討すべき内容について取りまとめた．

6.1　まとめと課題

第 1 章では，環境保全関係の法令の体系，これまで進められてきた循環型社会や低炭素型社会の実現に向けた環境保全中心の舗装の取り組み，SDGs(Sustainable Development Goals)に見られるような持続可能な開発のための舗装分野での新たな取り組みの背景，従来のグレーインフラに対するグリーンインフラの概念やバックキャスティングと呼ばれる発想の転換による新たな視点からの舗装取り組みへの期待などが述べられている．

SGDs は地球環境の限界に十分配慮した上で，多くの問題を調和的に解決する手法を見出すことが大目的となっており，実現するための手段を提供する工学・技術に関する幅広い知識がより強く求められる．

このため，発想の転換や異分野技術との融合によりいかに新たな解決策を見出すか，ソフト面を含む総合的なマネジメントを実施することが重要となる．更に，舗装分野における環境面のみならず経済面および社会面についての評価項目や指標の定義と実務でのバランスの取れた活用が必要である．

第 2 章では，代表的な環境性能について，評価方法の現状について調査結果を紹介している．代表的な環境性能として，騒音，振動，熱環境（路面温度，ヒートアイランド現象，熱中症），臭気，土壌汚染，大気汚染（CO_2 発生含む)，水質汚濁，洪水抑制，地下水涵養，省資源・省エネルギーに関する測定方法，評価指標，評価方法などが記載されている．舗装と密接に関係する主な環境性能の評価方法について総合的に現状が把握できるとともに，熱中症や臭気といった身近な作業環境にかかわる内容も示されている．環境性能については，要求される性能について満足しているかの照査が求められるが，上記の環境性能のうち，騒音と洪水抑制（最大流出量比）以外についてはまだ一部の評価が可能な状態に留まっており，更なる評価法の研究と確立が求められる．

第 3 章では，日本および米国における総合的な環境性能評価手法の内容を紹介している．日本で開発された建築物の環境性能指標である CASBEE®は，CASBEE-建築のほかに CASBEE-街区や CASBEE-都市といった評価システムも開発されており，舗装分野への適用の可能性がある．米国で開発された Greenroads Rating System®は道路プロジェクトの持続可能性を測定および管理するための評価システムであり，舗装も一部で評価の対象となっている．ただし，これらの手法はもともと舗装のみを対象としたものではないため，今後，舗装分野での活用に向けて適用方法の検討や効果の検証などが必要である．

第 4 章では，国土交通白書（2017 年)，建設リサイクル推進計画 2014，および第五次環境基本計画（2018 年）における持続可能な社会構築のための重点戦略の設定などの動きを受けて，舗装に係わる環境基準や環境に関する安全性，および舗装の材料や工法における環境対策等の現況の調査事例を紹介している．

環境に関する安全性については，石炭灰混合材料の暴露環境と環境安全品質基準の事例が紹介されているが，今後は，一般の舗装材料についても材料選定の段階から確認するための手法や基準などについて検討する必要がある.

更に，舗装に係る環境に関する安全性についてはライフサイクルにわたって追跡・管理するため，ISO9000 を基にトレーサビリティという概念と必要性を提起している. 現状では建設あるいは補修時の工事記録調書の事例が見られる程度であるが，今後のトレーサビリティ実用化にむけて，システムの検討と開発が期待される.

舗装材料に関する環境対策として，ごみ溶融スラグやエコセメントなどの環境安全性基準と試験方法や設計施工時の留意点などが，施工機械の環境保全措置や環境対策として，「排ガス対策」，「地球温暖化対策」，「騒音・振動対策」に関する認定制度や法律が紹介されているが，今後，環境対策をより積極的に利用するためにも，適用された工法の効果の検証や情報の公開が必要である.

第５章では，英国における道路の維持管理において補修工事の優先順位付けのプロセスの中で持続可能性を考慮する事例，欧州における持続可能性に関する評価指標の調査事例，米国・連邦道路庁における舗装のライフサイクルを通しての持続可能性に対する取り組みや世界道路協会(PIARC)の舗装技術委員会で取りまとめられた環境に配慮した舗装技術と持続可能な舗装材料などを調査し，これらの情報を参考に持続可能性を考慮した舗装マネジメントの方向性について検討をおこなった.

わが国においてこれまで環境的側面が中心であった指標について，社会および経済に関する評価項目や指標についても，欧州における調査事例などを参考に国内に適した内容の検討が必要である．また，米国・道路連邦庁の舗装のライフサイクルにわたり具体的に検討すべき内容を示したガイドラインに見られるように，個別技術にとどまらず持続可能性の実現に向けて包括的な取り組みが必要である.

更に，ライフサイクルアセスメント(LCA)の最終的な影響評価の手法としてのライフサイクル・インパクトアセスメント(LCIA)の内容や事例が報告されているが，複数のインベントリカテゴリーを包括的に評価する際の手法である LCIA の正確な算出が求められ，そのためにも CO_2 排出以外の必要データ公開の重要性について関係者への周知が大変重要である.

6.2　持続可能な社会を支える舗装実現に向けて

6.1 では**第１章**から**第５章**までのまとめと課題を整理したが，今後，持続可能性を実現するための対策についての検討内容を以下に示す.

1) SGDs は地球環境の限界に十分配慮した上で，多くの問題を調和的に解決する手法を見出すことが大目的となっており，過去の知見や経験を参考とした取り組みが重要であるが，バックキャスティングのように発想の転換や異分野技術との融合によりいかに新たな解決策を見出すか，ソフト面を含む総合的なマネジメントを実施するかが重要となる.
2) 持続可能性については，環境面のみならず経済面および社会面も考慮しバランスをとることが求められるが，舗装分野においても日本の状況に適した経済面，社会面を含めた評価項目や指標について，欧米の取り組み事例などを参考とした検討が必要である.
3) 様々な環境性能が提案され，測定法や評価法の検討も行われているが，騒音と洪水抑制（最大流出量比）以外についてはまだ一部の評価が可能な状態に留まっており，更なる評価法の研究と確立が求められる．また，Greenroads のような総合的な環境性能評価手法の舗装分野への適用性の検討が望まれる.
4) 舗装材料の環境に関する安全性については特に規定されていないが，今後は環境安全基準を設定し，材料選定から供用，さらに材料を再利用する段階において環境基準や安全基準に適合するかの確認がより重要となる．また，舗装材料のライフサイクルにわたる安全性の確認のためにはトレーサビリティの在り方や具体的な追跡方法の検討が必要である．

5) **図-6.2.1** は，持続可能性を目指した舗装マネジメントのフレームワークを示したものである．
舗装のライフサイクルにわたり多面的な検討ができるフレームワークの確立と運用が必要となるが，特に，SGDs など組織の目標に沿った持続可能性に関する目標や舗装の設計・施工の戦略を明確にした上で取り組むことが必要である．このためには，第5章に見られるようにアセットマネジメントの実務面での定着を図り，各プロセスの中で持続可能性に関する実施すべき事項の評価と改善を通して実現を目指すことが重要となる．とりわけ，舗装マネジメント実施の際の舗装の計画・設計における代替え案の検討を含む様々な対応は持続可能性の実現に向けて大きな影響を有している．代替え案の評価に際しては，これまでのライフサイクルコストのみでなく，LCA を含む環境的側面や社会的側面を包括的に考慮することが重要となる．

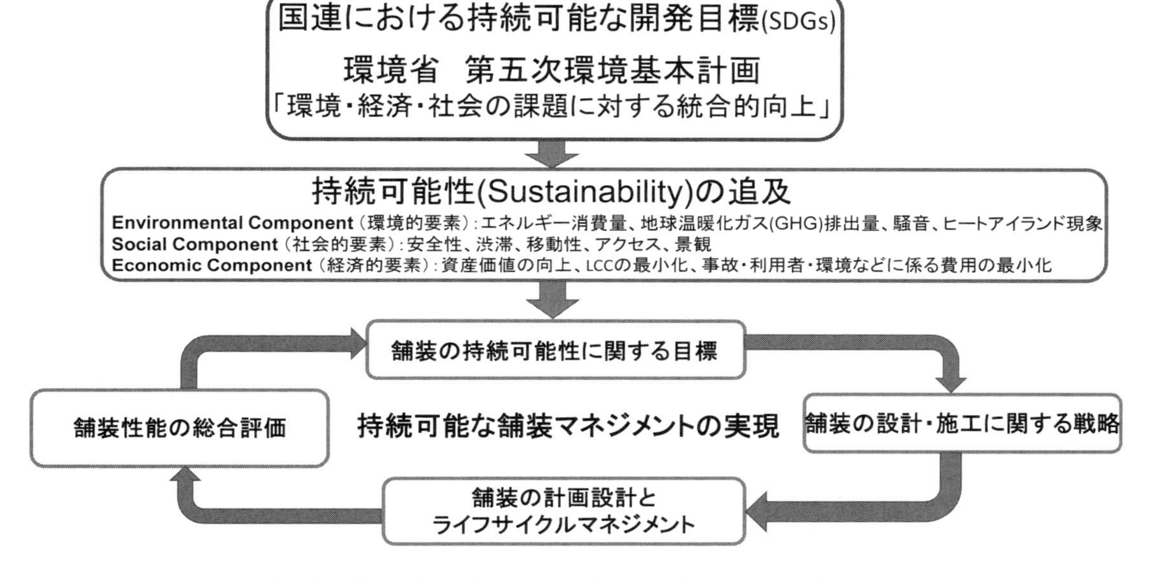

図-6.2.1　持続可能性を目指した舗装マネジメントの基本フレームワーク

舗装工学委員会の本

	書名	発行年月	版型：頁数	本体価格
	2007年制定　舗装標準示方書	平成19年3月	A4：335	
	2014年制定　舗装標準示方書	平成27年10月	A4：351	
※	2023年制定　舗装標準示方書	令和5年9月	A4：445	4,000円

舗装工学ライブラリー

	号数	書名	発行年月	版型：頁数	本体価格
	1	路面のプロファイリング入門－安全で快適な路面をめざして－ The Little Book of Profiling　（翻訳出版）	平成15年1月	A4：120	
※	2	FWDおよび小型FWD運用の手引き	平成14年12月	A4：101	1,600円
	3	多層弾性理論による舗装構造解析入門 －GAMES(General Analysis of Multi-layered Elastic Systems)を利用して－	平成17年4月	A4：179	
	4	環境負荷軽減舗装の評価技術	平成19年1月	A4：231	
	5	街路における景観舗装－考え方と事例－	平成19年1月	A4：132	
	6	積雪寒冷地の舗装	平成23年2月	A4：207	3,000円
	7	舗装工学の基礎	平成24年3月	A4：288	3,800円
	8	アスファルト遮水壁工	平成24年8月	A4：310	
※	9	空港・港湾・鉄道の舗装技術　－設計，材料・施工，維持・管理－	平成25年3月	A4：271	3,200円
	10	路面テクスチャとすべり	平成25年3月	A4：139	
	11	歩行者系舗装入門　－安全で安心な路面を目指して－	平成26年11月	A4：155	3,000円
	12	道路交通振動の評価と対策技術	平成27年7月	A4：119	2,400円
	13a	アスファルトの特性と評価	平成27年10月	A4：166	
	13b	路床・路盤材料の特性と評価	平成27年10月	A4：125	
	14	非破壊試験による舗装のたわみ測定と構造評価	平成27年11月	A4：134	
※	15	積雪寒冷地の舗装に関する諸問題と対策	平成28年9月	A4：205	2,600円
	16	コンクリート舗装の設計・施工・維持管理の最前線	平成29年9月	A4：348	
※	17	アセットマネジメントの舗装分野への適用ガイドブック	令和3年2月	A4：242	2,900円
※	18	ブロック系舗装入門	令和5年1月	A4：284	3,400円
※	19	持続可能な社会と舗装の役割 －環境保全を目指した舗装技術－	令和7年1月	A4：256	4,800円
※	20	アスファルト遮水壁の維持管理	令和5年7月	A4：192	3,800円

※は、土木学会および丸善出版にて販売中です。価格には別途消費税が加算されます。

定価 5,280 円（本体 4,800 円＋税 10%）

舗装工学ライブラリー19
持続可能な社会と舗装の役割 －環境保全を目指した舗装技術－

令和 7 年 1 月 31 日　第 1 版・第 1 刷発行

編集者……公益社団法人　土木学会　舗装工学委員会
舗装と環境に関する小委員会
委員長　七五三野　茂
発行者……公益社団法人　土木学会　専務理事　三輪　準二

発行所……公益社団法人　土木学会
〒160-0004　東京都新宿区四谷一丁目無番地
TEL　03-3355-3444　FAX　03-5379-2769
https://www.jsce.or.jp/
発売所……丸善出版株式会社
〒101-0051　東京都千代田区神田神保町 2-17　神田神保町ビル
TEL　03-3512-3256　FAX　03-3512-3270

ISBN978-4-8106-0998-1
印刷・製本：（株）平文社／**用紙**：（株）吉本洋紙店